Google Analytics 學習手冊
創造商業影響力與洞察先機

Learning Google Analytics
Creating Business Impact and Driving Insights

Mark Edmondson　著

黃詩涵　譯

O'REILLY®

目錄

前言

Google Analytics 是網站分析方面最熱門的數位行銷工具，新一代的 GA4 帶來迄今為止最大的進化。根據網站分析工具 BuiltWith.com 的估計，排名前一萬的網站裡約有 72% 使用了 Google Analytics（*https://oreil.ly/MunnR*），這些網站全都考慮在未來數年內，從標準通用 Analytics 升級為新一代的 GA4。Google Analytics 這次的升級和過去不同（例如：從 Urchin 升級到通用 Analytics），最新版本 GA4 的資料模型將不再與舊版相容。舊系統終究會面臨淘汰，這是不爭的事實，未來幾年內 GA4 就會成為地球上最受歡迎的網站分析解決方案。

GA4 提供新的數位行銷典範：透過資料活化，分析工具所扮演的角色從報告過去已經發生的事，轉變為影響未來即將發生的事。資料活化能帶給網站正面積極的影響，透過資料分析，從中看出真正的商業衝擊。過去幾年的數位行銷趨勢，逐漸朝向提升決策速度，以判斷網站、應用程式或社群媒體活動的成本是否合理。隨著電子商務蓬勃發展，數位分析在高度競爭的商業舞台上變得更加關鍵，幫助我們確保預算能精準分配。

Urchin 和通用 Analytics（GA4 的前身）自 2005 年推出迄今，網際網路歷經多項變革，包含行動應用程式、物聯網（IoT）、機器學習、使用者隱私保護措施以及嶄新的商業模式，這一切都需要發展新的資料處理方式。為了支援這些新型態的資料串流，GA4 納入新功能，幫助我們做好準備，迎向數位行銷的未來。

GA4 除了整合 Google 行銷套件裡許多既有的 Google Ads（廣告）、Google Optimize（最佳化工具）和 Campaign Manager（廣告管理系統），還擴大使用 Google Cloud Platform（Google 雲端平台）和 Firebase（程式開發平台），這表示我們能想到的資料流，現在的數位行銷人員幾乎都可以建構出來，進而擴展規模到十億名使用者。數位行銷人員學習統合這些工具，能更快利用他們的分析，以相同的資料來源建立不同的資料應用程式，更快為自己的網站呈現更清楚的結果。

新機會需要學習新技能，這些對傳統的數位行銷人員或許很陌生，本書目的在於加快學習速度，幫助讀者實作 GA4，發揮這項工具的潛力。以常見的使用案例示範 GA4 如何活化資料，逐步說明 GA4 的實作方法，介紹一些想法和概念，幫助讀者依照自身需求，開發自訂應用程式。

本書期望為想要以資料活化建立自訂專案的讀者，提供開發靈感。藉由範例程式碼提供一些樣板，並且介紹各種雲端元件，例如：資料儲存、資料建模、應用程式介面（API）和無形伺服器函式（serverless function）等等，協助讀者評估開發專案時可能需要啟用那些技術。

看完本書後，讀者將對以下議題有所收穫：

- GA4 能結合哪些使用案例。

- 建立 GA4 整合應用時需要哪些技術和資源。

- 第三方的技術需要符合哪些能力。

- Google 雲端平台如何結合 GA4。

- 啟用使用案例時，GA4 必須先擷取哪些資料。

- 設計資料流的程序，從策略到資料儲存、建模與活化。

- 如何尊重使用者的隱私選擇及其背後的重要性。

本書認為當今這個年代對從事數位分析的人來說，正好躬逢其盛，這是最令人興奮的時代，理由很簡單，因為我們能做的事幾乎沒有上限。一般個人或小公司在十年前不可能辦到的事，現在都有可能透過雲端技術成真，在這場革命風暴下，本書真心認為唯一的限制是一個人的野心有多大。若真能啟發一個人實現心中的抱負，大膽投資本書就有價值。

本書為誰而寫

正在看這本書的你，很有可能是一名數位行銷人員，已經具有一些數位分析的背景知識，從事廣告代理的工作或是在數位行銷部門任職，例如：負責某個電子商務品牌或是網頁發布者。你或許正在觀望，判斷是否要從通用 Analytics 升級為 GA4；或是你已經轉換到新版本，正考慮使用進階功能。規劃本書內容時，我們希望帶給非技術背景的讀者一些靈感，啟發他們去思考各種可能性；也希望為具有技術想法的讀者提供足夠的實務資訊，讓他們實作書中的使用案例，從而利用其中的建構區塊，創造出為自己量身訂製的整合應用。

讀者過去一到兩年已經在數位行銷經驗上掌握基礎知識，因此，本書目的是訓練讀者學會整合 GA4 的各項功能。有些讀者可能已經相當熟悉在網站上實作各種追蹤代碼以及（或）是閱讀基本的 GA 報告；可能有更多技術使用者正在使用 Google API，擁有 JavaScript、Python、R、SQL 等程式語言的知識以及一些雲端經驗。

本書內容並非包山包海地詳述 GA4 的各項功能，而是將焦點放在利用 Google 雲端平台，加速推進我們今日能做的事，從 GA4 實作過程中提取商業價值。

本書編排慣例

本書編排內容時使用的字型慣例如下：

斜體字（*Italic*）

　　指出新名詞、網址（URL）、email 位址、檔案名稱以及副檔名。中文以楷體表示。

定寬字（`Constant width`）

　　套用於程式清單和內文中提及的程式元素，例如：變數或函式名稱、資料庫、資料型別、環境變數、敘述以及關鍵字。

定寬斜體字（`Constant width italic`）

　　顯示應替換為使用者提供的值或由程式上下文決定的值。

 出現這個圖示，表示文字內容屬於提示或建議。

 出現這個圖示，表示文字內容屬於一般註解。

 出現這個圖示，表示文字內容屬於警告或注意。

範例程式的使用方式

本書提供的補充資料（範例程式碼、練習題等）請由此處下載：
https://github.com/MarkEdmondson1234/code-examples

讀者使用範例程式碼時若有技術方面的疑問或問題，請發信到以下電子郵件信箱：
bookquestions@oreilly.com

本書出版目的是為了幫助讀者完成工作，在一般情況下，讀者可以將本書提供的範例程式碼用於自己的程式和文件，不需要聯繫我們取得使用許可，除非讀者打算重製大部分的程式碼。舉例說明，撰寫程式時如果使用書中多段程式碼，不須要求使用權限；販售或散布 O'Reilly 書籍中的範例，需要取得許可；回答問題時引用本書內容或範例程式碼，不須獲得許可；讀者若打算在自己的產品或文件中，大量加入本書提供的範例程式碼，需要取得使用權限。

感謝讀者使用本書內容，在一般情況下不須標註出處。標註出處時通常需要包含書名、作者、出版社和國際標準書號，例如：「*Learning Google Analytics* by Mark Edmondson (O'Reilly). Copyright 2023 Mark Edmondson, 978-1-098-11308-7.」

若讀者認為自己的使用目的超出合理範圍或是不在上述範圍內，請隨時與我們聯繫：
permissions@oreilly.com

致謝

在此感謝 Sanne 對我的鼓勵和信賴，還有我的女兒 Rose，妳是最棒的。

感謝數位行銷公司 IIH Nordic 於本書撰寫期間的大力協助，尤其要謝謝 Steen、Henrik 和 Robert 的支持，感激不盡。

謝謝「#measure」社群提供的想法，給予我寫作靈感，特別感謝 Simo 過去多年來的協助。

還要感謝技術審閱團隊提供寶貴的回饋意見：Darshan Patole、Denis Golubovskyi、Melinda Schiera 和 Justin Beasley，謝謝你們。

## 第一章

嶄新的 Google Analytics 4

本章將介紹新一代的 Google Analytics 4（簡稱 GA4），探索其背後的開發緣由。了解 Google 認為通用 Analytics（GA4 的前身）有哪些不足之處，這些領域也是 GA4 利用新一代資料模型想加強的部分。

本章還會介紹 Google 雲端平台（Google Cloud Platform，簡稱 GCP）如何整合 GA4，以提升其功能性；簡單瀏覽本書後續會介紹的使用案例，藉由案例解說 GA4 的新能力，協助讀者啟動自己的資料專案。

GA4 入門簡介

Google 於 2021 年初結束 Google Analytics 4 的 Beta 測試，接著導入新一代的 GA4，正式將 Beta 測試期間使用的名稱「App+Web」改成「Google Analytics 4」。

根據 GA4 公開文章中特別強調的部分（*https://oreil.ly/kj6TL*），GA4 和通用 Analytics 之間的主要差異在於：機器學習的能力、統一跨平台（網站 / 行動裝置）間的資料架構，還有以使用者隱私作為核心的設計。

Google 公開發表 GA4 之前其實已經計畫多年，準備一舉釋出 GA4。Google Analytics 當年釋出之後，隨即成為最受歡迎的網站分析系統，然而到了 2021 年，這套系統的表現依舊照著 15 年前的設計目標。儘管 Google Analytics 有專屬的團隊，多年來一直不斷為這個平台提升各種性能，卻仍然存在一些實在難以解決的現代挑戰：使用者要求將網頁和行動應用程式的顧客檢視頁面整併成一個，不要再將資料發送給兩個單獨屬性；Google 雲端的機器學習技術雖然領先其他平台，卻不容易整合 GA 的資料模型；社會大眾越來越注重使用者隱私，因此需要更嚴格控制分析資料的流向。

Google Analytics 於 2005 年推出時，顛覆了資料分析產業，因為這套工具提供了以前只有在付費版的企業產品中才有的功能，不僅功能齊全而且免費。這是因為 Google 意識到一點，讓越多網站管理人員清楚知道網站的流量，就會提高他們在 AdWords 現為 Google Ads）下廣告的意願。這項投資對 Google Analytics 來說是雙贏的局面，讓每個人在瀏覽自己的網站時，能聽見使用者的聲音。

到了 2020 年，資料分析的面貌已經和從前大不相同。Google 競爭對手推出的資料分析產品，提供更簡單的資料模型，不僅能橫跨各種資料來源，更適合搭配機器學習和保護使用者隱私（這是非常基本的使用者功能）。雲端平台提高分析系統的開放性，給予專業分析人員更多的控制權。這些與 Google 競爭的資料分析解決方案甚至能在 Google 自家的雲端基礎設施上運行，進而改變了以往建構或購買產品的經濟效益。理想的資料分析解決方案是什麼？尋求快速啟動分析的使用者，需要提供合理的預設分析環境；為了滿足大膽創新的顧客需求，則需要更具客製化和更高擴充性的環境。

統整行動和網站分析

雖然這個版本發表時，名稱已經從先前的「App+Web」換成「GA4」，但廢棄不用的名稱其實更能呈現 GA4 與先前版本的差異之處。

2019 年末結束服務之前，Google Analytics 對行動應用程式（Android/iOS）提供一套獨立的分析系統，以便於和網站分析區隔開來。為了更適合應用程式分析，這些軟體開發套件（software development kit，簡稱 SDK）使用不一樣的資料模型，其中一些概念表示的意義也全都略有不同，例如：網頁瀏覽次數（page view）、工作階段（session）和使用者，這也意味著我們不能隨便將行動應用程式的資料跟網頁資料的數值進行比較。使用者若同時使用應用程式和網頁，兩者之間的資料通常無法連結。

GA4 的資料模型是依循行動應用程式採用的客製化、事件限定結構，通用 Analytics 則有設下「資料範圍界定」的限制，規定資料合併的時機，這表示行銷人員必須思考手上的資料如何符合他們界定的範圍，例如：使用者、工作階段或事件。在舊有的版本裡，Google 已經事先定義好這些限制，我們只能被迫採用現有的資料模型；GA4 提供的事件限定方法讓我們保有更多彈性，可以決定我們希望資料呈現的方式。

Google Analytics 舊版的行動 SDK 於 2019 年停用後，Google 鼓勵使用者轉而使用程式開發平台「Firebase」提供的 SDK。Firebase 發展出一套完整的行動應用開發人員體驗，針對行動應用的 iOS 和 Android 系統提供整合完畢的 SDK，讓開發人員能從無到有創造出行動應用程式，現在也有納入網頁分析的功能。新一代 GA4 的優勢在於可以表示其他資料串流：新的網站資料串流，讓 iOS、Android 和網站的資料串流都使用相同的系統，表示 GA4 真的有方法能將這些來源的資料全都結合在一起，一起分析數位資料。

踏進雲端的第一步——Firebase 和 BigQuery

很多行銷人員在使用 GA4 的同時，也是他們第一次接觸新的雲端產品：Firebase 和 BigQuery，這兩者都是 GA4 運作時不可或缺的一部分。

Google 透過 GCP 平台提供各種形式的雲端服務，Firebase 和 BigQuery 都是 GCP 眾多服務中的產品。本書焦點會放在這些透過雲端分析資料的產品，但請注意這些產品只是整個雲端平台的一部分。

Firebase 是一套用於開發各種行動應用程式的架構，現在也納入 Google Analytics。行動應用的開發人員利用這套架構，賦予行動應用程式無形伺服器（serverless）的能力，使其具備有用的功能，例如：遠端設定可以對已經發布的應用程式修改程式碼，但不用重新發布到應用程式商店；機器學習的應用程式介面，像是建立預測模型、認證、發出行動警示以及整合 Google 廣告。Firebase 是 GCP 平台上眾多服務的一部分，在某些情況下，會以 GCP 平台上的產品為基礎，重新塑造一個品牌，例如：Firebase Cloud Functions 跟 GCP 平台的 Cloud Functions 功能一樣。

BigQuery 是 GCP 平台上十分有人氣的產品，和其他雲端供應商運行的同質性產品相比，BigQuery 最受到大家青睞。BigQuery 是量身訂做的 SQL 資料庫，專門用來處理分析工作量，也是最早使用無形伺服器的資料庫。BigQuery 納入幾項革新的做法，例如：改變定價模式，依照查詢需求收費，使儲存資料的費用更便宜；在 Dremel 系統上執行的查詢引擎快如閃電，在某些情況下，速度甚至比 MySQL 快上 100 倍。GA360 的使用者或許已經很熟悉其中一項功能，就是匯出最原始、未經取樣的資料，再將資料匯入 BigQuery，但只限有購買 GA360 付費版的使用者才能使用（這是我第一次接觸的雲端產品！）。然而，從 GA4 資源將資料匯出到 BigQuery，現在變成所有人都可以使用的功能，這令人非常振奮，因為 BigQuery 本身是進入 GCP 平台其他產品的大門，也是本書中相當重要的主軸之一。

部署 GA4

本書內容不會指導讀者 GA4 實作的詳盡步驟，讀者若需要更詳細的資訊，請參見第十章所列的各項資源。不過，本書會介紹一套常見的設定，從資料蒐集到商業價值，讓讀者從中窺見 GA4 實作的整個全貌。

從網站擷取下來的資料，基本上有三種設定方式：gtag.js、analytics.js 或 *Google* 代碼管理工具（Google Tag Manager，簡稱 GTM）。本書推薦讀者透過 GTM 設定這些資料，因為幾乎所有情況都適用，第三章會有更詳盡的介紹。我們之所以推薦 GTM 的理由是，不僅具有彈性，而且可以將資料層（dataLayer）的工作和分析設定切分開來，減少網站開發 HTML 的工作量。GTM 可以幫我們管理所有需要追蹤的代碼（也就是程式碼），不限於 GA4 或 Google，讓開發人員資源做最有效率的利用，為 Google 代碼管理工具實作乾淨俐落的資料層。隨後若有需要改變任何其他追蹤設定，都可以在 GTM 的網頁介面內完成，不用為了每個瑣碎的編輯項目而再次投入寶貴的開發時間。

導入 Google 代碼管理工具（伺服器端），還可以在設定中直接整合 Google 雲端和後端系統，修改 HTTP 呼叫的請求和回應，提供最極致的彈性。

通用 Analytics 與 GA4 的差異解析

GA4 據稱是由舊版的通用 Analytics 進化而成（GA4 釋出後，通用 Analytics 就被暱稱為 GA3），但實際上的差異是什麼？

大家聽到 GA4 推出，通常第一個問題就是「新版本有什麼不一樣？差異有多到讓我想更換新版本嗎？過去 15 年來運作順暢的系統，我有必要費心更換新工具、重新訓練和學習嗎？」本章接下來會檢視這個關鍵問題背後的原因。

在 Google 專為 Analytics 建立的說明中心裡，也有納入這個問題的主題（*https://oreil.ly/G0ePW*）。

嶄新的資料模型

第一個重大變革是資料模型本身，隨後在第 7 頁的「GA4 資料模型」小節裡會有進一步的介紹。

通用 Analytics 的焦點主要是網站指標，例如：使用者、工作階段和網頁瀏覽次數都比較容易定義，然而，換成其他資料來源（像是行動應用程式和伺服器命中數），要定義這些觀念就變得非常棘手。所以當某些資料來源出現時，通常就意味著必須納入替代方案或是在報告中忽略某些指標。這也表示某些指標不適合一起搭配使用，甚至是無法查詢。

GA4 從原本強制的資料架構轉變成某種更自由的形式：目前是全面採用事件。這種彈性可以更輕鬆地定義自己的指標，但對於不想了解細節的使用者，GA4 也提供預設的自動事件類型，為使用者提供一些熟悉的指標。

這也意味著現在可以自動蒐集一些以前必須單獨設定才能蒐集的資料，例如：連結點擊次數，因此，只要使用 GA4 實作應該不需要太多的經驗，有助於為進入數位分析的新人降低進入門檻。相形之下，特定專業知識就變得不是那麼關鍵，例如：工作階段指標與命中指標（hit metric）之間的差異。

更靈活的指標方法

GA4 事件發送後可以修改（*https://oreil.ly/rtmxb*），無須異動追蹤腳本，讓我們更容易更正追蹤錯誤或標準化事件（「銷售」與「交易」）。

自訂事件時，無須記住任何事先定義的模式，只要使用選擇性參數建立自己的事件，然後在 GA4 介面中註冊事件，就會看到該事件開始出現在報表裡。

BigQuery Export 功能

以前只有 GA360 才有這項功能，現在就算沒有付費買 GA4 企業版的使用者也能將資料匯出到 BigQuery。用於行動開發方面的分析工具 Firebase Analytics 一推出便具有這項功能，網頁分析現在則是因為 GA4 加入這項功能，所以也能使用。

這項功能改變了遊戲規則，因為獲取應用程式底下的原始資料向來是資料專案裡最困難的部分，現在卻能以輕鬆的方式處理。利用 GA4 提供的 BigQuery Export 功能，我們只需要填寫幾個網頁表單，就能以近乎即時的方式獲取資料串流，然後準備以 SQL 來分析匯出到 BigQuery 的資料。

BigQuery 整合 GCP 平台上其餘服務的程度很高，也就是說 BigQuery 能與 GCP 平台提供的其他資料技術緊密結合，像是 Pub/Sub、Dataflow 和 Data Studio。這些服務允許我們直接從 BigQuery 傳送資料，再加上 BigQuery 支援的開放 API，使其成為許多第三方服務獲取或接收資料的熱門來源。

這一切都指向一個長久以來存在的問題——資料孤島，以往當我們需要資料庫內的資料時，常常會卡在公司內部不同的政治和政策因素，現在我們已經有一條通往解決方案的路徑，就是將所有資料都傳送到一個目的地：BigQuery。藉由這樣的方式，我們開始串接橫跨銷售與行銷領域的資料，也更容易拉進有用的第二方資料，例如：天氣預報。據我以往的經驗，這種將有用的資料全都移動到同一個地方的做法，對客戶的數位化成熟度產生巨大的轉型效果，因為移除了最常見的障礙——「我們該如何取得資料？」

未經取樣──所有一切都是即時

GA360 串接 BigQuery Export 功能的動機是獲取未取樣的資料，現在 GA4 也能應用這項功能。WebUI 改善了取樣限制，不過，底層資料永遠是未取樣而且能即時取用。讀者若有需要匯出未取樣資料，可以透過 BigQuery 或免費的 Data API 取得。現在我們不需要購買 GA360 付費版，也能提供資料給需要高準確度和即時分析資料來源的使用案例，GA4 為我們移除了這項障礙。

使用者隱私與數位分析資料

現今的使用者確實更加意識到自身資料的價值，使用者隱私已經成為業界的熱門話題，他們意識到自己需要在完全知情的情況下，選擇同意個人資料要用在何處，網站有責任贏得使用者的信任，並且正確地評價使用者資料。Google 推出同意聲明模式（Consent Mode），協助使用者移除 Cookie 和他們已經儲存的個人識別資料，因此，除非有取得使用者的同意，Google Analytics 不能使用他們的資料。

不過，非個人資料還是有其用途，GA4 提供了一種建模方式，可以在假設使用者全都同意提供資料的情況下，預測資料工作階段和轉換率的面貌。由於絕大部分的新顧客通常不太容易信任網站或同意提供個資，這種做法能提供寶貴的資訊，協助我們改善工作績效。

GA4 的使用時機

了解 GA4 所做的變革之後，許多使用者會想知道，相較於通用 Analytics，GA4 能提供哪些機會，本書將大家常問的問題摘要如下：

- 若要讓我們的資料在 GA4 服務以外的地方發揮作用，該如何將我們的數位分析資料與 GCP 平台整合？（這也是本書的主要內容！）
- 若想統一追蹤使用者，我們該如何橫跨所有數位資源（包含行動應用程式和網站）？
- 我們該如何在 GA4 預設環境中，實現量身訂做的分析需求？
- 我們該如何取得機器學習模型需要的數位分析資料？
- 我們該如何尊重使用者隱私選擇，同時又能為網站績效保有某些資料？

這一節我們介紹了為什麼該使用 GA4 的理由，以及 GA4 和通用 Analytics 兩者之間的主要差異。這些差異主要來自於 GA4 在嶄新的資料模型中，如何記錄自身資料，下一節會有更深入的介紹。

GA4 資料模型

GA4 資料模型是 GA4 和通用 Analytics 之間的主要差異之一。嶄新的資料模型讓 GA4 能提供更進階的功能。本節會進一步介紹資料模型及其運作方式：

GA4 資料模型的關鍵要素有：

簡潔性

　　所有一切都是相同類型的事件，沒有強制對資料加上任意關係。

速度性

　　在簡化的資料模型下，減少事件處理能讓一切即時完成。

彈性

　　事件可以任意命名，只要不超過限制數量（預設為 500 個事件）。每個事件都能附加參數，用以微調詮釋資料（metadata）。

現在我們要針對如何建立 GA4 的事件命中（event hit），進一步探討語法細節。

事件

事件是 GA4 捕捉資料的基本單位，根據我們在 GA4 的設定，使用者在網站上做出的每一項動作都會包裝成事件，然後傳送給 Google 服務器。

以下程式碼就是一個事件：

```
{"events": [{"name": "book_start"}]}
```

上面這個簡單的程式碼是計算「book_start」事件的互動次數，提供一些有用的資訊，例如：有多少人開始閱讀這本書、這本書每天的平均閱覽次數等等。

為了確保一組事件只會跟一名使用者建立關聯，這些事件需要一個通用 ID。這表示 GA4 傳送事件時，還會傳送 client_id，通常是指可以在 GA4 Cookie 裡找到的偽匿名 ID。建立這個 ID 時，常用的做法是採用隨機數字，如果是初次產生，還會再附加時間戳記：

```
{"client_id":"1234567.1632724800","events": [{"name": "book_start"}]}
```

傳送事件給 GA4 帳號時，至少要包含上面這些資料。

Unix 時間戳記（Unix timestamp，或稱 Unix epoch）是計算從 1970 年 1 月 1 日午夜開始到現在經過的秒數。例如：撰寫本文的當下，Cookie 的時間戳記為 1632724800，可以轉換成 2021 年 9 月 27 日，星期一，CEST 時區早上 8 點 39 分 56 秒。

以上這些範例程式碼來自 Measurement Protocol 協定，這是用來傳送事件給 GA 的方法之一。更常見的做法則是利用我們埋設在網站或應用程式（iOS 或 Android）裡的 GA4 追蹤程式腳本，建立和產生這些事件。我認為了解這些程式腳本的作用，能帶來一些好處。

網站追蹤程式使用 `gtag()` 函式傳送同一個事件，如下所示：

```
gtag('event', 'book_start')
```

GA4 原生 JavaScript 函式庫會負責處理 Cookie，用以提供 `client_id`，我們只需要提供事件名稱即可。

使用 GA4 追蹤程式腳本時，我們不必另外設定，函式庫就會自動蒐集並且提供常見類型的事件資料（*https://oreil.ly/fe6V8*），其中包含許多有用的事件，例如：瀏覽網頁、觀看影片、點擊、下載檔案和捲動網頁。和通用 Analytics 相比，這已經成為 GA4 的一項優勢：以往在通用 Analytics 需要設定才能使用的功能，現在已經成為 GA4 的標準配備。少做一點設定，意味著更快的執行效率，減少發生錯誤的機會。請透過加強型評估事件的設定（*https://oreil.ly/NHRpH*），選擇哪個事件要啟用自動蒐集。

此外，我們還可以加入建議型事件，但執行時要依照 Google 建議的命名結構。這類事件更適合需要量身訂做需求的網站，包括建議垂直市場（例如：旅遊、電子商務或求職網站）採用哪些事件。值得採用 Google 建議的另一個理由是，日後報表可能會依賴這些命名慣例才會出現新功能。所有網站通用的建議型事件（*https://oreil.ly/JZo7Q*）包括使用者登入、完成購買和分享內容。

由於自動蒐集型事件和建議型事件屬於標準化事件，讀者如果真的有蒐集自訂事件，請確保自訂事件的名稱不要跟標準化事件的名稱重複，以避免系統發生衝突與混淆。GA4 企圖提供具有合理預設功能的標準化系統，讓我們不必每次都重新寫程式碼來執行每一項工作，但又希望我們能從中看見系統保有的彈性。

自訂參數

然而，對有用的分析系統來說，只有「事件計數」還不夠。每一個事件可以不需要參數，也可以加入多個參數來提供和事件相關的額外資訊。

例如：登入事件雖然會提供網站的登入次數，但我們或許會想深入分析使用者登入網站的方式——透過電子郵件或是社群帳號登入。在這種情況下，建議型事件預設的 `login` 事件還會建議我們指定 method 參數：

```
gtag('event', 'login', {
  'method': 'Google'
})
```

若改以更基礎的 Measurement Protocol 協定來完成，程式碼如下所示：

```
{
 "client_id":"a-client-id",
 "events": [
   {"name": "login",
    "params": {
      "method": "Google"
      }
    }]
}
```

請注意，在這個範例程式碼裡，我們加了 params 陣列，為事件提供額外資訊。

電子商務「商品」

「items」（商品）是自訂參數裡的一個特殊類別，這個自訂參數多了一個巢狀陣列，負責保存商品的所有資訊。電子商務通常代表最複雜的資料串流，因為具有和銷售相關的多項商品、活動和資料。

不過，大部分的原則都和自訂參數一樣：在以下這個例子裡，自訂參數是一個陣列，負責保存一些建議欄位，例如：item_id、price 和 item_brand：

```
{
  "items": [
      {
        "item_id": "SKU_12345",
        "item_name": "jeggings",
        "coupon": "SUMMER_FUN",
        "discount": 2.22,
        "affiliation": "Google Store",
        "item_brand": "Gucci",
```

```
          "item_category": "pants",
          "item_variant": "Black",
          "price": 9.99,
          "currency": "USD"
      }]
  }
```

將電子商務「商品」結合建議型事件預設的電子商務事件,例如:purchase 和一些其他
參數,完整的事件負載如下所示:

```
{
 "client_id": "a-client-id",
    "events": [{
      "name": "purchase",
      "params": {
        "affiliation": "Google Store",
        "coupon": "SUMMER_FUN",
        "currency": "USD",
        "items": [{
          "item_id": "SKU_12345",
          "item_name": "jeggings",
          "coupon": "SUMMER_FUN",
          "discount": 2.22,
          "affiliation": "Google Store",
          "item_brand": "Gucci",
          "item_category": "pants",
          "item_variant": "Black",
          "price": 9.99,
          "currency": "USD",
          "quantity": 1
        }],
        "transaction_id": "T_12345",
        "shipping": 3.33,
        "value": 12.21,
        "tax": 1.11
      }
    }]
}
```

就傳送給 GA4 的事件來說,上面這段範例程式碼表示的事件算是最複雜一種,此處我
們希望讀者欣賞的部分的是基礎模型具有的簡潔性。只要在 GA4 設定事件和參數,就
能擷取網站上複雜的互動資料。

使用者屬性

除了事件層級資料，GA4 還能設定使用者層級資料（*https://oreil.ly/hrmQv*）。這類資料跟紀錄裡的 client_id 或 user_id 有關，用於設定顧客區隔或語言偏好。

 這裡需要注意一點，就是尊重使用者隱私選擇。為特定使用者增加資訊時，現在有相關法律會要求我們必須先徵得使用者同意（例如：歐盟規範的《一般資料保護規則》），才能針對我們聲明的目的蒐集使用者資料。

傳送使用者屬性的寫法和傳送事件大致相同，只是要將欄位改成 user_properties，再加上任何我們想傳送的事件資料：

```
{
  "client_id":"a-client-id",
  "user_properties": {
    "user_type":{
      "value": "bookworm"
    }
  },
  "events": [
    {"name": "book_start",
     "params": {
       "title": "Learning Google Analytics"
     }}
   ]
}
```

gtag() 函式的用法如下：

```
gtag('set', 'user_properties', {
  'user_type': 'bookworm'
});
gtag('event', 'book_start', {
  'title': 'Learning Google Analytics'
});
```

本節介紹了各種傳送 GA4 事件的方法（例如：Measurement Protocol 協定和 gtag() 函式），以及傳送事件時帶入自訂參數和使用者屬性的語法。接下來我們要繼續看，如何整合 GA4 和 GCP 平台提供的服務，協作處理出現在 GA4 的事件。

GCP 平台

透過 GCP 平台現有的資料分析系統，這個平台現在已經非常緊密地內嵌在 GA4 系統裡。GCP 平台提供的服務不僅即時、支援機器學習、服務規模可達十億名使用者，而且只有在用到服務時才需要付費，還能讓我們擺脫因為維護、安全性和更新而產生的瑣事。把非核心的工作任務交給雲端平台處理，公司就能將焦點擺在自身專精的領域上。透過雲端平台提供的付費結構「即付即用」，現今即使是小型團隊也能創造出以往需要投入大量人力和 IT 資源的服務。

本節會介紹幾個最有可能用來跟 GA4 整合的 GCP 服務、團隊利用這些工具時需要用到的技能和角色、如何起步、如何管理成本，以及如何選擇適合的雲端服務。

GCP 平台提供的相關服務

本書內容焦點偏重在 GCP 提供的資料應用服務，不過這一系列的服務現在仍舊在持續更新中。GCP 平台服務的完整介紹不在本書內容的範圍內，推薦有興趣的讀者閱讀 Valliappa Lakshmanan 的著作《*Data Science on the Google Cloud Platform*》（O'Reilly 出版）。

下列這些關鍵雲端服務會用於本章後續使用案例，也是我平常工作中不可或缺的一部分。現今有許多不同的雲端服務，剛開始要選出適合自身需求的產品可能會感到有些困惑。建議讀者可以先從此處特別列出的服務看起，這些都是非常實用的入門產品。

本書接下來會帶領讀者逐漸熟悉這些服務，先依照實用性大致介紹如下：

BigQuery

> 如同先前所提到的，BigQuery 的功能主要是作為分析工作與資料負載的目的地和來源，甚至還支援 BigQuery ML，提供資料建模的能力。

Cloud Functions

> Cloud Functions 就像是平台服務之間的膠水，其主要功能是讓我們執行一小段程式碼，例如：在無形伺服器的環境中執行 Python 程式碼。

Pub/Sub

> Pub/Sub 是一套訊息佇列系統，保證每則訊息「至少傳送一次」，可調整作業規模，讓佇列傳送訊息到整個網際網路。

Cloud Build

Cloud Build 是一套連續集成 / 連續開發工具（continuous integration/continuous development，簡稱 CI/CD），其功能是讓我們批次觸發 Docker 容器，以回應 GitHub 推送過來的程式碼，也是隱身在我負責的幾個解決方案背後的主力。

Cloud Composer/Airflow

Cloud Composer 是在 Apache Airflow 上打造的調度管理服務，讓我們能安全地建立複雜且具有相依性的資料流，包括進行排程。

Dataflow

Dataflow 是用於即時處理批次與串流資料的解決方案，非常適合跟多數 GCP 平台上的服務整合在一起。

Cloud Run

Cloud Run 的作用類似 Cloud Functions，但是可以執行納入任何程式碼的 Docker 容器。

開發需求時，我們通常會找出好幾個方法，而這些方法之間的差異可能都很微妙，但我會建議讀者務實一點，先找到可以用的方法，日後再決定究竟要對哪個服務進行最佳化，以提高執行效率。例如：我們可能會先使用 BigQuery 排程查詢，執行每天要匯入資料的工作，但隨著需求越來越複雜，Cloud Composer 可能是更適合協調匯入資料的工具。

然而，上述介紹的所有工具都不是點一點滑鼠之後就能使用，我們需要撰寫程式碼才能讓這些工具提供我們想要的內容，下一節會介紹需要哪些技能才能發揮這些工具的能力。

程式技能

整合這些工具時，最令人感到畏懼的面向之一，便是以為這些工具會要求我們具備只有電腦程式設計師才有的技能，各位讀者現在或許在心裡想：我「沒有技術能力」。

我以前也抱著一樣的想法。記得我剛進入職場的時候，我說：「我不會寫 JavaScript 程式。」那時我足足等了六個星期，開發人員才終於騰出時間，幫我在網站上完成只有五行程式碼的需求。從那之後，我只要有時間和意願，就會開始自己寫程式，當然這一路上我也犯過不少錯誤。

我還了解到程式專家其實也會犯很多錯誤，我們之間唯一的差異，是專家們有持續前進的動力。此外，我還意識到一件事，如果我能針對工作使用更適合的工具，很多工作丟到 Excel 裡面做，實際上反而更複雜、更難處理。例如：比起利用 R 語言完成工作任務，Excel 需要花費更多腦力。

所以只要各位讀者有心於此，我願意督促大家持續前進。若有讀者覺得這很困難，千萬不要認為是自己沒有天賦，因為每位初學者剛面對這些東西時都會覺得很陌生。程式設計在某些情況下似乎極其繁瑣，就算只漏掉一個「;」，程式也會出錯。然而，一旦學會其中一個領域，其他程式語言就簡單得多了。最初我只是一名精通 Excel 的使用者，後來我學了 Python 和 JavaScript，然後又愛上了 R 語言，還被迫理解欣賞 SQL 和 Bash 程式，現在我開始涉獵 Go 語言。程式設計的本質就是會越學越好，我們覺得六個月前寫的程式碼，現在看起來很糟糕，這是很自然的事，重點是時時回顧我們寫的程式碼，然後看到自己有所進步。一旦累積了一些可以用的東西，那就是我們的經驗，慢慢成長到十年後，各位讀者也能坐下來寫一本關於這個主題的書。

對我來說，開放原始碼也是加強技能的方式之一，把程式碼公開給大家使用，我所得到的回饋，是執行程式碼時得到的經驗的好幾倍。這就是為什麼，我會非常感激所有來自 GitHub 和其他管道給我的回饋。書中介紹的程式碼也可以透過隨書提供的 GitHub 儲存庫取得，我會努力更新內容並且盡量讓程式碼沒有錯誤。

 我希望各位讀者也能抱有同樣的邏輯，大家如果看了我的程式碼，覺得有更好的方法可以完成，想提供你們的回饋，請不吝與我聯繫！我仍舊持續走在學習的路上。

本書使用案例中納入的範例程式碼，涵蓋以下程式語言：

JavaScript

所有以網頁為基礎的追蹤程式碼都需要用 JavaScript 撰寫（包含 HTML 網頁），最常見的用途是透過追蹤代碼來擷取資料，GTM 在建立自訂樣板上就相當倚重 JavaScript。

Python

Python 非常受到歡迎，有相當廣泛的平台支援這個程式語言，所以瞭解 Python 的用處很大，公認為程式語言裡適合開發一切需求的第二把交椅。Python 還擁有很強的機器學習表達能力，除非讀者正在實作進階需求，否則都會需要這項能力。

R 語言

只用 Python 雖然也能勉強應付，但我個人認為 R 語言有資料科學社群的加持，使其成為資料科學領域裡最佳的程式語言。R 語言擁有的函式庫和開放原始碼社群涵蓋我們所需的一切，從擷取資料開始，一直到透過互動式資訊主頁與報表進行資料活化。我對於如何著手處理資料工作流的想法，大多是來自於我從 R 語言獲得的觀念，甚至連帶影響到沒有直接使用 R 語言的專案。

Bash

和雲端伺服器互動時，有非常高的機率是使用 Linux 基礎的系統，例如：Ubuntu 或 Debian，系統操作上會依賴 Bash 程式，而非像 Windows 這類的圖形介面。遇到需要處理其他程式語言不容易匯入的大型檔案時，了解一些像 Bash 這樣可以使用命令列的程式語言會很方便。使用 gcloud 和其他命令列介面（CLI）時，還需要了解一些 shell 程式腳本的知識，其中最受歡迎的就是 Bash 程式。

SQL

我們要處理的原始資料大多會放在資料庫裡，SQL 是取出資料的最佳方法。SQL 還導入資料物件的想法，這點很有幫助。

雖然複製貼上程式碼也能輕鬆取得成功，但我真心推薦讀者把程式碼一行一行看過，至少了解一下每個部分的程式碼究竟在做什麼。

假設各位讀者現在都已經透過自身或團隊的能力，寫出一些可以用的程式碼，現在我們要移動到下一個部分，看看如何開始利用 GCP 平台上的服務，在雲端環境部署第一個程式碼。

開始使用 GCP 平台

GCP 平台是組成 Google 業務的主力之一，其工作流程與我們需要學習探索的 Google Analytics 完全分開。

各位讀者當然可以從免費版開始利用 GCP 平台，但我希望大家先了解一件事，不管是什麼工作，一旦認真進行下去，還是會需要付費使用雲端服務。不過，也可能是先獲得幾個月的使用權，包含取得抵免券。

「開始使用 Google Cloud」（*https://oreil.ly/9e6Hn*）的頁面會引導使用者完成初次登入。

各位讀者手上若有現成的 Google Cloud 專案，還是可以拿書中範例產生新的專案，確保可以用最新版的 API 啟用這些範例。例如：我們有極高機率會需要啟用 Google Analytics Reporting API、Google Analytics Admin API 和 Cloud Build API，還需要檢查 BigQuery API 是否預設為啟用。

雲端成本

雲端平台雖然提供了無限的可能性，但也會帶來成本。雲端服務雖然有許多免費的使用額度，但還是必須留心成本，因為使用量會迅速增加。我曾經看過一個例子，有人讓 BigQuery 排程每天執行 SQL 查詢，然後就去度假了，但沒想到資料用量會超出預期，幾週後回來確認，發現這項查詢工作竟然花掉了數千美元！還有更糟的案例，就是自己不小心公開發布了敏感的認證金鑰，這種情況我至少看過三次，外掛機器人撿到這些金鑰，然後啟動了昂貴而且有支援 GPU 的比特幣挖礦機，每一次都花掉了數千美元。

雖然 GCP 平台提供的免費方案通常能滿足實驗需求，而且定價模式也很大方，但應用程式剛開始投入實際營運時，還是值得我們花點時間評估成本，可以利用 GCP 平台提供的價格計算機算算看（https://oreil.ly/ XOWeS），或是執行有用量限制的版本。雲端服務的成本會大幅影響我們應該採用哪個雲端應用程式。

此外，我們還應該主動設定帳單提醒，並且保護自己的認證金鑰。

不過，有了前面這些警告，採用雲端服務的公司普遍覺得相對其所創造的價值，產生的雲端成本真的很小。一般公司在 BigQuery 上儲存資料，剛開始每個月收到的帳單通常低於 100 美元，而且只有當他們建立不錯的使用案例，提供更多有價值的誘因後，才會收到比較大筆的帳單。100 美元是我四捨五入之後得出的金額，事實上，在使用案例準備開始上線活躍之前，費用更可能落在 5 美元左右的範圍，但我往往都會跟客戶報價 100 美元，之後如果低於這個價格，他們就會非常驚喜！

影響雲端成本的因素有：遷移的資料量、雲端計算時間和應用程式的即時程度。雲端服務之所以省錢，通常是因為只有在實際執行工作之後才需要計費，而非為服務支付一筆固定費用。但雲端成本主要還是會受到我們採用什麼服務的影響，因為要解決某個特定問題，通常會存在很多方法，一般來說，至少會有一個方法是複製我們在本機環境下的工作方式，另一個比較便宜的做法，是使用下一節「晉升為無形伺服器金字塔」中介紹的啟用雲端服務的無形伺服器技術。

晉升為無形伺服器金字塔

讓雲端平台真正釋放力量的推手包含思維上的演進——如何利用雲端的優勢來解決 IT 問題。許多公司在雲端平台上踏出的第一步，通常是採用「直接移轉」模式，只是將本機執行的工作內容複製到雲端上，例如：改成在雲端伺服器上執行 MySQL，取代原本在本機上執行 MySQL 資料庫的做法。另一個策略是「遷移和最佳化」，例如：將現有的 MySQL 資料庫遷移到 GCP 平台上的 Cloud SQL，讓雲端服務重新託管 MySQL 的實體。

不過，和整個雲端的潛在力量相比，採用「直接移轉」模式的好處不多。一家公司如果想實現真正的數位化轉型，就需要擁抱在電腦與儲存基礎之上建立的詮釋服務（metaservice），然而這樣的做法勢必會讓公司更依賴雲端供應商的服務。

雲端產品公司在宣傳時，會強調使用他們服務可以擺脫過去的做法，不用再為了維護、修補和開發已經建立的服務而投入資源，更能依照需求將資源投入在使用建立於服務之上的應用程式。毫無疑問，這個雲端模式正是促使我寫出本書的推手。在沒有雲端計算的情況下，若要建立自己的服務會變得相當複雜，而且會限制實驗解決方案的能力。當我們能有效地將 IT 資源外包出去時，只需要更小型的團隊就能實現成果。

BigQuery 就是這方面的代表例子。讀者如果要自己建立像 BigQuery 這樣的服務，就要有心理準備，不僅需要投資金錢擁有巨大的伺服器農場，而且機器閒置時也要花錢，一切就只是為了在需要進行「大型查詢」使用這些機器的資源。然而，如果利用 BigQuery 的服務進行相同的查詢，當我們需要服務時才在線上購買這些資源，只有執行服務的這幾秒才需要實際付費。

圖 1-1 是我找到的無形伺服器金字塔階層圖，有助於說明這個概念。圖中簡單列出一些雲端服務，以及我們在選擇某個服務來執行使用案例時，會有哪些權衡。

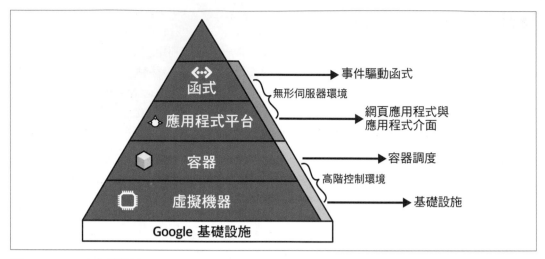

圖 1-1　GCP 金字塔階層

階層圖的底層是虛擬機和儲存設施，基本上就像是執行雲端版本的電腦桌機。讀者如果想要完全掌控配置，可以利用一些雲端優勢來啟動設定，例如：備份、安全性和修補檔。這一層有時也稱為「基礎設施即服務」（Infrastructure as a Service，簡稱 IaaS）。

再到下一層，雖然也是執行虛擬機和儲存的服務，但這一層是將資源抽象化，所以只要擔心我們需要什麼配置。GCP 平台上的 App Engine 就是這方面的例子，這一層有時也稱為「平台即服務」（Platform as a Service，簡稱 PaaS）。

再往上一層，會遇到另外一個抽象層，執行於同質性的 PaaS 之上。這一層的服務通常是由角色驅動，所以能使用像 BigQuery 這樣的分析資料倉儲系統。有時也稱為「資料庫即服務」（Database as a Service，簡稱 DBaaS）。

這個階層圖再往上甚至還有其他服務，雖然去掉了一些配置，但提供更多的便利性。這一層通常只要提供我們需要執行的程式碼，或是想要轉換的資料。Cloud Functions 就是很典型的例子：我們不需要知道雲端函式如何執行程式碼，只要指定我們希望函式執行的方式，這一層稱為「函式即服務」（Functions as a Service，簡稱 FaaS）。

思考一下這個階層圖，就能推斷出我們的應用程式應該落在哪一層。靠近金字塔頂端的服務每次運行時，通常成本更高，但如果是在一定的用量或實作成本之下，仍舊代表能省下大量的成本。當我們需要擁有更多基礎設施或是擴展基礎設施的規模，可以考慮往金字塔下層移動，取得更多的控制權。

本書的使用案例都是盡可能使用金字塔上層的服務為目標，通常都是最新開發出來的服務，而且能快速上手，提供的規模可達十億的使用者。

這一切現在確實都觸手可及，所以我們選擇服務時的考量之一，是服務會有多少用量，最高可納入全球 Google 規模。各位讀者現在或許覺得不需要，但還是值得思考看看，如果哪天你的應用程式證實獲得出乎意料的成功，需要重新設計時就能派上用場。

這就是金字塔頂端服務有用的地方（請參見圖 1-1 的詳細說明），這些服務通常會自動調整提供服務的規模。而且應該限制使用規模，以免犯下昂貴的錯誤，但基本上，只要我們有資金，不管是 1000 名使用者還是十億名使用者，都應該希望所有使用者擁有相似的服務效能。我們還是可以選擇階層圖下層的服務，但是在套用該服務規模的時機和位置，會需要我們參與更多配置。

GCP 平台總結

前面幾小節我們快速簡介了雲端服務為何如此強大的原因，以及如何應用雲端的力量來實作 GA4。我們談到雲端平台如何將資源交到我們手裡，讓我們運用，僅僅在數年前，這些資源都還是需要大型 IT 團隊才能啟用；我們還討論了如何運用這些資源，比較無形伺服器的概念和直接移轉模式。這涉及到擴展個人的數位角色，包含撰寫程式語言來啟用這類的服務；承諾自己投入這些技能，讓我們成為更有效率的數位行銷人員。本書主要內容在於如何將書中介紹的一切付諸實行，利用使用案例示範一些讀者立刻就能實踐的做法。

使用案例簡介

本書會介紹所有跟 GA4 整合相關的觀念和技術，但這些也僅止於理論和規劃。真的讓我學會書中討論的技術，其實是透過實作應用程式。一路走來我犯了很多錯誤，但這些錯誤通常是最寶貴的學習經驗，只要我們能找到引起錯誤的原因，更能深入了解如何修正問題。

為了協助讀者快速啟程，接下來的幾個章節會先介紹開發應用程式需要的所有建構元件，後續包括範例程式碼：建立商業案例、技術條件以及決定要使用哪些技術。各位讀者若依序完成一切，最後應該能得到一個可以運作的整合結果。

實務上有可能發生不小心跳過某些步驟的情況，讀者必須回頭仔細閱讀錯過的內容。此外，讀者日後在實作特定使用案例時，書中應用的技術可能會發生些微異動和需要更新的情況。

即使本書能提供經過實作的完美範例，也不太可能完全符合各位讀者自身的業務需求或應該優先考慮的條件。這些使用案例雖然包含了我處理常見顧客問題的經驗，但一定會跟讀者本身遇到的情況略有差異。極有可能需要根據自身需求來調整使用案例，因此，重點是了解要進行哪些工作，以及為什麼捨棄其他做法而採用這項做法的原因，如此才能調整出適合自身優先順序的流程。

雖然每個專案都會有各自需要的條件，但就如何處理這些專案，還是可以整合一些共同的主題。在我從事的專案裡，只要是成功整合的資料專案都會有一個共通點，就是使用第二章介紹的框架。書中的使用案例都會依循這個框架，提供讀者實際應用的機會。這個框架分為四大部分：資料擷取、資料儲存、資料建模和資料活化。然而，使用案例提出的問題才是驅動所有一切的主要動力，因為，如果我們企圖解決問題，解決之後卻對公司業務沒有實質上的幫助，整體投入所帶來的效益將不如我們所預期。找出確實要解決的正確問題，對自身業務很重要，這也是為什麼本書會在第二章提出一些問題，目的是讓讀者透過自問自答的方式，定義出正確的問題。

實踐使用案例的目的是讓讀者專注於實際要執行的工作內容。最好的學習方法是跟隨步驟實作，而非只是看一看就帶過。讀者在實作自己的使用案例時，也可以參考本書的案例，因為某個解決方案的各個面向通常可以重複利用在另一個解決方案裡。例如：本書所有使用案例都採用 GA4 作為資料擷取的來源，書中的使用案例還嘗試使用幾種不同的技術，以涵蓋廣泛的應用程式。

使用案例：預測目標對象購買機率

本書以第七章介紹的第一個使用案例作為基礎，讓讀者習慣整體做法，後續章節會有更複雜的使用案例，同樣會使用這個結構。這個使用案例只會用到「GA4」一個平台，相同的原則雖然可以套用在更多使用案例上，但是在更符合我們需求的情況下，也可能將 GA4 換成其他應用程式。本章使用案例會用到幾個 GA4 的新功能，包括機器學習和匯出目標對象。

預測購買機率的做法是利用我們建立的模型，預測使用者將來是否會購買，再用預測結果為這些使用者改變網站內容或是廣告策略。例如：假設某位使用者一定會購買的機率高於 90%，我們可能就不對這名使用者做行銷活動，因為工作已經完成；相反地，若購買機率低於 30%，我們或許應該考慮放棄這些使用者。制訂這樣的策略，表示我們在配置行銷預算時，可以只針對猶豫要不要購買的 60% 的使用者，應該能降低單次獲取成本（cost per acquisition，簡稱 CPA），可能會增加銷售收入。

為此，使用案例會利用 GA4 進行以下工作：

- 蒐集網站資料，包含轉換事件。

- 儲存我們需要的所有資料。

- 利用預測指標（例如：購買機率）來建立資料模型。

- 利用 GA4 匯出目標對象給 Google Ads 活用資料。

圖 1-2 以簡單的資料架構圖，說明使用案例的工作流程。

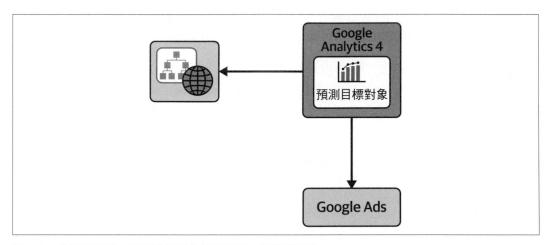

圖 1-2　「使用案例：預測目標對象購買機率」的資料架構

制定這個流程需要的所有設定都能在使用者介面中完成，完全不需要撰寫程式碼。

預測指標是整合在 GA4 內的一項功能，可以直接使用 Google 提供的機器學習能力，真正地改變業務運作的方式。網站必須滿足某些特定條件，才有資格使用預測指標功能，但是無法控制使用這項功能的時機。在無法使用預測指標的情況下，還是可以利用自己的資料，自行建立模型，然後整合 Google Ads 進行預測，下一節會介紹這個部分。

使用案例：目標對象區隔

第八章介紹的使用案例「目標對象區隔」，用意是進一步了解匯總分析顧客行為的方式。我們是否能從中發現哪些常見的趨勢或行為，為目標顧客提供更好的服務？找出我們擁有多少類型的顧客？我們以資料導向找出來的目標顧客是否符合業務假設？

這類目標區隔專案向來是用於協助提供個人化行銷訊息給這些目標使用者，例如：當我們認為某些顧客有很高的機率會交叉購買不同的產品時，就可以限定行銷訊息只發送給這些顧客，不僅可以降低行銷活動的成本，還能避免發送不必要的訊息給會因此而感到困擾的顧客。

我們可以根據許多不同的條件區隔顧客。早在網際網路出現之前，就已經存在 RFM 模型這個方法，可以成功挖掘出使用者的近期消費時間、購買頻率和付費行為，再以相似的指標分數區隔使用者。現今我們擁有大量的資料，可以用數百個欄位來建立其他模型。選擇模型時，主要取決於使用案例的業務需求條件以及使用者隱私的考量因素。使用者隱私很重要，我們必須取得使用者同意，才能將他們的資料納入模型。如果未徵得顧客同意，萬一他們發現自己成為目標顧客，可能會因此惱怒。

我們希望利用這個範例，說明如何提升 Google Ads 的成本效益。在此處的背景環境下，Google Ads 是擔任資料活化的角色，因為資料會傳送給 Google Ads，透過這項工具來改變使用者行為。本章商業案例的目標是為顧客量身訂做更貼近他們喜好的訊息，進而降低成本並且取得更高的銷售額。

我們希望從網站獲取顧客行為資料及其購買產品的歷史紀錄，藉此判斷是否應該對他們投放某些廣告。為此，本章使用案例會利用以下這些服務：

- 使用 GA4 和顧客關係管理系統（customer relationship management，簡稱 CRM）的資料庫作為資料來源。

- 利用 Cloud Storage 和 BigQuery 儲存資料。

- 利用 BigQuery 建立目標區隔。

- 利用 Firestore 將目標區隔的資料即時發送給 GA4 使用者。

- 利用 GTM SS 豐富 GA4 的資料串流。

- 利用 GA4 建立目標對象區隔，再匯出到 Google Ads。

上述這些服務之間的互動關係，請見圖 1-3。

在這個過程之中，我們還要確保尊重使用者隱私選擇，不應該將個人資料匯出或傳送到不需要使用這些資料的地方。

關於以下這些服務會用到的技術，後續相關章節會有更深入的介紹：

- 使用 GA4 設定網頁指標。

- 從實際營運的資料庫取得使用者購買歷史紀錄。

- 利用 Cloud Storage、Pub/Sub 和 Cloud Functions，自動將資料載入到 BigQuery。

- 利用 BigQuery 來建立目標區隔模型。

- 利用 Cloud Composer 為更新工作進行排程。

- 使用 Cloud Storage、Pub/Sub 和 Cloud Functions，自動將目標區隔匯入 GA4。

- 利用 GA4 建立目標對象。

除了前述這些技術，我們需要擁有 Python 和 SQL 技能，以及在 GA4、Google Cloud 後台和 Google Ads 進行配置工作。此外，還需要確保 GA4 有蒐集到正確的資料，才能以符合隱私法規的方式，銜接網頁活動和 CRM 資料。

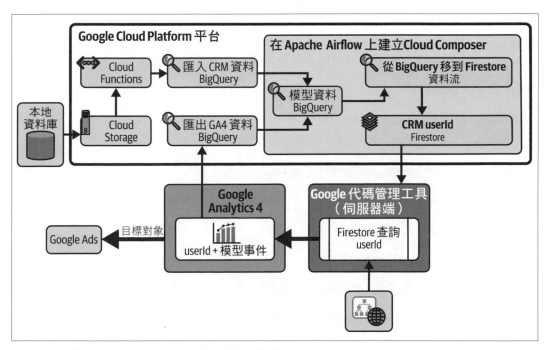

圖 1-3 「使用案例：目標使用者區隔」的資料架構

使用案例：即時預測

第九章的使用案例是開發用於即時預測的應用程式。許多公司一腳踏進分析領域，第一個要求通常就是要做到「即時分析」，然而一旦他們發現無法對資料串流做出即時反應，通常又會降低這項要求的優先順序。不過，各位讀者如果本身深具實力，從事這樣的專案確實令人感到興奮，因為可以立即看到專案產出的效益。

第九章的使用案例就是很好的例子，一家圖書出版商的新聞編輯部想要針對白天發生的事件做出即時反應，進而選擇要發布或是推廣哪些故事。點擊數和觀看數對公司來說代表收入，社群媒體的病毒式觸擊會對商業造成巨大的衝擊。想要獲得成功，不僅需要反覆嘗試、在首頁上編輯和推廣內容，還得持續即時提供正在流行的社群媒體話題和看法。這個使用案例會詳細介紹如何從網頁取得分析資料串流，根據目前的接受度，預測流量接下來的走向。利用 GA4 對已經設定的目標對象進行預測，從中找出不同的顧客區隔。

這個使用案例會展示 Docker 容器的使用方式，在 Cloud Run 上執行 R 語言開發的 Shiny 網頁應用程式套件，作為處理資訊主頁的解決方案。之所以選擇使用 Docker 容器，關鍵在於可以將容器內執行的程式碼換成任何其他程式語言，也就是說可以替換成 Python、Julia 或將來出現的其他資料科學領域的程式語言。這個專案的資料角色包含：

- 透過 API 擷取資料。
- 在應用程式內儲存資料。
- 以 R 語言建立資料模型。
- 透過 R Shiny 開發的資訊主頁來活用資料。

為了實現這個使用案例，我們需要以下這些資源：

- 使用 GA4 蒐集即時網頁事件串流。
- 利用 Cloud Run 來執行資訊主頁。
- 利用 GA4 目標對象產生的有用區隔來進行預測。

圖 1-4 說明上述提到的這些資源如何互相銜接。

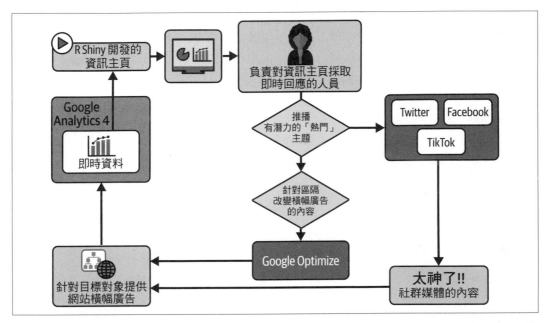

圖 1-4 利用從 GA4 擷取的即時資料來產生預測,再透過 Google Optimize 協助排定社群媒體和網站橫幅廣告內容的優先順序

後續介紹使用案例時,我們會使用一些 R 語言技能,產生即時內容並且建立預測模型,以及使用一些資訊主頁視覺化的技巧來製作資訊主頁。

重點回顧與小結

本章介紹了幾個使用 GA4 的主要方法,用以提升讀者在數位分析方面的實作能力。我們不僅探討了 GA4 誕生的初衷,說明 GA4 與通用 Analytics 兩者之間的區別與改良之處,在於新一代的 GA4 提供了簡化的資料模型;探討 GA4 如何整合 GCP 平台上的服務,納入全新的應用服務(例如:Firebase 和 BigQuery)來提供數位分析。雖然使用這些新的雲端服務需要學習新的技巧(像是撰寫程式),但相較於過去的技術,新的雲端服務降低了進入的技術門檻,無形伺服器架構的產品能將設定與擴大計算服務規模方面的工作大量抽離。本書通常會建議剛起步的讀者,盡可能努力將目標放在利用服務架構,盡力降低進入門檻。

就算現在有技術可用，關鍵技能在於如何循序漸進，以最好的方式來使用技術，從未用過雲端技術的數位行銷人員或許不太熟悉，所以接下來第二章，本書會建立通用的架構和策略，協助讀者成功建立資料分析專案，重複用於許多專案上。本書將從策略的角度出發，發展資料擷取、資料建模以及資料活化的角色，為接下來的實作章節做好準備。

資料架構與策略

各位讀者開始做任何設定或撰寫程式碼之前,應該先採取本章介紹的步驟。我的觀點主要是站在數位行銷顧問的立場,所以介紹的專案可能會偏向這種性質,但以品質、成本、快速結果和資源控制所推動的流程,應該也能跟其他類型的業務產生共鳴。本章接下來的內容將介紹如何讓相關利益關係人產生熱情並且買單,以及如何思考不同方法的優缺點,幫助讀者仔細考量必要的行動和需求,產生如何執行的藍圖。此外,本章還會介紹如何定義一個專案是否已經取得成功。

創造有利於成功的環境

就數位分析專案裡跟技術無關的部分,本書希望至少納入幾個這方面的議題,因為實際創造商業成果時,這些議題會佔有一席之地。讀者若想在數位分析方面取得任何進展,手上要有可以應用的業務,這通常是最困難的工作,因為在進行專案之前,要先證明專案可行、界定專案範圍以及獲得公司的批准。因此,我們會先聊聊:怎麼讓利益關係人願意支持專案;建立敏捷、使用案例面向的計畫,展現真正的商業價值;評估公司數位化的成熟度是否足以支持專案,讓專案能長期從中獲益。如果公司的數位化程度還不夠成熟,就算投入最好的資料分析產品也收不到任何成效,例如:公司員工不願意使用這方面的產品。

讓利益關係人買單

嘗試開發資料科學應用程式的時候,我一開始抱持的態度是:「只要我把應用程式開發出來,客戶就會自動上門。」當時我以為只要應用程式的表現夠亮眼,就能證明應用程式的接納度,我們只需要展示並且證明應用程式的概念可以運作,就能推廣到全球各個角落。

現實情況是，除非我們非常幸運，否則一般人面對不是合作對象開發的應用程式，而且認為無法從中獲益時，根本不會想採用高科技應用程式。現在的我已經認清現實，而且非常清楚一件事，那就是負責處理資料的人必須從一開始就參與專案、掌握整個流程，並且清楚商業利益，如此才能對老闆（還有對老闆的老闆等等）進行充分的解釋。

因此，最佳流程是將所有參與專案的人全都集合到同一個房間裡，然後和他們聊聊我們想達成的目標。在這些參與專案的人裡，非技術人員極有可能提出具有商業價值的想法。尤其在使用跨部門資料時，這一步甚至更為重要，因為組織內政治因素而造成的資料孤島問題，通常會是專案的主要絆腳石。此外，若只從個人觀點出發去思考最佳的資料應用程式，這是很危險的做法，因為最有趣的技術想法可能比最容易商業化的想法更吸引人。

另一個關鍵議題通常跟 IT 開發專案有關。迄今為止，數位分析工作都是由公司內的行銷部門帶頭進行，通常不會採用 IT 部門過去多年來持續為自身系統開發出來的最佳實務做法。如果 GA4、BigQuery 是公司首次導入的雲端系統，說服 IT 部門同意使用這些系統通常會是主要的障礙，尤其是在計畫使用自身第一方資料的情況下。所以，一定要讓 IT 部門參與其中，才能長期擁有成功的前景，否則就會產生「影子 IT」流程的風險，不然，可能會為了繞過 IT 部門阻礙的限制而創造出這樣的流程，這種做法無法長久持續下去。

如果這是各位讀者在該領域裡的第一個專案，下個目標會是獲得公司內部的信任，這是值得投入的領域。各位讀者的第一個專案若是初次導入雲端基礎設施，而且還要展現雲端和本機開發兩者間的差異之處，我會建議最好不要從複雜的大專案（或是「太空船」等級的專案）開始，而是選擇專案規模較小但有用的應用程式。一旦專案成功，就能證明一切可行、成本合理，而且能為公司發展數位化成熟度奠定健全的基礎。

「使用案例導向」的方法能避免專案變成「太空船」

根據我過往以來的經驗，完成專案的最佳做法是採用「使用案例導向」的方法。使用案例能給每個人努力的目標，回答為何要進行這個專案的各種問題。在沒有使用案例的情況下，可以導入技術解決方案，其理由只是因為這樣能承諾一些比較曖昧的效益。一旦最初的熱情消退，公司內部某些擁護專案的人員離開或是首次出現執行專案的成本，這些都可能會危及專案的續存。

想要實現成功，重點是儘速拆解專案並且限制專案範圍，我會建議最好在六個月之內完成。任何專案只要超過這個時間，一旦有人員離職就會陷入專案失去焦點的風險，變成一個龐大、昂貴的專案（所以比喻為「太空船」），而且，因為耗費大量資源又無法顯現任何商業成果，專案可能會淪落名聲不佳的下場。

若想讓大家對我們的流程有信心，重點是要證明流程能快速致勝，尤其是當流程牽涉到資料時，這點更為重要，因為當大家對流程失去信心時，會扼殺整個分析計畫。

剛進入職場時，我聽過一句話「精實的簡報予人自由揮灑創意的空間」，在職涯發展過程中這句話一路伴隨我至今。當專案擁有定義明確的目標和行動計畫，更能令人勝任愉快。面對需求不是那麼緊迫的功能，要勇敢推遲到初期工作完成後，等到第二階段再來進行；開發專案過程中要小心控制專案範圍，別讓需求蔓延而導致專案失控。在理想情況下，應該完全參照專案的技術需求來進行開發，並且在專案結束之際核對需求。

展現商業價值

和「使用案例導向」方法密切關聯的一環，是計算出專案未來會達成的實際業務收入或省下的成本。這方面若能定義得越明確，提出預算時就越有信心。

通常會用以下這幾種方法來展現商業價值：

- 專案若打算納入自動化流程，就需要確認目前每個月會用到多少小時的員工人力，計算解決方案落實後，平均每小時能省下的成本。

- 若考慮為專案增加關鍵指標，要盡可能挑選和收入或節省成本有密切相關的指標。在過去的案例中，我曾經用「提升網頁速度」作為指標，但是對許多業務來說，這種指標過度偏離實際上的商業價值。採用「提升整體轉換率」會是更好的指標，因為轉換率乘上平均目標價值，可以得知逐漸提升的數字。

- 節省成本的目標通常是在維持相同預算的情況下，提升專案效率，但還是要取決於公司當前處於什麼階段。比較年輕的公司通常會將焦點放在公司成長上，完全不在乎節省成本這回事；成立較久的公司則可能會因為市場佔有率下降，而只在乎成本。

一旦為使用案例賦予某種現金價值後，接下來就能判定解決方案能帶來什麼價值。經過這些評估後，我們有可能會意識到這個解決方案的成本太高，轉而將節省下來的大量時間和精力，直接投入其他更有價值的專案。

評估公司的數位化成熟度

另一個關鍵因素是根據公司目前的數位化成熟度，規劃一定能達成的使用案例。若以登山者來比喻，當我們腳上連一雙好的登山鞋都沒穿，就站在山腳下指著山頂的目標，一點意義也沒有。

同樣地，對於那些目前還在用「跳出率」（bounce rate）作為關鍵績效指標（Key Performance Indicator，簡稱 KPI）的公司，要他們答應著手進行先進的即時機器學習專案，對方可能只會禮貌地點頭回應，幾乎不會真正地讓專案付諸實行。因此，必須先對公司提出大量的問題，然後進行評估，才能得知公司下一步要往哪走。不過，將山頂這個目標牢記心中，可以作為公司日後應該改善哪些方面的靈感來源，開啟公司發展數位化成熟度的大門，建立多年藍圖。

確立使用案例的優先順序

現在我們要決定未來想著手進行哪些想法，決定優先順序的流程是讓我們依據設立的準則來選擇專案，例如：根據專案需要的資源量或是預期的營收效果。

以下這些問題能幫助我們決定數位行銷藍圖上各個項目的優先順序：

- 針對我們的工作目標，需要哪些關鍵資料來源？
- 資料活化的主要管道有哪些？
- 我們想利用資料實現哪些現在無法達成的工作目的？
- 有哪些資料是我們認為可以用，卻無法使用的？
- 就目前進行的資料分析工作，我們已經採用了哪些技術？
- 使用了哪些關鍵業務 KPI ？

與客戶合作時，我們會擬出一份簡短的清單，列出所有利益關係人腦力激盪後提出的使用案例，然後根據業務影響和預估的執行時間，為每個使用案例進行評分，優先考慮要快速上市和具有高影響力的想法。

技術需求

讓所有利益關係人都願意積極支持專案後，就可以開始進行我最喜歡的部分：建立專案的執行範圍和技術需求。這個步驟是針對如何完成專案，制定可以實現的藍圖，並且深入專案需求，盡可能列出必要的技術細節（截至目前所做的計畫可能都還在比較上層的目標階段）。所有資料專案都具有以下四個元素，幫助我們拆解工作階段：

資料擷取

　　這個角色負責決定資料如何送達，送來的資料多數可能是處於原始狀態。

資料儲存

　　這個角色負責決定如何儲存資料，以及如何透過合併、轉換和整合等方式獲得資料。

資料建模

　　這個角色負責將原始資料轉換成某個有用的內容。

資料活化

　　這個角色負責將有用的資料放進系統裡，創造商業影響力。

這些角色有助於建立跨平台的環境，因為實際上提供給這些角色使用的技術多半適用於不同平臺——多數雲端平台提供的服務可以互相交換和搭配。舉個例子，假設我們正在實作的使用案例是採用 BigQuery，但是我們想將整個專案從 Google Cloud 複製到其他雲端平台上（Azure 或 AWS），此時，我們就可以將原本負責儲存資料的角色「BigQuery」換成其他雲端供應商提供的方案（Snowflake、Azure Synapse Analytics 或 Redshift perhap）。

既然本書內容是專門介紹 GA4，書中的使用案例就一定會納入 GA4。GA4 最常擔任的角色是作為資料來源，但 GA4 具有的功能其實也能完成所有其他角色的工作。例如：利用 GA4 的資料匯入功能（例如：自訂資料匯入或 Measurement Protocol 協定），可以實現資料儲存這個角色的工作；若使用 GA4 的預測指標，同時也是在利用 GA4 的資料建模能力，隨後或許會透過 GA4 的目標對象，輸出這些預測指標，進行資料活化。本書還會介紹如何整合 GA4，進一步擴充這些功能，展現 GA4 的彈性和強大。

本書會幫助讀者設定預期要花費的時間。剛進入業界的新人通常會認為資料建模這個角色的工作會佔掉專案大部分的時間，但事實上，這部分的工作花的時間最少！相較於準備資料的時間，資料建模所花費的實作時間，根本相形見絀。根據經驗法則，我粗估以下各個任務要花費的時間比例：

- 資料擷取：20%

- 資料儲存：50%

- 資料建模：10%

- 資料活化：20%

工具也要適才適用

我們經常會遇到一些工具雖然是專門用來處理資料流的一部分，卻一副無所不能的樣子。使用這些工具時要十分謹慎，盡量不要超出工具適用的專業領域！資料視覺化工具就是很明顯的例子，這些工具可以匯入資料，並且轉換為視覺化資料，在處理簡單的資料來源時確實很方便，可是，一旦變成要處理更複雜的資料流就會陷入掙扎，嘗試讓這些工具處理複雜的資料只會浪費更多時間。因此，我們應該充分發揮一項工具的優勢，利用其他工具的強項來處理資料流的其他部分。BigQuery 更適合資料儲存和轉換，所以能用來匯出資料到 Google Data Studio，製作視覺化的報表資料；BigQuery 適合簡單的資料處理工作，不適合處理繁重的資料合併或整合工作。

資料擷取

現在就讓我們一起踏出資料之旅的第一步：從各個可以獲得的來源蒐集資料。在資料擷取過程中，我們會從產生資料的來源處蒐集原始資料，例如：網站互動、社群媒體活動或電子郵件的點擊次數。後續第三章會進一步討論，如何利用 GA4 和 GCP 平台上的服務為書中的使用案例擷取資料。

擷取資料的方法通常跟資料擁有者或控制者有關：

第一方資料

第一方資料就是個人私有資料，舉凡網頁分析、內部銷售或行銷系統都屬於這一類資料。這類資料好不好用，主要取決於使用者本身的數位化成熟度及其所選擇的資料系統。常見的情況是資料品質有問題，導致資料無法使用，因此，專案開始之前可能要先整理資料才能使用，例如：使用活動追蹤代碼或顧客關係管理系統（customer relationship management，簡稱 CRM）提供的資料庫清除功能。GA4 資料屬於第一方資料，在許多情況下，最簡單的做法通常是利用 GA4 提供的 API 來蒐集數位資料，再將資料發送給第一個目的地，也就是 GA4。例如：利用自訂事件、推送到資料層或是使用 Measurement Protocol 協定。然而，Google 明文規定「個人識別資訊」（personally identifiable information，簡稱 PII）不得傳送給 GA4，這表示我們要直接從自己的系統查看 PII 串流資料。因此，系統是否容易匯出或整合第一方資料，逐漸成為要投資哪些系統的決定因素。不過，一家公司裡的傳統老舊系統只要功能還可以正常運作，就幾乎不會被換掉，這些舊有系統最常讓人感到挫敗的原因是它的系統環境就像是封閉的花園，使用者無法真正擁有自己的資料，因為不能從系統中萃取資料，也無法將資料用在其他系統裡。

第二方資料

第二方資料其實是來自另一家公司的第一方資料，Google Search Console（搜尋控制台）提供的 SEO 關鍵字曝光資料就是很好的例子。通常需要和擁有資料的公司達成協議，會透過 API 或資料匯出功能來提供第二方資料，好處是可以加強自己擁有的第一方資料，但不必跟其他人分享自己的資料。使用第二方資料時，常見的方法是透過 API 呼叫服務或是利用 FTP 匯出。在這種情況下，我們需要查看取得第二方資料的程式碼，確認這些程式碼的託管方式。在使用某些服務的情況下（像是 BigQuery 資料移轉服務），可能只需要由適當的使用者填寫申請表。串接資料時通常可以利用 SaaS（軟體即服務）解決方案，例如：Supermetrics、Fivetran 或 StitchData。其他情況還有自己建立 API 呼叫，然後按照排程執行，我個人的做法通常是組合使用 Cloud Scheduler、Cloud Function、Cloud Run 或 Cloud Composer。

第三方資料

第三方資料一般是彙整自各種資料來源，天氣資料或指標通常都屬於這一類資料。這種類型的資料實際上是為自己的資料加入一些背景，也就是豐富第一方資料；可以蒐集其他資料作為來源（例如：在使用者訪問時呼叫天氣 API，蒐集使用者窗外的天氣是否陽光普照），或是在資料蒐集完畢後，再依照排程透過 API 匯入（如同第二方資料所述）。

個人識別資訊（PII）不得存在於 GA4

本書要特別強調這一點，任何資料不管是有意還是無意都不該傳送到 GA4。常見的肇因有：提交表單時 URL 帶有個人的電子郵件位址、使用者不小心在搜尋框內輸入個人資料等等。GA4 不但可以也已經停用過去有蒐集到 PII 資料的帳號，所以值得各位讀者花點時間確認自己是否存在這樣的風險。

清楚了解如何匯入資料後，接著就需要找個地方來儲存資料，現在我們要開始思考如何選擇儲存資料的方式。

資料儲存

所有資料原本都是儲存在某個地方，但我們必須針對資料應用程式所需，決定資料是否要繼續儲存在原來的位置，還是要移動到另一個可以控制的系統裡。後續第四章會進一步討論，如何利用 GA4 和 GCP 平台上的服務為書中的使用案例儲存資料。針對本書的使用案例，這個問題的答案通常就是 BigQuery，因為它提供的許多技術能力非常適合用於資料應用程式：

- 儲存成本最低。

- 可以接受即時或批次資料。

- 可以對數 TB 的資料執行分析查詢，然後在合理的時間內回傳查詢結果。

- 非常適合整合其他系統。

BigQuery 雖然適用於相當多的使用案例，但也不是每個應用程式都適合使用 BigQuery。如果希望不到一秒就能得到查詢結果（例如：查詢使用者 ID 而且需要該使用者的屬性時），那麼 BigQuery 這個工具就不適合處理這種工作。BigQuery 可以作為資料應用程式裡的部分資料流，將資料從 BigQuery 轉移到 Firestore，以更快存取的格式來提供資料。

我們要如何決定應該採用哪一個解決方案來儲存資料，即使是在 GCP 以外的平台或是在沒有使用 GA4 的情況下？本節內容的目的正是要幫助各位讀者下這個決定。

儲存資料時，我們必須考慮以下這些問題：

我們要儲存的資料是否已經結構化？

對於我們要儲存的資料，其格式是可以保存在資料庫內（例如：CSV 或 JSON），或者是無法簡單查詢（例如：圖像、影片、二進位檔案、聲波或是非結構化的 CSV、JSON 檔案）？近來已經出現不錯的功能來解決這個問題，我們可以運用機器學習，將其中某些格式轉換成結構化資料，例如：為圖像檔案加上標記。

我們是否需要對儲存資料進行分析？

分析工作負載有利於快速執行計算，與分析無關的資料（例如：網站服務）則有利於快速存取單一紀錄。另一個思考角度是資料庫儲存資料時，是用資料欄還是資料列：若是用資料欄，執行「SUM」和「COUNT」計算的速度會比較快；若是用資料列，則是回傳單一紀錄的速度比較快。

我們是否需要更新交易型資料？

以金融交易的資料更新為例，使用者的銀行帳戶餘額可能一小時內就要更新數千次；反之，貸款決策只需要一星期批量更新一次，但必須遵循 ACID 特性[1]。

取得結果時是否需要低延遲？

如果我們的需求是在一秒內取得結果，分析型資料庫可能不是理想的選擇。

我們要儲存的資料是否需要整合行動 *SDK*？

Google 為行動資料提供了專門的套件──Firebase，讓我們能整合其他適合行動資料的服務。

我們會使用多少資料量？

了解使用資料量是 MB、TB 或 PB，會影響到我們選擇儲存的方式。

我們選擇的資料儲存方式和資料擷取/建模/活化需求之間的整合程度如何？

資料儲存有可能同時滿足所有其他需求，但如果放在錯誤的位置或是無法處理其他步驟（或者是這樣做的成本太高），這個儲存方式就可能不適合。例如：假設你的應用程式想從多個雲端位置匯入資料，必須從某個雲端位置匯入/匯出到另一個雲端位置，多數雲端系統都能建立這樣的應用程式，只是很貴。

各位讀者若能回答出以上這些問題，圖 2-1 就能幫助你從 GCP 平台上的服務套件中選擇出適合的工具。

---

[1] ACID 特性包括：原子性（atomicity）、一致性（consistency）、隔離性（isolation）和持久性（durability）。

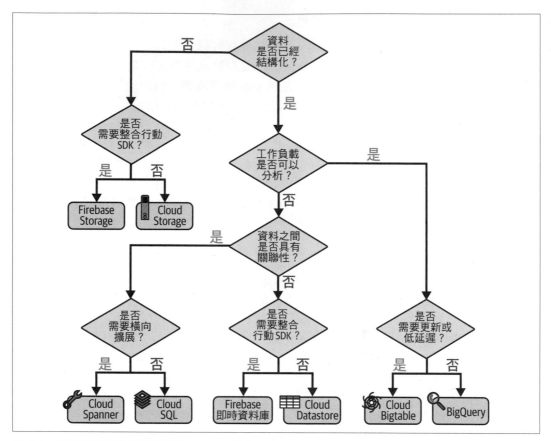

圖 2-1　利用決策流程圖選擇正確的 GCP 儲存服務

現在我們已經清楚了解 GCP 平台和 GA4 上的使用案例為何會採用 BigQuery 的理由，接下來我會利用一些典型的資料分析工作流程，回答前一頁流程圖中列出的問題。

- 我們要儲存的資料是否已經結構化？**多數分析資料都已經結構化。**

- 我們是否需要對儲存資料進行分析？**需要！**

- 是否需要加入交易型資料？**不需要。**

- 取得結果時是否需要低延遲？**資料分析工作流程並不需要。**

- 我們要儲存的資料是否需要整合行動 SDK？**不需要。**

- 我們會使用多少資料量？**不論資料量有多少都可以使用。**

- 我們選擇的資料儲存方式和資料擷取／建模／活化需求之間的整合程度如何？ **GA4 的原生功能可以整合 BigQuery**。

上述這些問題的答案說明了 BigQuery 為何是不錯的選擇，如果各位讀者的答案跟本書不同，最後會得到不同的解決方案。

不過，若換成某些資料活化的情境，就會得出不同的解決方案。

- 我們要儲存的資料是否已經結構化？**已經結構化**。
- 我們是否需要對儲存資料進行分析？**不需要，因為已經在建模階段完成**。
- 是否需要加入交易型資料？**可能需要**。
- 取得結果時是否需要低延遲？**需要，因為會開放給使用者**。
- 我們要儲存的資料是否需要整合行動 SDK？**可能需要**。
- 我們會使用多少資料量？**資料量通常會落在 TB 的範圍內**。
- 我們選擇的資料儲存方式和資料擷取／建模／活化需求之間的整合程度如何？**我們需要即時 API 具有快速的回應時間**。

上述這些答案得出的解決方案會是 Firestore。

一旦資料順利傳送到我們選擇的資料儲存方案後，就可以開始思考如何讓資料成形。這裡就是我們開始創造價值的起點，提供資料模型的資訊，作為本書使用案例的解決方案。

資料建模

資料建模的流程是經由資料擷取的階段，取得儲存的資料並且加以修改，然後用於使用案例，建模過程中的資料修改包含過濾、彙整、統計或機器學習。在多數專案裡，資料建模階段是發生魔法的地方，通常也是最需要量身訂做的階段。在理想情況下，絕大部分的專業資源（例如：資料科學家的時間）應該會投入在這個階段，本書第五章的使用案例中會有詳細的介紹。

建模包括的工作範疇相當廣泛，簡單的像是提供乾淨的彙整表，也可以複雜到即時深度學習和神經網路。不論是哪種情況，目標都是將原始資料轉換成黃金，或者換個更一般的說法，是轉換成一個漂亮的平面檢視資料表，提供給資料活化管道使用。

模型效能 vs. 商業價值

首先，我們要考慮模型需要多棒的效能。剛開始可能會認為效能要越準確越好，但實際上並不是那麼回事。

第一個重點是為模型效能定義「夠好」的指標。當然，資料科學團隊會努力以最高分為目標，可是，報酬遞減法則顯示，若想達成 95% 的準確度，其難度會是 80% 的兩倍，99% 的難度甚至會高達十倍。即使 99% 的準確度能讓專案多延長一年，但我們的使用案例有必要採用這麼高的效能嗎？

Lak Lakshmanan 在他寫的一篇部落格文章裡，提出了一個重要的例子，請參見《*Choosing Between Tensorflow/Keras, BigQuery ML and AutoML Natural Language for Text Classification*》（以文字分類為例，在 Tensorflow/Keras、BigQuery ML 和 AutoML 自然語言之間進行選擇，*https://oreil.ly/rPpcY*）。

Lak 是 Google 雲端團隊裡成就卓越的資料科學家，著有《*Data Science on the Google Cloud Platform*》（O'Reilly 出版）。其文章中說明了三種機器學習方法所具有的效能和資源需求，再從中進行選擇，請見表 2-1。

表 2-1　比較各種機器學習方法的準確度、效能和資源需求（取自 Lak Lakshmanan 的研究資料，*https://oreil.ly/rPpcY*）

模型類型	建置方法	建置時間	準確度	雲端成本
在 Cloud ML Engine 上運行經過訓練的 Keras 函式庫	以 Python 作為程式開發語言	1 週到 1 個月	從低到極高均可支援，取決於機器學習的技能	中到高
BigQuery ML	在 BigQuery 中使用 SQL	1 小時左右	中到高	低
AutoML	使用預先建立好的模型	1 天左右	高	中

在已知這些選擇的情況下，為使用案例界定範圍時，值得花點時間指定模型需要的效能。更高的準確度雖然意味著能帶來更高的利益，但如果能以量化的方法表示，有助於我們調配資料科學團隊應該在建立模型上投入多長的時間。

有許多情況是值得我們快速啟用一個可行的模型作為基礎，然後將剩餘的時間花在改善模型效能上。如果模型成功啟用，將來重新檢視專案時，或許就能將更多資源配置給更準確的模型。

最低限度的（資料）移動原則

專案裡有多少資料需要傳送到各個不同的地方，這個部分會影響資料建模的複雜程度。基於網頁獲得分析資料的方式，建模階段極有可能只會使用結構化資料，而且很有可能也是用 SQL 資料庫。在 SQL 環境中實作複雜的統計或機器學習，可說是一項艱澀難懂的藝術，因此，多數資料科學家更偏好使用專為資料科學設計的程式語言，例如：Python、R 或 Julia。

然而，我們應該開始權衡移動資料的優缺點，有助於實現這個目標。一般原則是盡可能降低資料到處移動的機會，只移動絕對必要的資料。遵照這個指導原則，能幫助我們避免付出昂貴的代價以及資料隱私方面的問題，強迫從源頭開始整理資料，如此一來，資料科學家就不必花更多時間在清理資料上。

輸入原始資料，輸出資訊

我們提供給資料建模人員的精簡說明，基本上是列出模型要接收的資料架構，以及我們希望建模過程的另一頭應該要出現的資料格式。建模過程中可能會進行資料合併、彙整和統計，使用神經網路或其他方式進行機器學習，但就模型機制來說其實就是輸入和輸出資料集。

實際開發專案時，負責資料建模的人員如果獲得奇怪的結果，通常很快就會發現資料內存在不一致或錯誤的情況。單就這點來看算是附加的好處，因為後續可以回饋給資料來源，反覆清理資料。

指定活用資料的管道，同時也會嚴格界定流程中出現的資料格式的範圍。活用資料的管道可能需要某種形式或是以某種系統啟用，例如：使用資料時必須透過 API 或 CSV 檔案匯入。

為資料科學家、建模人員提供協助

除了提供精簡的說明，利用關鍵任務減輕自身或資料科學家的工作負擔，能讓我們將更多時間花在處理問題上，減少管理或清理資料的工作。擁有良好、乾淨的工作環境，還能讓我們更加自由地使用資料集，無須等待工作執行或得到授權。

提供好的精簡說明，有助於資料科學家納入以下元素：

- 輸入資料時希望的格式以及詳細目錄，說明每項資料代表什麼。
- 指定資料建模時想要輸出的指標和（或）維度。

- 為專案制定成功指標的粗略門檻，例如：預測準確率必須超過 80%，商業價值才會開始浮現。

- 新模式的預測或更新頻率。

- 為第一個模型進行 QA 的最後期限。

- 說明模型部署位置和預期的效益。

- 是否需要進行即時預測或是要透過批次流程

當然，最厲害的還是那些努力解決問題的人，他們會詢問怎樣才能讓生活變得更輕鬆自在，不過，本書希望上述這份清單能幫助各位讀者列出一份注意事項檢核表，以最佳效率處理自身或自身資源需要解決的問題。

設定模型 KPI

利用機器學習建立模型時會界定範圍，要利用什麼樣的指標來衡量成功尤其重要，此時會牽涉到幾個關鍵的問題。常見的例子是訓練的資料集不平衡時，該如何使用準確度，例如：預測轉換率時，因為轉換率通常會落在 1% 到 10% 的範圍內，得到的模型準確度是 90% 到 99%，預測出來的結果就只是每個人都不會轉換！資料科學家的習性是謹慎選擇正確的方法來衡量模型的效能，但這也突顯出一個重點，我們必須知道產出的模型將使用在什麼樣的環境背景下。針對前面這個例子，更好的衡量指標是利用召回率（recall，將預測出來的轉換率除以實際觀察到的轉換率）。

模型一旦投入生產之後，一般來說就會隨著時間衰退。隨著資料與時俱進，這是很自然的情況。因此，我們還要考慮為模型 KPI 設定門檻，決定何時應該以新資料再次訓練模型，或是當模型不堪使用時，可能要使用新方法重新思考整個模型。

資料建模的最後階段

模型建立之後，我們必須決定資料活用時，實際上要如何使用模型來進行預測。後續第五章會進一步探討幾個新產品，幫助我們「正式投入生產」自己的模型。

關鍵在於讓新資料與模型相互連結，如此才能輸出模型的預測結果或資訊。用於訓練模型的資料雖然很大，但實際上觸發結果的資料卻通常很小，可能只是使用者 ID 或使用者拜訪過的頁面。在使用模型方面，當前的總體趨勢說明如下：

在資料所在位置直接建立模型

現在的資料庫已經變得越來越複雜，許多資料庫還支援在資料庫裡實際建立模型，也就是說從訓練模型到模型投入生產的工作流程之中，不需要移動資料，BigQuery ML 就是一個很好的例子。

將模型上傳到資料所在位置

模型可能會輸出執行檔或二進位檔，讓我們上傳到資料庫所在位置，這需要資料庫特別支援才能使用，例如：BigQuery ML 匯入 Tensorflow 模型的功能。

將資料傳入模型

若模型本身是託管在某個地方，使用時再將資料上傳到模型裡，由模型輸出預測結果，例如：Google AutoML 提供的服務。

開發 *API* 來使用模型

專門開發一款 API，當 API 偵測到模型需要的資料時，就會回傳模型結果，像語音轉文字 API 就是一個機器學習搭配 API 很好的例子。這種做法的優點在於，任何資料活用管道只要能與 HTTP 溝通，就可以跟 API 互動。

專案一旦深入進行到這一步，資料儲存解決方案裡應該存放了我們擷取的資料、已經為使用案例產生資料集還有和資料溝通的方式。下一節的內容會說明，如何產生可衡量的商業價值，藉此證明我們確實為了建立模型而投入艱辛的努力。

資料活化

最後一個同樣重要的部分是資料活化，資料活化之所以關鍵的原因在於，使用案例界定初始範圍時就應該決定，其他步驟都可以等到範圍指定後再來制定，後續第六章會有詳細的介紹。

既然我們對資料活化的見解始終來自於 GA4，本節內容會針對數位行銷，考量不同資料活化管道的可能性。

或許不只是資訊主頁

處理資料專案時，資料活化經常都是事後才加入的部分，而且不外乎都會說「來做個資訊主頁吧！」身為過來人，我奉勸各位讀者千萬不要拿資訊主頁來展現你辛苦工作的成果，這不會是最好的方式。我曾經經歷過，辛苦建立了資訊主頁，卻在六個月後才發現根本沒有任何一個人登入過。

面對資訊主頁這個議題我想說的是，建立者常常以為資訊主頁建立完畢後，他們的工作就結束了，而檢視者一定會去看資訊主頁的資料，根據資料採取行動。然而，我們想要的結果是，檢視者看到資訊主頁呈現的指標和趨勢能有所頓悟，促使他們迅速制定行動，展現商業價值。如果這是我們想要的成果，資訊主頁就應該定位在業務、培訓和研習會這幾個方面，實現我們想要資訊主頁提供的成果。資訊主頁應該根據業務需求與時俱進，這是一項需要持續進行的工作任務。

我現在的立場已經稍微改觀，不再堅持「資訊主頁無用論！」我確實相信專案只有在活用實際資料的第一步有納入資訊主頁。在我見過的專案裡，曾經發揮出最大的影響力是資料建模的資訊直接改變了數位行銷管道的行為。

讓我們換個角度來看行銷技術：我們手上可能有行銷自動化工具、客戶資料平台（customer data platform，簡稱 CDP）或是利用 CRM 系統發送電子郵件，這些技術之後都能與資料建模整合。對 GA4 來說尤其如此，其目標對象是資料活化的管道，因為 GA4 能將這些目標對象匯出到付費的媒體管道或是 Google 行銷套件裡的 Google Optimize 工具。如果能以更直接的方式將資料建模連結到該活動，就更有可能證明出一個具有顯著成果的殺手級使用案例。

與終端使用者互動

由於本書的焦點是放在數位行銷上，我們能用來產生影響力的手段都存在於數位行銷管道裡。以下介紹幾個主要管道，以及資料如何影響這些管道的建議：

自然搜尋和搜尋引擎最佳化

　　關鍵字研究、內容與查詢一致、產生到達頁面的內容、鼓勵點擊率

付費搜尋

　　關鍵字研究、品質分數最佳化、回應搜尋趨勢、目標對象區隔

電子郵件

　　目標對象區隔、個人化、內容研究

自媒體的內容（例如：我們的網站內容）

　　轉換率最佳化、載入頁面的體驗、個人化

社群媒體

　　捕捉趨勢、個人化、內容研究

顯示廣告

評估廣告位置的品質、廣告區隔

除了服務顧客，我們還能幫助自己的同事和公司內部的利益關係人提升工作效率，常見的途徑有：

資訊主頁

根據資料流提供資訊，作為員工的決策支援。

電子郵件

發送有用的個人化電子郵件給員工，在郵件內容裡加入個人對資料的見解。

自動化

移除重複的工作任務，讓員工可以將時間花在更有生產力的工作上。

人力資源（*HR*）

評估員工何時需要協助，像是當員工花了大量的時間在處理瓶頸。

庫存程度

根據行銷活動提供的需求預測，最佳化訂購產品的時機。

資料建模啟用之後，應該回頭與使用案例原本的營收目標建立關聯，並且評估模型的影響力。不過，我們還有一個因素需要考量，那就是近年來最熱門的議題：使用者隱私。

使用者隱私

現今任何處理資料的解決方案都不能再忽視使用者隱私。長久以來，我已經習慣在歐盟規範的法規背景下工作——《一般資料保護規則》（General Data Protection Regulation，簡稱 GDPR）和《電子隱私權規則》（ePrivacy Regulation），現在全球其他區域也開始採用這些標準。這證明了一件事，使用者隱私現在已經被視為一項競爭優勢，因此，我們必須證明當使用者真的給予我們權限為他們產生有用的結果時，他們同時也能信任我們建立的解決方案。

整體來說，歐盟導入《一般資料保護規則》的目的並不是要限制資料應用，而是在於保護市民尊嚴。隨著個人資料的價值逐漸上升，我們必須確定演算法的目標，因為這些演算法會在人們渾然不知的情況下決定他們的命運，尤其是當人們本身沒有獲得好處，而是為了公司利益不經意地無償放棄自身的資料。

全世界的其他地區也正在依循相同的路線。中國和巴西在 2020 年制定了類似的法規，美國目前雖然尚未出現聯邦層級的保護法規，但有些州（例如：加州）已經導入隱私權保護法，其他州也打算跟進。

使用者隱私的關鍵需求是了解不同類型的使用者相關資料，這些資料會因為不同地區的法規處置而略有差異。由於我本身的經驗是侷限在歐盟之內，雖然這些資料類別通常應該也適用於所有區域，但各位讀者或許希望了解看看自身所在地區的具體情況。

完全匿名資料

即使將完全匿名資料結合我們蒐集到的任何資訊，也無法重新識別一名使用者，包含那些無法透過連結或合併等操作來縮小使用者範圍的資料，例如：郵遞區號；完全匿名資料本身雖然無法識別，但如果能將這些資料連結使用者特徵（例如：年齡和性別），是有可能辨識出個別使用者。萬一有動機不良的駭客破解了我們所有的系統，他們應該也不能從我們擁有的任何資料去重建一名使用者。雖然有動機不良的駭客會測試我們的資料安全性，但更有可能發生的日常情況卻是公司自身在無意間意外洩漏資料，將資料庫暴露在外或是公開發布了認證用的密鑰。

偽匿名資料

偽匿名資料跟使用者 ID 有關，如果跟其他資料結合就能揭露更多跟使用者有關的個人資料。典型的例子是使用者 ID 與資料庫連結，就能獲得使用者的詳細資料（姓名、地址和電話）。若遇到動機不良的駭客意圖存取使用者 ID，只要再加上內部系統，他們就能識別出一名使用者。

個人識別資訊（PII）

這類資料能直接識別出一名使用者，例如：使用者姓名、電子郵件或信用卡卡號，動機不良的駭客只需要存取 PII 資料就能識別出使用者。PII 資料也包含其他暗中蒐集的資料，例如：使用者的 IP 位址。

設計資料應用程式時，我們必須考慮實際上需要哪些使用者資料，有可能只用匿名資料就足以區隔使用者背景，不需要將個別使用者行為和 ID 綁在一起。各位讀者如果正在考慮尊重使用者選擇，採用這種做法將大幅改變你可以使用的資料量，或許能為你的模型提供更好的效能，並且降低法律風險。

在了解我們可能需要蒐集哪些類型的資料後，該如何檢查我們蒐集的資料是否合乎法規？下一節會討論這個部分。

尊重使用者隱私選擇

使用者隱私的重點在於我們是否清楚了解如何使用某個人的資料，以及他們同意提供資料的目的。有些同業會追逐系統的技術，卻不管系統如此設計的目的；例如：若使用者不同意我們以 Cookie 追蹤他們的個人資料，即使我們是用其他技術來取代 Cookie（像是瀏覽器的 localStorage 物件），也不應該追蹤使用者。重點是我們必須尊重法律精神。

向使用者取得同意蒐集資料時，通常會請求允許蒐集的資料可用於數種類型的用途。這些類型的用途一般會分成幾個作用：必要、統計和行銷。例如：若我們取得使用者同意資料作為統計之用，就不應該將他們的資料用於行銷方面。

當使用者同意使用 PII 或偽匿名資料時，我們必須在資料集裡加入使用者何時同意提供以及同意提供資料的用途，以便於追蹤使用者的決定。若使用者將來撤回許可，不再允許我們使用資料，我們需要有允許日期才能更新相對應的紀錄。

設計使用者隱私

若情況允許，最好是使用完全匿名資料，因為這樣就根本不需要套用大量的法規。

若無法避免使用 PII 資料，就思考看看是不是可以改用偽匿名資料。歐盟規範的《一般資料保護規則》和《加州消費者隱私保護法》（California Consumer Privacy Act，簡稱 CCPA）均鼓勵這樣的做法。在使用偽匿名資料的情況下，會以 ID 來取代使用者姓名或電子郵件，萬一發生資料外洩的情況，可以為使用者提供某種程度的保護——前提是該公司對於連結使用者 ID 及其個人資訊的查詢表，已經確實採取安全措施。

使用偽匿名 ID 還有另一層意義，當使用者請求刪除資料或是資料可攜性，這種做法會比較容易尊重使用者的隱私選擇。在這種情況下，只需要更新中央資料庫裡儲存的 PII 資料，就會停止使用偽匿名 ID，無須透過許多系統去追蹤資料，就能刪除使用者資料。

如果真的要匯入 PII 資料，就要準備好設定使用者隱私措施。在這個情況下，將資料到期期限設定為 30 天可能比較有利，也就是說當資料停止匯入，所有雲端資料都會在《GDPR》規定的法律時間內刪除。當原始資料的許可權限發生更新的情況，我們匯入的資料內容最終也會隨之異動，這項設定可以避免發生風險：不小心匯入應該要被刪除的資料。

保護我們存取的資料

另一個重要領域就是要避免個人資料外洩,當資料越敏感(例如:銀行和健康紀錄),保護的程度就越嚴格。有鑑於我們今日生活仰賴網路的程度,光是資料庫裡的密碼未加密,就可能對使用者造成嚴重損害和代價高昂的後果。

我們已經就 GA4 資料應用專案制定策略,說明了許多需要考量的目標層面因素。下一節會簡單介紹幾個我在多數專案裡都會用到的好用工具,讓各位讀者可以熟悉這些工具。

好用的工具

這一節要介紹 GA4 或 GCP 平台以外,我們還會用到的其他工具,我認為這些工具對於專案能否順暢運作非常重要。雖然不使用這些工具也能執行專案,但長久下來,這些我特別提出來說明的工具能大幅減輕專案的工作負擔。

gcloud

gcloud 屬於命令列工具,讓我們能透過命令列和 Bash 程式設計,完成一切(甚至更多!)Google Cloud 網頁後台能做的事。在輔助我們使用 GCP 平台的工具組裡,我認為 gcloud 是不可或缺的一項工具,因為我們一定要有自動化的途徑。就算我們不想安裝(甚至也不需要安裝),只要登入 GCP 的網頁後台,就能在瀏覽器中使用 Cloud Shell 來執行 gcloud。

GCP 平台底下的 WebUI 其實只是 GCP API 底層的一項應用程式,在背後支持所有 GCP 平台提供的服務。GCP 平台採用 API 優先的做法,這表示 API 優先使用所有功能,然後才輪到 gcloud 或其他 SDK 這些工具使用。

安裝方法請參見 gcloud CLI 的簡介(*https://oreil.ly/E3bOB*)。

版本控制 /Git

就算不是大型團隊的一員,我們還是能使用像 Git 這樣的版本控制系統,對於專案順暢運作非常好用。優點之一是可以無限次「復原」程式碼、文件和程序的版本,另一項優點是可以在不同機器之間準確地重複相同的工作內容。設定自動檢查的工作流程,以及部署應用程式來回應程式碼,都可以為專案省下大量的時間。當專案裡有一位以上的開發人員負責維護程式碼,這些效益會倍增。

用於託管程式碼的 Git 儲存庫，目前網路上最受歡迎的是 GitHub，這是一個公開的網站，專門用來使用 Git。其他系統像是 GitLab 和 Bitbucket 也很熱門，透過 Code Repositories 能使用 Google 提供的儲存庫。各位讀者可以針對自己的工作流程，挑選一個最適合整合的儲存庫，但一定要挑選一個。

整合開發環境

剛開始投入程式碼開發的時候，我是用 Windows 內建的記事本或是文字檔案，使用這類工具來進行程式設計似乎比實際需要的還要吃力而且困難。後來我改用整合開發環境（Integrated Development Environment，簡稱 IDE），這類程式軟體基本上是美化過的文字編輯器，但具有許多特定功能，更容易執行、測試和偵錯程式碼。我用過好幾個 IDE 軟體，至於要用哪一個則取決於我寫程式時需要什麼功能：RStudio 非常適合 R 語言建立工作流程；開發 Python 應用程式時，PyCharm 非常受到開發者歡迎；VS Code 用於撰寫其他程式語言的效果非常好，因為這套軟體支援許多可用於處理工作任務的外掛程式，例如：開發 SQL 腳本。

容器（包含 Docker）

就目前的日常工作來說，我認為還有一個不可或缺的技術，就是 Docker。Docker 可以讓我們產生容器，然後在電腦上執行，甚至還支援不同的作業系統（例如：在 Windows 環境下執行 Linux）。Docker 提供一套標準做法，讓我們維護程式碼的執行環境，這表示我們的程式碼和工作流程更容易跨平台部署。

Docker 會幫助我們產生小的 ZIP 檔案，作用類似一個迷你的虛擬機：ZIP 檔案包含整個作業系統，以及執行程式碼時需要的所有正確相依性檔案。

許多雲端服務公司已經接納 Docker，因為這些公司發現他們能輕易將電腦本機上的系統複製到自己的系統內，此外，這些公司還提供數個服務來處理基礎設施，我們只需要擔心自己的程式碼，請參見第一章「晉升為無形伺服器金字塔」。

現在的我已經十分了解將程式碼放在 Docker 裡的好處，因為 Docker 能快速發展雲端服務，讓我在雲端環境下部署程式碼，即使是在同一個雲端平台上，例如：GCP 平台。剛開始我會將大量的工作負載放到 Google Compute Engine 的實體上執行，後來出現了像 Cloud Run 和 Cloud Build 這些服務，我才轉而在無形伺服器的環境中，使用完全相同的映像檔來執行相同的程式碼，而且完全不需要更新程式碼的內容。

使用這些新工具的部分樂趣是持續掌握社群使用的最新技術，看看大家都用些什麼工具來讓自己的生活更輕鬆愜意。在我使用的工具裡，這裡提到的例子只是一小部分，但我希望能為各位讀者提供一個好的開始。我之所以會特別選擇這些工具來介紹，是因為它們還導入了嶄新的專案思考模式。

重點回顧與小結

本章討論了撰寫程式碼或設定應用程式之前就必須先行考慮的一切內容，還介紹了一個框架，用於掌控本書其餘章節內容的結構：深入探討資料擷取、建模和活化，再將這些角色共同使用於後續章節的使用案例。我們還討論了使用者隱私對應用程式是多麼不可或缺的一部分，以及一些讓日常工作更加輕鬆的工具。若讀者本身的背景是單純來自於數位行銷，那麼值得你投入數年的時間去學習和培養新技能，根據我的經驗，這方面一直都是值得投資的方向。讀者若能充分掌握本章談到的所有面向，就能為將來在數位分析業界內的職涯發展做好準備。

下一章會討論第一個資料角色：資料擷取，內容焦點會特別放在如何設定 GA4 及其新能力，用以取得讀者需要的資料。

## 第三章

資料擷取

本章將討論資料分析專案的第一階段 —— 將取得的資料導入系統，以便於後續進行處理。本書一定會用到 GA4，但讀者進行資料分析時不限於只能採用這套系統。

然而，GA4 可以從許多來源擷取資料是非常強大的能力，因為能讓彼此互補的系統融合在一起，而且從資料中一點一滴匯集來的見解通常也更有力。為了幫助讀者達成這個目標，下一節會詳細介紹如何從不同的系統拉出資料。

打破資料孤島

資料來源越多，專案就會變得越複雜。造成這種情況的原因不只是因為技術因素（例如：找出共同的連接關鍵），還有公司的政治因素（當你有越多利益關係人參與進來，而他們控制的不同資料又分別位於公司內的不同組織）。這種現象通常稱為**資料孤島**（data silos）；縱使組織內有大量品質良好的資料，但散落在互不相通的不同系統裡，依舊很難利用這些資料。要解決合併資料時面臨的政治問題，通常只能盡快讓利益關係人參與進來；理想情況是，產生商業案例之初就使用那份資料。

許多讀者剛開始都會覺得這是一座無法翻越的高山，本書建議各位一個踏出第一步的好方法，就是確定你要求的資料不會超過實際所需。在某些案例中，經過彙整的資料就已經夠你開始著手進行分析工作，不需要一開始就夢想著要合併每一筆獨立的原始資料。

極簡主義：少即是多

一般人想從多個系統資料導入資料時，常見的想法就是嘗試匯入所有資料，「以備不時之需」。我反而認為只要為每個使用案例指定需要的資料即可，然後只匯入這些資料，本書後續會以使用案例清楚說明這個想法。日後若出現其他使用案例，只要更換匯入的資料即可，但如果事後又討論應該發送什麼資料，反而會增加專案的複雜性，通常會因此留下原本匯入資料時有機會減少的技術債。

建議各位盡量只匯入有資料規格的資料。在舊有資料庫中這種情況尤其常見，某些資料欄是老早就已經離職的前同事加的，根本沒人知道這些資料欄的作用是什麼，在比較舊的資料庫裡，通常還特別容易看到不具描述意義的資料欄名稱，像是 XB_110，這是因為舊系統對資料標籤的限制所造成。

此外，還要考慮資料來源裡的資料型態或結構。匯入新資料時是清理或移除舊有資料的好時機，可以藉此清除日期格式、模糊不清的貨幣格式或是空值和沒有意義的紀錄。

 GA4 只有一個正確的日期標準：YYYY-MM-DD，讀者若選擇接受這個標準格式，你的工作任務就是將其他不符合標準的日期全部清除！請參見 ISO 8601（*https://oreil.ly/JEoaW*）。

匯入資料時是第一次有機會實際了解資料，請仔細觀察資料特性或架構，找出資料本身的價值。在整個公司內部進行協調，讓每個人都以相同的名稱呼叫同一份資料，光是這樣就能提早驅動價值！

指定資料架構

雖然各位讀者或許能選擇自動偵測架構，但如果沒有用複雜的方法建立匯入資料的架構，最好還是確實指定匯入資料後想看到的內容。在開發階段，自動偵測或許能派上用場，但嚴格指定資料欄的名稱和型態，有助於未來快速挑出錯誤。處理資料品質時，最好的做法通常是快速失敗（fail fast），也就是在發現意外情況的當下，立刻更正錯誤的資料，而非讓品質不良的資料悄悄滲透到實際營運的系統裡，這樣的做法能幫助我們促進資料分析專案的可信度。

設定 GA4 擷取網站資料時，我們會一併學到 Google 為 GA4 定義的架構。接下來我們要介紹設定 GA4 的具體方法，讓各位讀者能以最有效的方式來利用 GA4。

設定 GA4

由於本書的主題是圍繞「Google Analytics」，接下來的內容會深入探討資料擷取時，需要設定的 GA4 環境。本書列出的所有使用案例都會使用 GA4 的資料，因此，了解 GA4 有什麼功能以及如何充分利用其蒐集資料的能力，將塑造出後續的資料專案。

在 GA4 帳號下有許多方法可以設定事件，接下來這幾節將介紹每個設定選項的概念，讓各位讀者在設計資料串流時，能知道要應用哪個選項。

GA4 事件類型

事件是 GA4 重要的資料元素，因此 GA4 提供了許多設定來蒐集事件，包括：自動蒐集型事件、加強型評估事件、建議型事件和自訂型事件。Google 同時納入簡單的預設事件和根據需求自訂的能力，是希望使用者能更快上手，快速追蹤事件和自訂數位分析的解決方案。

自動蒐集型事件

自動蒐集型事件屬於我們不需要另外設定就能蒐集的事件，在預設環境下，GA4 會自動蒐集這種類型的事件並且傳送到 GA4，作為初步產生報表的基礎。自動蒐集型事件擁有獨特的狀態，涵蓋 GA4 認為追蹤網頁時最常見的需求條件：除非另外在網站上設置 GA4 追蹤腳本，否則不須設定就能啟用這項功能，也就是說不必自行撰寫程式碼即可蒐集這些事件。

GA4 的自動蒐集型事件預設追蹤的範圍比通用 Analytics 更廣，包含經常追蹤的可疑事件（例如：page_view）、一些以前要自己設定的有用事件等等。以往要加入程式碼才能追蹤使用者是否捲動頁面、撥放影片或是搜尋結果頁面，GA4 現在會自動捕捉這些事件。

請參見 GA4 開發文件，其中有列出目前支援的自動捕捉事件（*https://oreil.ly/EmECs*）。

加強型評估事件

雖然預設環境會啟用自動蒐集型事件來蒐集資料，但我們還是可以選擇想在報表裡看到其他哪些自動蒐集的欄位。只要在 GA4 的網頁介面中切換開關，就能啟用這種類型的事件；通常是在創建帳號的過程中，完成網站資料串流的設定。

切換開關之後，自動蒐集的加強型評估事件就會出現在報表裡，不需要改變程式碼。

設定介面中還有幾個更進階的設定選項,例如:在單頁式應用程式執行期間,如何觸發網頁瀏覽事件(瀏覽器歷史事件發生變化時),或是在網站上搜尋時,想要使用的查詢參數,請參見圖 3-1 範例截圖中的各個設定選項。

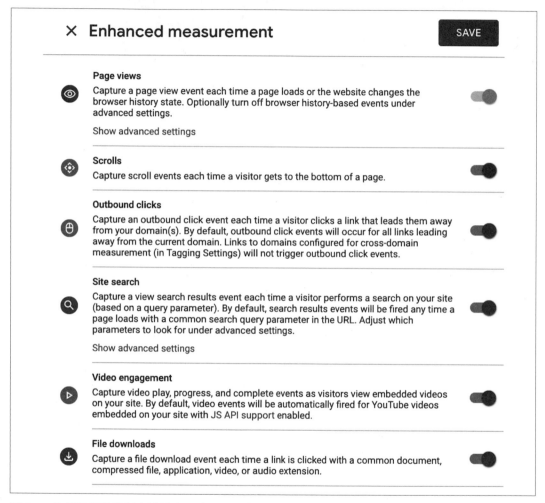

圖 3-1 為新的網站資料串流設定加強型評估事件

建議型事件

建議型事件雖然不會自動捕捉,但強烈推薦使用者依照 GA4 建議的命名結構和架構。建議型事件雖然容許一些自訂空間,但形式不若自訂型事件那般自由(請參見下一節「自訂型事件」)。

請參見 Google 維護的開發文件列出的建議型事件（*https://oreil.ly/A62Pf*）。

如果沒有輸入設定資料，GA4 不會自動蒐集建議型事件，因為這類事件是使用網站特定資料（例如：電子商務產品的名稱），但會要求使用者依照某個架構，建議型事件才會以標準方式出現在 GA4 的專用報表裡。使用者當然可以完全忽視這些建議，但會因此而不能使用 GA4 介面和 API 所提供的功能。

這類事件雖然標記為僅供*建議*，但其實是強烈建議使用者採用，否則有些 GA4 功能會無法運作。例如：如果沒有使用建議的電子商務架構（*https://oreil.ly/xfApC*），便無法運作預測指標和電子商務功能，像 purchase 事件就需要搭配自己的參數和商品語法（*https://oreil.ly/ZjMrQ*）。不過，使用者以後還是有機會利用 GA4 的修改事件功能，更改傳送進來的事件，解決因為意外設定的錯誤或是整個組織內無法強制標準化的事件。

自訂型事件

若需求超出自動蒐集型事件或建議型事件，就要採用自訂型事件。

對於剛開始投入數位評估這趟旅程的公司，GA4 的預設事件非常適合起步。然而，隨著公司越來越依賴資料，藉此提供商業影響力，自訂需求也會隨之增加。在這種情況下，GA4 保留的彈性能讓使用者開始為數位化日趨成熟的使用案例，量身訂做自己的事件。針對公司量身訂做的獨特需求，將成為公司與競爭對手之間的區隔。

建立每個自定型事件時，最多能包含 25 個事件參數，為 GA4 留下相當大的空間，讓使用者能量身訂做自己的事件。自訂事件建立完成後，若想實際在報表中看見這些事件，必須在 GA4 介面內自訂維度（由事件定義）。

後續第九章探討的範例需要自訂型事件，範例中的線上出版商正在尋找跟他們發布的文章有關的詮釋資訊——網頁分類資料，這項資訊不適用自動蒐集型事件或建議型事件。

這家公司為了加入自訂資料，需要額外設定程式碼來獲取指定的維度，以協助分析資料——文章作者、文章分類、文章發布時間和使用者與文章互動的程度多寡（透過評論或社群媒體分享）。

範例 3-1 詳細說明如何在 GA4 的資料集合中，對自訂資料進行編碼。自訂事件 article_read 會簡單計算閱讀文章的總人數，這項資料與網頁瀏覽總次數不同。利用自訂參數，將其他資訊加入自訂資料裡；從網站的後端系統填入資料，再匯入 GA4 的自訂事件。

範例 3-1 .gtag() 函式的作用是獲取 article_read 事件的資料

```
gtag('event','article_read', {
    'author':'Mark',
    'category':'Digital Marketing'
    'published': '2021-06-29T17:56:23+01:00',
    'comments': 6,
    'shares': 50
});
```

自訂型事件會自動蒐集其他預設參數，所以不必擔心這些參數會重複出現在報表的其餘部分裡，例如：自動蒐集必要欄位 ga_session_id 和 page_title。我們只要在 GA4 的 WebUI 下檢視「DebugView」報表或「即時」報表，就能看到自訂事件。

圖 3-2 的範例截圖顯示自訂事件 article_read，可以看到自訂型事件包含的標準參數。

圖 3-2　自訂型事件以及事件包含的參數

GA4 事件可以蒐集許多類型的資料，也提供許多蒐集資料的方法，進一步的詳細資訊請參見第十章。GA4 事件蒐集資料時，最常用的方法之一是 GTM，這也是我最愛用的做法，下一節即將介紹這個部分。

利用 GTM 獲取 GA4 事件

範例 3-1 使用的 gtag() 函式，是來自於 Google Analytics 原生 JavaScript 函式庫，這個範例目的是說明要蒐集什麼資料，但 GA4 事件蒐集資料時，最典型的做法其實是利用 GTM 及 GA4 事件樣板。像我就幾乎不會在沒有支援代碼管理工具的網站上工作，因為利用追蹤代碼，可以提供相當多的好處和彈性。

GTM 是 GMP 平台上的服務，用於輔助 Google Analytics，幫助使用者控制事先部署在網站上的追蹤代碼，不需單獨處理每一段程式碼。數位行銷人員設定 Google Analytics 的時候通常會透過 GTM，因為根據實務經驗，網站開發團隊更改 GA 設定和修改其他追蹤代碼時，這樣能減少一來一回所耗費的時間。採用 GTM 這項工具的另一層意義是將資料蒐集這部分抽出來，放到 GTM 的資料層「dataLayer 物件」，再將資料傳送給 GA4 和其他任何我們想要啟用的追蹤代碼，例如：Facebook 或 Google Ads。

圖 3-3 的範例截圖是顯示如何在 GTM 介面裡設定追蹤代碼，不需要寫 JavaScript 程式碼，只要填寫 GTM 介面的網頁表單就能設定追蹤代碼。透過 GTM，不僅能簡化設定流程、降低設定追蹤代碼時必須了解 JavaScript 的需求門檻，還能確保程式碼符合標準，更容易建立標準化的資料架構。

在理想情況下，從網站獲取的數位行銷資料，大部分都應該透過資料層推送到 GTM，但我們也可以利用 GTM 精選的網頁資料蒐集工具，不需要更新資料層的程式碼，就能從網頁擷取資料。

Tag Configuration

Tag Type

| .ıl | **Google Analytics: GA4 Event**
Google Marketing Platform | ✏️ |

Configuration Tag ⑦

| GA4 | ▼ |

Event Name ⑦

| article_read | 🧱 |

∨ **Event Parameters**

Parameter Name		Value		
author	🧱	{{ArticleAuthor}}	🧱	⊖
category	🧱	{{ArticleCategory}}	🧱	⊖
published	🧱	{{ArticlePublishedDatetime}}	🧱	⊖
comments	🧱	{{ArticleComments}}	🧱	⊖
shares	🧱	{{ArticleShares}}	🧱	⊖

Add Row

> **User Properties**

> **Advanced Settings**

圖 3-3　GTM 建議設定：傳送 GA4 自訂事件 article_read

偏好使用資料層的原因在於，當我們的網站意外發生異動時，應該比較不容易毀壞；如果頁面的主題或版面配置改變，GTM 精選的網頁資料蒐集工具會中斷程序。若要避免長期發生這種情況，健全的做法是在分析資料過程中就把網頁開發團隊拉進來，請團隊更新資料層，而非僅依賴 GTM。我們不該拿 GTM 來迴避網頁開發團隊，反而應該讓團隊更願意支持我們投入網頁追蹤。

圖 3-4 顯示的範例截圖，是我透過 GTM 從自己的部落格中選擇文件物件模型（document object model，簡稱 DOM），輸出該篇文章的發布日期和時間。透過 CSS 選擇器 `.article-date > time:nth-child(2)`，取得部落格文章發布日期這項特定資料。

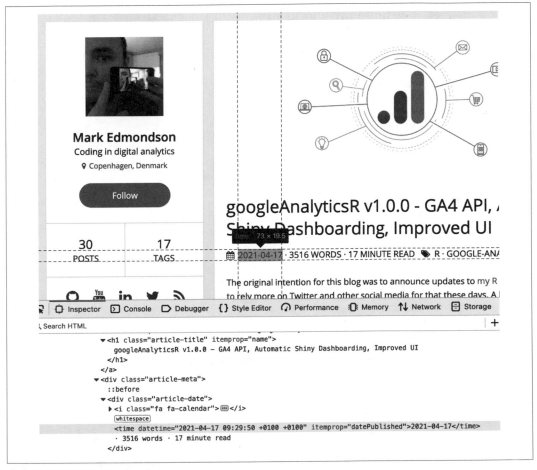

圖 3-4　HTML 網頁取得部落格文章的發布日期

使用 GTM 建立變數，選擇變數型態為「DOM 元素」，設定完成後，GA4 或其他追蹤代碼就能使用這個變數資料，以及設定 CSS 選擇器的程式碼，請參見圖 3-5。

圖 3-5　在 GTM 介面為「DOM 元素」型態的變數，設定 CSS 選擇器的程式碼，讓 GA4 或其他追蹤代碼使用變數資料

 為了更容易進行偵錯，在 GTM 設定追蹤代碼時，可以另外設定一個欄位名稱和值為 "debug_mode" = true，就可以在 GA4 設定的「DebugView」功能介面裡看到觸發的事件資料。

本書大部分的範例是假設讀者使用 GTM，不只有我自己愛用，GTM 也是數位分析社群裡最受歡迎的工具選項。接下來我們要看的是如何在 GA4 建立自訂欄位，讓事件資料實際出現在介面裡。

設定自訂欄位

蒐集到事件之後，我們必須設定自訂欄位來記錄事件資料，才能在 GA4 介面或 API 內看到資料內容。

 關於自訂維度和指標，詳細資訊請參見 GA4 文件（*https://oreil.ly/nYDWc*）。

我們不需要在 GA4 的 BigQuery Export 功能內進行設定，也能使用自訂事件的完整原始資料，並且利用 SQL 指令來複製這裡的資料，但如果是要用在網頁介面和 Data API，就需要設定自訂欄位，才能指示 GA4 我們希望以怎樣的方式來呈現資料。

此處範例是映射 `article_read` 事件，用以產生多個有用的自訂維度和指標。我們會在 GA4 網頁介面的「Custom definitions」（自訂定義）畫面中進行這項設定，請參見圖 3-6。此處我們挑了 `article_read` 進行事件映射，從中選擇哪些事件參數要填入自訂維度。

圖 3-6 從 article_read 事件設定自訂維度

完成事件設定後，GA4 需要 24 小時來註冊這個事件，事件生效後就能在 GA4 的 WebUI 和 Data API 使用。

讀者如果有跟著書中內容蒐集自訂事件，正確地將事件映射到自訂維度，現在應該能在請求的報表和 API 回應的結果內看到事件資料。在某些情況下，我們可能無法完全掌控資料蒐集的程序，或是每次有所異動時就要商請開發人員協助。為了協助解決這種情況，我們可以透過 GA4 的設定選項進行更改，不需要每次都更新追蹤程式的腳本。

使用者的 `client_id` 和 `session_id` 是很好用的維度。Simo Ahava 寫過一份指南，說明如何使用他撰寫的追蹤代碼範本「GTAG GET API」，設定 GTM 來蒐集這些值（*https://oreil.ly/vFrxS*），其運作方式請參見圖 3-7。

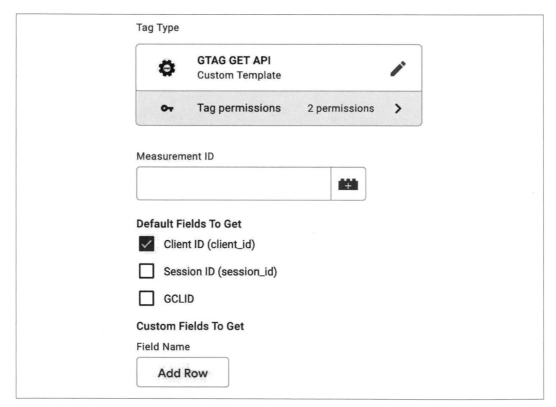

圖 3-7　引用自 Simo Ahava 的部落格文章〈Write Client ID and Other GTAG Fields Into dataLayer〉（將 Client ID 和其他 GTAG 欄位寫入資料層）

修改或建立 GA4 事件

我們可以利用 GA4 來設定現有事件，量身訂做和豐富我們需要的報表內容。「修改事件」的功能是將現有的事件資料串流做更有效的利用，不需要重新設定網站上用於蒐集資料的程式腳本。設定完畢後，以後所有的事件都會照著我們設定好的規則，自動進行處理。

請回想一下先前範例 3-1 的 article_read 事件。這個事件含有一個自訂參數 category，從我建立的網站取得文章追蹤代碼作為參數內容，但資料有點雜亂，而且記錄了多個追蹤代碼或類別，因而提高了整體分析的難度（請參見圖 3-8）。

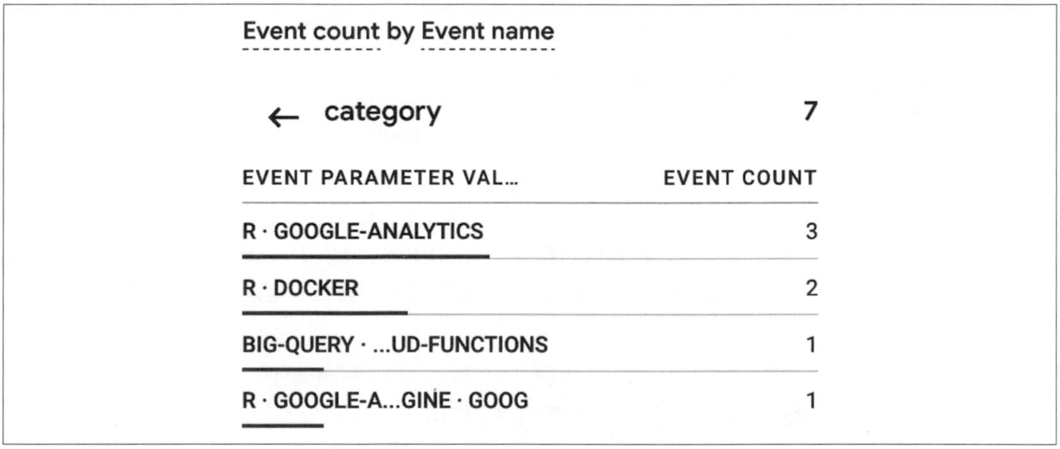

Event count by Event name

← category   7

EVENT PARAMETER VAL...	EVENT COUNT
R · GOOGLE-ANALYTICS	3
R · DOCKER	2
BIG-QUERY · ...UD-FUNCTIONS	1
R · GOOGLE-A...GINE · GOOG	1

圖 3-8　article_read 事件內含參數 category，由於記錄了多個追蹤代碼，資料內容雜亂

為了示範如何建立自訂事件，我們以 article_read 事件為基礎，建立某個事件，而且這個事件包含的每個類別都會觸發一次事件，例如：假設 article_read 事件包含 R 和 Google Analytics 這兩個類別，分別觸發事件 r_viewer 和 googleanalytics_viewer，用於簡化日後的分析工作。

以圖 3-9 為例，在 GA4 的「設定」介面內，利用「建立事件」來設定新事件。

Configuration ✏️

Custom event name ❓

r_viewer

Matching conditions

Create a custom event when another event matches ALL of the following conditions

Parameter	Operator	Value
category	contains (ignore case)	R

Parameter configuration

✓ Copy parameters from the source event

Modify parameters ❓

Parameter	New value
category	R

圖 3-9　擷取其他事件資料作為基礎來建立自訂事件：在這個假設情境中，article_read 事件內的參數 category 衍生出 r_viewer 事件，這個事件只會挑選出那些含有追蹤代碼 R 的類別

我們還可以多製造出幾個事件。在這個範例中，我複製現有的事件，然後稍微修改了條件，根據前幾個類別製作出更多事件，請參見圖 3-10。

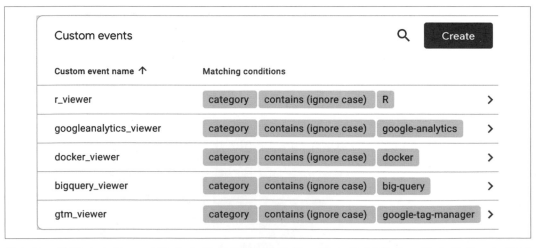

圖 3-10　根據 article_read 事件內的自訂類別參數，建立數個事件，其中條件 R 合併了「googleanalytics」、「docker」、「bigquery」和「gtm」

相較於通用 Analytics，GA4 明顯改善了這項功能，以往通用 Analytics 若想獲得類似的結果，需要透過 GTM、篩選器等等其他方式，才能修改擷取到的資料串流。

事件雖然涵蓋我們想在每次命中時發送的資料，但我們還想保存一些使用者資料，此時就輪到使用者屬性出場了。

使用者屬性

使用者屬性是我們納入使用者區隔的機會。不同於事件資料，建立使用者屬性與區隔之間的關係只需要設定一次，若以更嚴格的角度來看，或許該說是建立使用者 ID 及其Cookie 之間的關係。相較於每次命中或瀏覽頁面時產生的資料，使用者資料不會那麼容易改變，因為這些資料跟命中集合（例如：使用者偏好）的關係更密切。

如果要確保手上已經取得的使用者屬性，永遠不會用在個人化廣告上，我們可以在設定使用者屬性時，選擇「標示為非個人化廣告」（Mark as NPA，NPA 是「no personalized ads」的簡稱），請參見圖 3-11 的範例截圖。

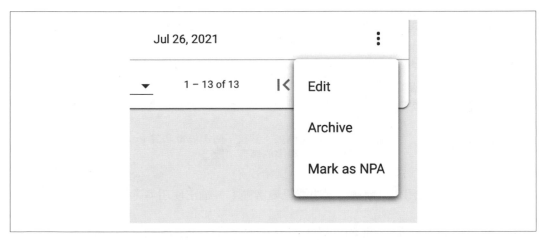

圖 3-11　將使用者屬性標示為非個人化廣告，表示目標對象不能使用這項屬性資料

舉例說明，假設我們想保留使用者隱私同意選擇的紀錄：讓我們更加確信針對目標對象，有哪些使用者選擇加入或退出。以歐盟為例，「同意」在統計上的意義和行銷或個人化上的意義不同。

同意聲明管理工具更新該名顧客的最新選擇之後，就會送出同意聲明狀態。例如：收到顧客發出的行銷同意聲明後，gtag() 函式會傳送以下資料：

```
gtag('set', 'user_properties', {
  user_consent: 'marketing'
});
```

根據同意聲明的解決方案，啟用同意聲明模式的方法也不一樣。本章利用 Google 推出的同意聲明模式來執行範例，這個模式會整合各種 Cookie 管理工具。

Google 的同意聲明模式提供各種類型的儲存權限，請參見表 3-1。此處範例是選擇採用《GDPR》規範的權限類別，假設所有權限都已經指定，其中儲存權限設定為 ad_storage，讀者可以根據自身網站的政策來修改這項設定。

表 3-1　Google 同意聲明模式的類型

同意聲明類型	說明	《GDPR》規範的作用
ad_storage	啟用與廣告相關的儲存功能（例如：Cookie）	行銷
analytics_storage	啟用與資料分析（像是造訪停留時間）相關的儲存功能（例如：Cookie）	統計
functionality_storage	啟用與支援網站或應用程式功能性（例如：語言偏好設定）相關的儲存功能	必要
personalization_storage	啟用與個人化（例如：推薦影片）相關的儲存功能	行銷
security_storage	啟用與安全性（例如：認證、防範詐欺和其他使用者保護）相關的儲存功能	必要

讀者可以在 GTM 使用這個範例程式來建立變數範本，輸出使用者選擇的同意模式。

 本書建議讀者利用 GTM 提供的樣板來執行所有自訂 JavaScript，盡可能不要透過自訂的 HTML 或自訂的 JavaScript 變數。相較於自訂的 HTML，GTM 樣板在暫存和載入效能上更佳，而且在安全性上具有優勢，例如：遵守組織規範的內容安全政策（Content Security Policy，簡稱 CSP）。

如果要在 GTM 啟用變數範本，請前往「範本」（Templates），建立新的變數，然後將範例 3-2 建議的程式碼複製到範本程式碼分頁。

範例 *3-2　產生 GTM 變數，設定使用者同意聲明的狀態*

```
const isConsentGranted = require('isConsentGranted');
const log = require('logToConsole');

// 預設
let consent_message = "error-notfound";

// 根據找到的最高同意權限來改變訊息
if (isConsentGranted("functional_storage")){
  consent_message = "necessary";
}

if (isConsentGranted("security_storage")){
  consent_message = "necessary";
}

if (isConsentGranted("analytics_storage")){
  consent_message = "statistics";
}

if (isConsentGranted("ad_storage")){
  consent_message = "marketing";
}

if (isConsentGranted("personalization_storage")){
  consent_message = "marketing";
}

log("Consent found:", consent_message);

return consent_message;
```

我們還需要為範本設定權限，允許範本存取同意聲明的狀態，請參見圖 3-12。

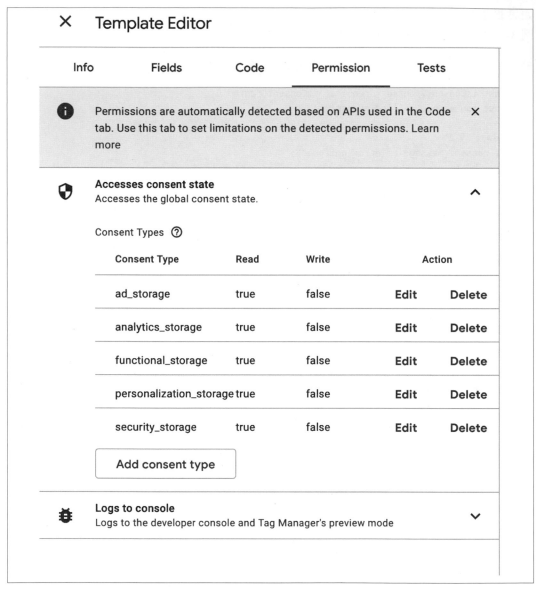

圖 3-12　範本（以範例 3-2 的程式碼建立）需要的權限

　蒐集同意聲明狀態時，不一定要透過網站提供的 Cookie 同意工具。例如：我們可以在 CRM 系統裡提供同意選項，或是傳送 Measurement Protocol 協定命中，請參見第 71 頁的「Measurement Protocol 協定（v2）」小節的說明。

變數範本建立完成後，就可以用來產生變數實體，請參見圖 3-13。所有追蹤代碼都能使用變數範本，但此處範例只會用來產生 GA4 追蹤代碼。

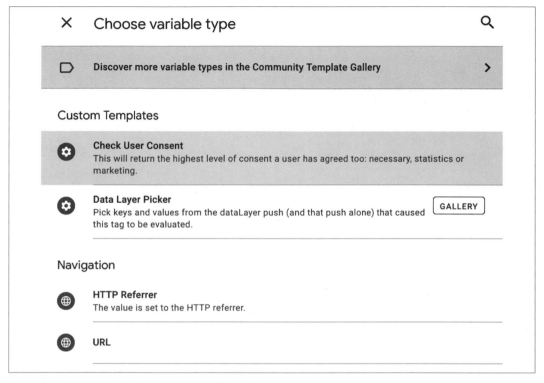

圖 3-13　利用範例 3-2 建立的變數範本產生變數 {{UserConsent}}

同意聲明狀態會隨 GA4 事件一起傳送到 GA4，收到使用者選擇或更新同意聲明狀態時，就會觸發 GA4 事件。由於同意聲明狀態會隨時間改變，所以跟著事件和使用者屬性 user_consent 一起傳送，以反映目前的同意聲明狀態，event_consent 事件會追蹤狀態何時發生變化，請參見圖 3-14。

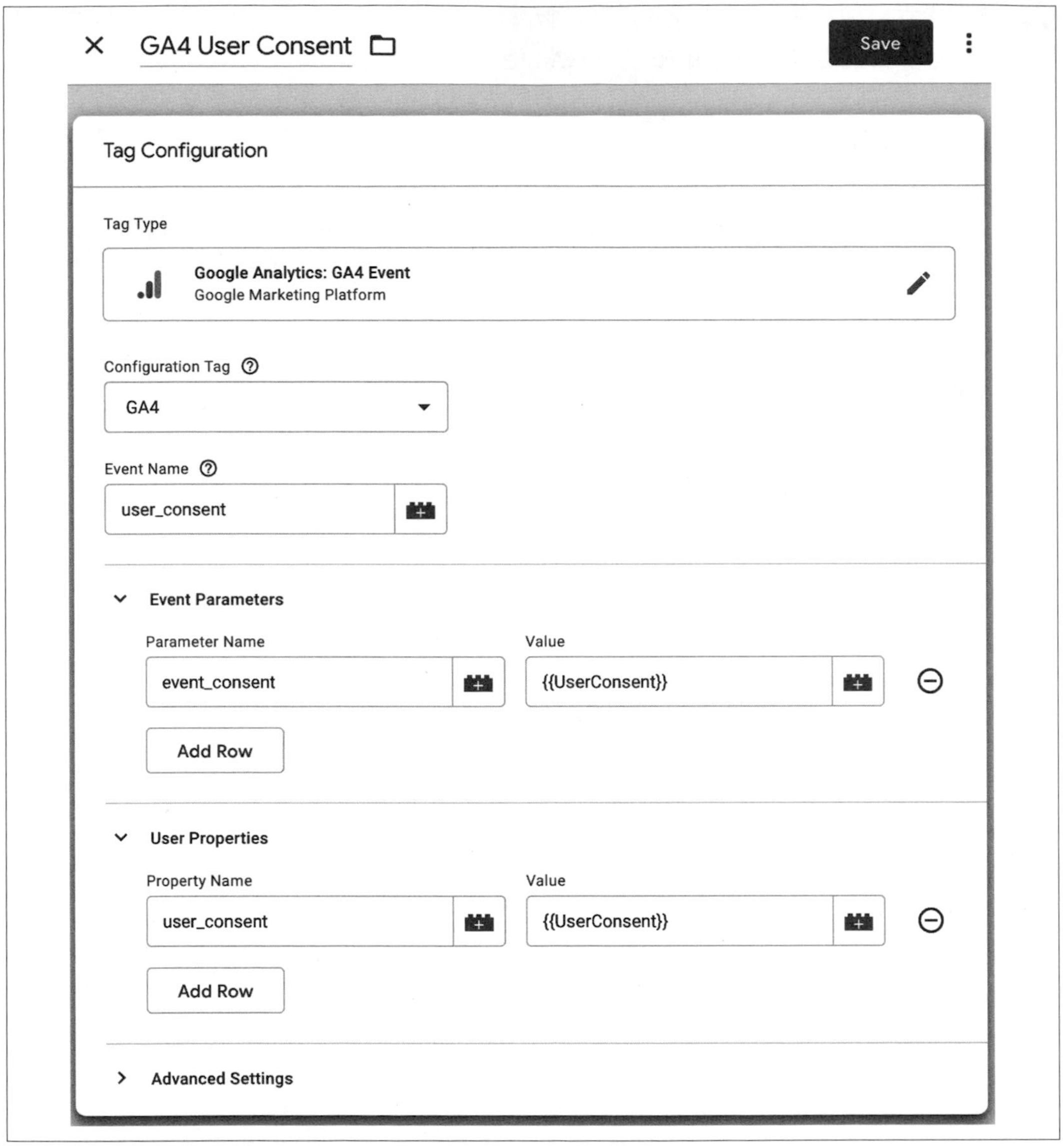

圖 3-14　在 GA4 事件追蹤代碼中，使用圖 3-13 為同意聲明狀態產生的變數；當同意聲明管理工具更新狀態時，就會觸發事件

最後，我們需要將資料映射到 GA4 介面內的自訂維度。此處會新創兩個維度，以反映使用者同意聲明狀態的最新選擇和歷史紀錄：User Consent（請參見圖 3-15）和 Event Consent（請參見圖 3-16）。每一個自訂維度還要決定範圍，也就是該項資訊要「持續」

多久。以使用者同意聲明為例，我們希望只要使用者還在，就記住使用者偏好，所以將「範圍」設定成「使用者」。然而，我們也想知道該次同意聲明確切的指定時間，所以會使用另一個維度「Event Consent」，這個維度只會針對單一事件。

 建立自訂欄位時，事件參數下拉式選單中填入的事件，最久只會到 24 小時前送到 GA4 資源的事件。不過，我們還是可以手動加入事件，不需要等事件出現在建議項目裡。

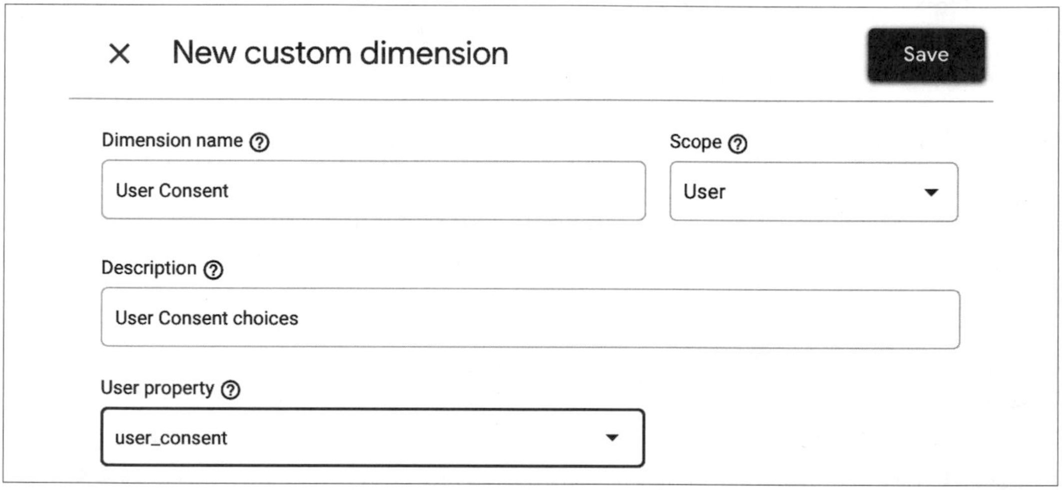

× **New custom dimension**　　　　　　　　　　Save

Dimension name ⑦ 　　　　　　　　　　　　Scope ⑦

| User Consent | User ▼ |

Description ⑦

| User Consent choices |

User property ⑦

| user_consent ▼ |

圖 3-15　在 GA4 介面自訂參數 User Consent

× **New custom dimension**　　　　　　　　　　Save

Dimension name ⑦ 　　　　　　　　　　　　Scope ⑦

| Event Consent | Event ▼ |

Description ⑦

| Consent given on this event. See also User Consent |

Event parameter ⑦

| event_consent ▼ |

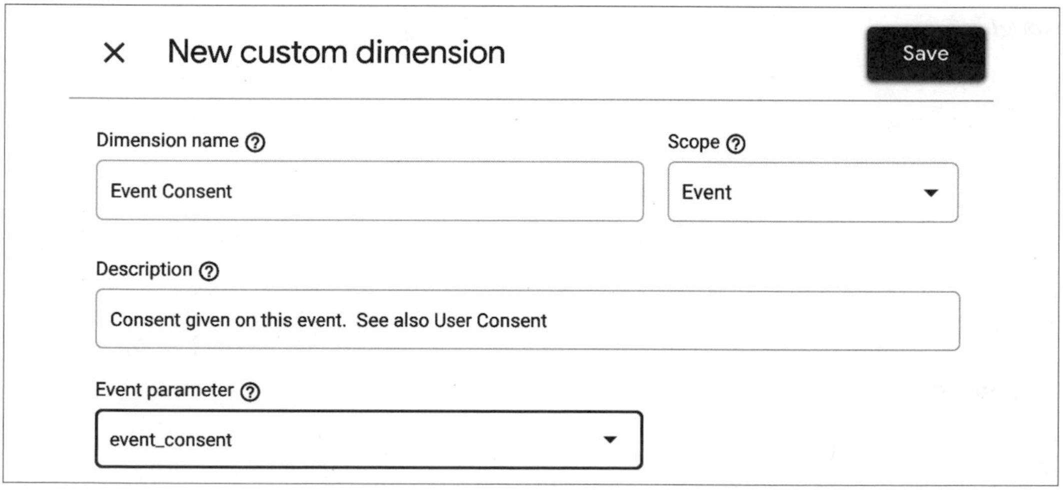

圖 3-16　在 GA4 介面自訂參數 Event Consent

現在只要使用者一瀏覽網站，網站就會追蹤使用者的同意聲明狀態。利用這項資料，我們可以找出何時向使用者要求同意聲明的最佳時機——網站一開始顯示的到達頁面，幾乎不會是要求提高權限的最佳位置。我們應該先獲得使用者的信任，然後考慮再次對他們要求權限，告訴使用者若他們同意會得到什麼好處。

Google 信號

讀者若想將 GA4 的目標對象銜接其他 Google 行銷套件的產品，就必須在 GA4 設定中啟用 Google 信號。Google 信號帶來的隱私影響有可能不適合自家公司，因此，我們在啟用這項功能之前，應該先檢視這會對隱私造成什麼影響。有關 Google 信號的詳細資訊，請參見 GA4 文件（*https://oreil.ly/M5y7P*）。

Google 信號連結的資料是針對那些啟用廣告個人化並且已登入 Google 帳號的使用者。有了這些額外的資料，我們能使用的功能比以前更多，例如：啟用跨裝置報表、跨裝置再行銷以及轉換報表；主要銜接的資料是來自使用者正在瀏覽的網站上非工作階段的資料。有些平台也能提供額外的資料，例如：earch Ads 360 分析之後推斷出來的使用者特徵和興趣。

啟用 Google 信號還會對報表的顯示結果造成一些影響。值得注意的一點是，GA4 開始取樣之前，必須先達到資料蒐集的門檻，這項限制可能會影響資料品質，也可能需要調整識別個別使用者身分的方法。報表識別文件（Reporting Identity，*https://oreil.ly/PrrkU*）提出幾種可靈活設定的方法，用以識別使用者的身分，以下幾項識別資料合稱為識別資訊空間（Identity space）：

Google 信號

> Google 信號啟用之後，Google 會使用自家擁有的資料來識別使用者身分，例如：判斷使用者是否已經登入自己的 Google 帳號以及是否已經同意分享個資。

User-ID

> 提供自家後端系統為使用者建立的 ID，將這些使用者 ID 加入 GA4 的命中資料裡。

裝置 *ID*

> 我們也可以使用客戶端 ID 或行動裝置 ID，例如：Cookie 紀錄。這是 GA4 跟通用 Analytics 兩個版本間最接近的技術。

模擬

　若使用者拒絕使用上述所列的方法，可以改成模擬這些工作階段，藉此推論出一些資料落差的部分。

透過以下這三個 GA4 設定裡的選項，可以混合使用上述幾個識別資訊空間的 ID：

混和

　先尋找 User-ID，如果資料不存在，會依序使用 Google 信號、裝置 ID 或是使用模擬功能作為最後的應變方法。

已列為觀察項目

　視情況依序尋找 User-ID、Google 信號或裝置 ID。

依據裝置

　只會尋找裝置 ID，忽略所有其他 ID。

到此，我們已經將資料傳送給 GA4，並且假設使用者正在瀏覽網站。但如果是導向外部網站的事件，像是外部網站交易或訂閱呢？遇到這種使用案例，就要透過 Measurement Protocol 協定（簡稱 MP 協定），提供伺服器對伺服器的互連權限，將命中資料傳送到 GA4。

Measurement Protocol 協定（v2）

GA4 提供的 Measurement Protocol 協定（簡稱 MP 協定，*https://oreil.ly/dJczG*），是 GA4 擷取資料時的重要工具。任何可以透過 HTTP 連上網際網路的地方，都可以傳送資料。

MP 協定是用於伺服器對伺服器的溝通，相較於通用 Analytics 使用的前一代 MP 協定（v1），有稍微限制使用範圍；這是一項開放協定，可以從任何地方傳送資料。不幸的是，發送垃圾郵件的業者大量濫用 MP 協定（v1），致使新版的 MP 協定（v2）導入驗證機制，只有我們信任的來源才能發送資料。

此處以一張 MP 協定說明文件中的圖來解說 MP 協定的角色（請參見圖 3-17，*https://oreil.ly/dJczG*），圖中架構顯示 GA 網頁介面、各種用於取得資料的 API、BigQuery 和資料擷取之間的互動關係。

相較於通用 Analytics，GA4 的 MP 協定的使用範圍略有不同，下一節會介紹新版 MP 協定的使用方法和時機。

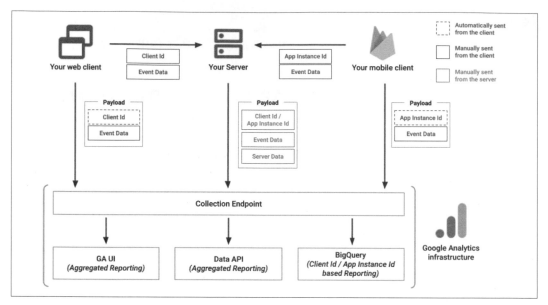

圖 3-17　MP 協定位於資料蒐集的基礎設施內，圖中的各項負載工作是對應 MP 協定的命中資料，一定會跟某一個客戶端 ID 建立關係

MP 協定的角色

MP 協定設計的目的是針對跟個別使用者有關，而且在網頁之外的環境所發生的事件。讀者如果想批次匯入檔案（例如：使用者區隔），比較好的做法是選擇 GA4 提供的「資料匯入」（*https://oreil.ly/R6MIs*）。

然而，在已知使用者 Cookie ID 或使用者 ID 的情況下，若使用者正在執行的動作有利於跟網站或應用程式活動建立關係，就可以將資料調整成適合命中資料，這樣資料就會出現在 GA4 報表裡。其實所有情況都需要 Cookie ID 或使用者 ID，才能將事件跟正確的使用者建立關係。

包含以下這些例子：

訂閱訂單

　　網路商店可以選擇設定自動續訂，這樣就能定期重複訂閱。若採用傳統做法，這類訂單不會出現在 GA4，因為以往的做法只會追蹤有設定或改變的訂閱。現在只要利用 MP 協定，就可以讓伺服器送出已經產生的訂閱訂單，更能準確地知道使用者產生的終生收益資料，制定出最佳的網站和行銷活動。

店內的銷售點系統交易

利用會員編號或某些類似的編號，登記 HTTP 啟動的銷售點產生的銷售紀錄，藉此評估實體通路對線上銷售的影響力，反之亦然。

外部網站交易

顧客打電話給客服中心產生的銷售，可以歸納為客服人員的線上銷售。這些銷售會影響廣告活動和網站個人化，或許會根據使用者已經購買的產品，顯示最恰當的內容。

更新 *CRM* 資料

使用者改變自身狀態時，可以將每一項更新資料發送給 GA4，跟使用者所屬的目標對象（權限、特別優惠等等）保持同步。

數位活動

我們可能還會希望某些活動能反映在 GA4 的目標對象，再將資料匯出給其他活化管道（例如：Google Ads 或 Google Optimize）。有可能是希望將使用者收到電子郵件或是和社群媒體文章的互動情況，反映在區隔裡。

這些角色對數位分析資料擁有真正建立「封閉循環」的能力，不只要考慮網站活動，還有實體通路活動所帶來的影響，回頭將所有面向與行銷支出建立關係，在第一時間將流量導入網站。某種程度來說，實現這個循環可說是數位行銷的「聖杯」，因為提供了更全面的大局，讓我們看到全貌，看到投入的行銷力道效果如何，而不單單只是檢視網站行為。

下一節會介紹如何在伺服器環境中使用 MP 協定，將外部網站的資料匯入 GA4。

伺服器對伺服器的匯入程序是一種將資料匯入 GA4 的方法，但讀者可能還會想反過來將 GA4 資料匯出到外部系統，進行其他處理。此時就輪到 GA4 API 發揮作用了，下一節即將介紹這項做法。

透過 API 匯出 GA4 資料

先前介紹的方法都是將資料傳送到 GA4，但本章既然談到資料擷取，就一定要詳細介紹將資料匯出到其他外部系統的方法，才算完整的章節內容，此時 GA4 就變成資料來源，而非資料目的地。到此，通常會進入資料蒐集管道的下一階段，也就是 GA4 已經蒐集到我們想要的所有事件資料，但無法照使用案例的需要進行處理，在這種情況下，就會考慮將 GA4 資料匯出到其他系統。實務上有兩個常見的做法，一是利用 GA4 提供的 API，另一個則是使用 BigQuery。

GA4 可能不是應用程式唯一的資料來源，常見的工作流程是結合 GA4 資料和其他第三方系統的資料，通常是透過第三方系統提供的 API 來進行實作，每個資料來源通常都有其獨特的實作方法。

透過第三方 API 匯入資料時，主要取決於第三方 API 實作能力的好壞。雖然有一些標準存在（例如：OAuth2），但在多數情況下，每一個 API 的格式都不一樣而且都是根據需求量身訂做，這就是我們為什麼最好採用某一項服務的原因，例如：使用 Supermetrics、Fivetran 或 StitchData，協助這些 API 將資料匯入資料倉儲系統。

許多 API 的作用也相當單純，本身就足以實作為節省成本的措施，不過，在評估 API 需要哪些資源時，應該也要納入數年的保養和維護成本。

本書下一節會介紹，如何透過 GA4 提供的 API 來匯出資料，BigQuery Export 功能請參見本章第 79 頁的「BigQuery」小節的說明。

GA4 支援兩個 API：Data API 和 Admin API，和通用 Analytics 使用的前一代 API 效果相同；Admin API 用於設定 GA4 帳號，Data API 則是用於取出我們已經蒐集到的實際資料。

 舊版 GA——通用 Analytics 所用的 API，其最新版本的名稱是「Reporting API v4」，這令人有些困擾，一般會認為這樣的名稱應該用在 GA4；而 GA4 用於匯出資料的 API，其正確名稱卻是 Data API。

擁有足夠的資料之後，有好幾種選擇可以透過 Data API 取出資料，我最常使用 R 語言和 googleAnalyticsR 套件（*https://oreil.ly/hVh5Y*），好吧，因為這個套件是我寫的。

本書使用案例中用到的 Data API 的跟舊版通用 Analytics 的 Reporting API 略有差異，因為所有 GA4 資源都能使用 BigQuery Export 功能，不限於有購買 GA360 授權的使用者才能使用。在使用 API 的常見理由中，第一個理由就是想要降低取樣，但這個理由現在已經不存在了，因為能直接從 BigQuery 取得每一筆命中資料，不必經過取樣。然而，Data API 不僅非常容易使用，而且價格合理──因為是免費的！回應也很快速，因此，對即時應用程式來說，API 比 BigQuery Export 功能更好用。

此外，API 更容易處理彙整、計算指標和資料格式，所以，讀者如果想快速啟動開發資料應用程式的專案，又不想牽涉到複雜的雲端管道（包含 BigQuery 排定執行的 SQL 指令），最好的做法是使用 Data API。不過，如果讀者正在找的方法是想針對個別命中層級的資料，而且可以處理 BigQuery Export 功能的批次性質，則 BigQuery 匯出的資料會是最佳來源。

不管在什麼情況下，只要使用 API 就需要先認證身分，證明有讀取資料的權限，不幸的是，這通常是最困難的一步，下一節會帶讀者跑一次這個步驟。

利用 Data API 進行認證

不管選擇哪一個 Data API 的 SDK，都必須使用電子郵件進行認證，才能存取我們想要從中取出資料的 GA4 資源。跟所有 Google API 的做法一樣，我們要透過 OAuth2 進行認證。

 gargle 套件（*https://gargle.r-lib.org*）和我撰寫的 googleAuthR 套件（*https://oreil.ly/2ZqhJ*）提供更通用的 OAuth2 函式庫，適用所有 Google API 和 R 語言。

我們可以使用自己的電子郵件進行認證，將認證過的詳細資料儲存在本機，這樣就不必每次都重複認證步驟。

 此處要提到另一個選擇，就是透過某個服務的電子郵件進行認證。這些電子郵件是由 Google Cloud 控制台產生，更適合用於伺服器對伺服器的應用程式。讀者如果想以排程或是自動化的方式執行程式腳本，應該要採用這個做法，這樣就不會曝光個人資料，也就是說，如果你從公司離職，但其他同事繼續依賴你的程式腳本，更加不會產生有害的影響。

OAuth2 服務提供的電子郵件帳號是單一用途，可以將這個電子郵件加入 GA4 帳號作為一名使用者。這種做法能提供更好的安全性，因為，萬一認證資料曝光，可以在雲端控制台上輪換金鑰，設定這個金鑰只能存取 GA4，不能使用其他更昂貴的服務，例如：Compute Engine。

讀者可以從 googleAnalyticsR 套件的設定頁面（*https://oreil.ly/hBiA8*），找到 R 函式庫的設定說明。

以範例 3-3 為例，說明 googleAnalyticsR 套件如何進行驗證。初次使用 ga_auth() 函式時，會要求使用者建立電子郵件憑證，然後在瀏覽器環境下，透過電子郵件進行認證。下次需要進行認證時，ga_auth() 函式會提供重新使用這些憑證的選項。

範例 3-3　利用 googleAnalyticsR 套件，認證 GA4 Data API 的使用權限

```
library(googleAnalyticsR)

ga_auth()
#>The googleAnalyticsR package is requesting access to your Google account.
#> Select a pre-authorized account or enter '0' to obtain a new token. Press
```

```
#>Esc/Ctrl + C to abort.

#> 1: mark@example.com
```

在嚴格的實際營運工作上，我們還需要為自己的 Google Cloud 專案產生客戶端金鑰，因為 Google 專案預設 googleAnalyticsR 套件是跟其他使用者共用，所以會受限於相同的額度（每天大約 200,000 次 API 呼叫）。套件網站上有詳細的介紹，說明如何設定，讀者可以先熟悉下載資料的初始步驟後再來設定。

認證完畢後，就可以開始做一些有用的事——檢視資料，我們即將透過 Data API 開始進行這一步。

使用 Data API 執行查詢

所有 API 的 SDK 都可以存取相同的維度和指標（*https://oreil.ly/v7KAy*），以及我們已經設定好的所有自訂欄位。

我們還可以使用即時 API，雖然有限制使用的維度和指標（*https://oreil.ly/BTtuB*），但還是比通用 Analytics 等同質性產品的效果好。

所有查詢情況都需要指定 GA4 propertyId，以及想要匯出的日期範圍、維度和指標。

GA4 的 WebUI 底下可以找到 WebUI 帳號的 propertyId，或是利用 Admin API 查詢 propertyId，如範例 3-4 所示。

範例 *3-4* 透過 ga_account_list() 函式，查詢 *GA4* 的資源，其中 propertyId 是用於 *Data API* 呼叫

```
ga_account_list("ga4")
# A tibble: 2 x 4
#  account_name     accountId property_name        propertyId
#  <chr>            <chr>     <chr>                <chr>
#1 MarkEdmondson    47490439  GA4 Mark Blog        206670707
#2 MarkEdmondson    47490439  Another GA4 Property 250021409
```

我們手上現在已經有所需的一切，可以執行第一次的 API 呼叫。以下範例是取得每個網址的網頁瀏覽次數，檢視 API 允許使用的維度和指標（也可以透過 ga_meta("data") 存取），將維度、指標和 propertyId 提供給 ga_data() 函式，如範例 3-5 所示。

範例 3-5　初次呼叫 *Data API*，提供 propertyId、日期、指標和維度

```
ga_data(123456789,
        metrics = "screenPageViews",
        dimensions = "pagePath",
        date_range = c("2021-07-01", "2021-07-10"))
#i 2021-07-10 11:08:12 > Downloaded [ 52 ] of total [ 52 ] rows
# A tibble: 52 x 2
#   pagePath                    screenPageViews
#   <chr>                       <dbl>
# 1 /                           134
# 2 /r-on-kubernetes/           98
# 3 /gtm-serverside-cloudrun/   81
# 4 /edmondlytica/              79
# 5 /data-privacy-gtm/          73
# 6 /gtm-serverside-webhooks/   72
# 7 /shiny-cloudrun/            61
# ...


# 便利的 API 呼叫，會列出事件
ga_data(
    123456789,
    metrics = c("eventCount"),
    dimensions = c("date","eventName"),
    date_range = c("2021-07-01", "2021-07-10")
)

## A tibble: 100 x 3
#   date       eventName       eventCount
#   <date>     <chr>           <dbl>
# 1 2021-07-08 page_view              239
# 2 2021-07-08 session_start          207
# 3 2021-07-09 page_view              203
# ...
```

由於篇幅有限，此處無法詳述更多套件功能，像是產生已經計算的指標、篩選器和彙總等等，但類似本節所介紹的流程。更多應用請參見 googleAnalyticsR 套件的官網（*https://oreil.ly/tqR6E*），或是參見 Google Data API 的說明文件（*https://oreil.ly/ HFE6w*）以及相關 SDK 的官網，也都有提供詳細資訊。

GA4 的一大特色是可以使用 BigQuery Export 功能，涵蓋大量通用 Analytics 偏愛的 API 使用案例，下一節即將介紹 BigQuery Export 功能。

BigQuery

BigQuery 被公認為是 GCP 平台這頂皇冠上的寶石，因為 BigQuery 是第一個搭載「無形伺服器資料庫」的雲端產品，而且相較於 MySQL 資料庫，它的分析速度之快，更是令人驚艷。GCP 平台上的資料分析工作流程普遍都會用到 BigQuery，因此本書會建議讀者熟悉 BigQuery 的用法。和通用 Analytics 相比，GA4 的主要優勢之一是整合 BigQuery，讓我們能在網頁報表下取得原始資料，以往只有 GA360 的優質企業使用者才能使用這項功能。本節會帶讀者深入了解，如何將 GA4 的資料匯出到 BigQuery。

GA4 串接 BigQuery

在 Google Analytics 說明中心提供的這篇文章「BigQuery Export」（*https://oreil. ly/9srT3*）裡，有附加一個影片，說明 GA4 資源串接 BigQuery 的方式和理由。

讀者若打算保留 BigQuery 匯出的資料，請先在 GCP 專案底下新增帳單帳戶，同時必須確保該專案沒有使用 BigQuery 沙箱，否則，資料會設定到期日。除了這一項設定需要注意之外，BigQuery 真的是非常容易上手，這也是 GA4 整合 BigQuery 的一大優點。相較於通用 Analytics 串接 GA360 來提供 BigQuery Export 的功能，兩者明顯的差異是 GA4 串接 BigQuery 無法匯出歷史資料，因此，即使讀者只想使用其中的某些資料，也要盡快啟用這項匯出功能。

圖 3-18 是我為本書設計的範例：此處選擇將範例中的地區設定為歐盟，是因為我的客戶通常位在歐盟地區和《GDPR》規範管轄的區域內，而且未來會透過串流建立更多即時的使用案例。不過，請注意，這也意味著會帶來更多的 BigQuery 費用。此外，我選擇將這個範例跟後續匯入 CRM 資料的範例放在同一個 GCP 專案底下，是為了讓查詢更簡潔，但各位讀者不一定要這樣做，因為 BigQuery 可以跨多個專案和資料集進行查詢。

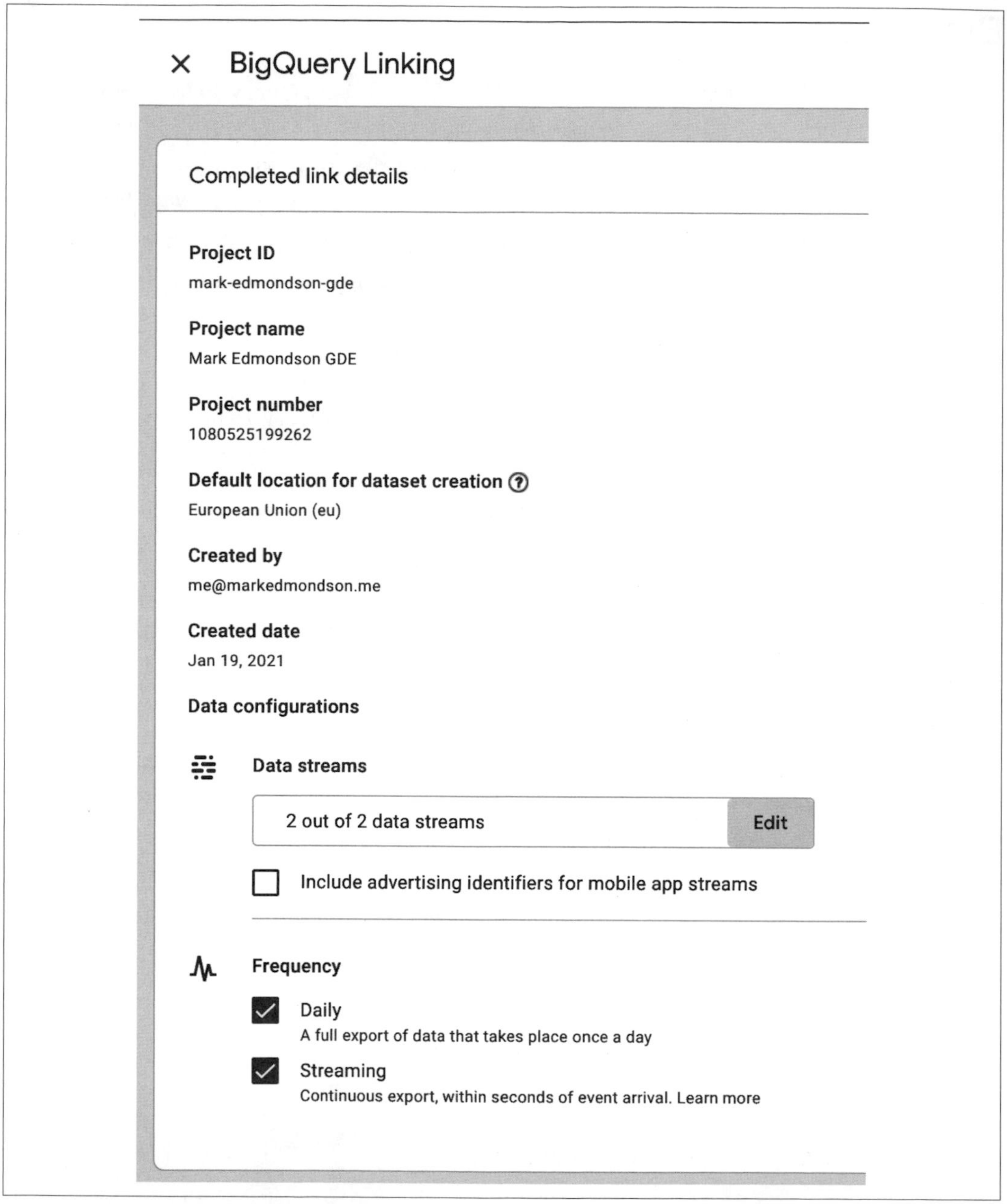

✕ BigQuery Linking

Completed link details

Project ID
mark-edmondson-gde

Project name
Mark Edmondson GDE

Project number
1080525199262

Default location for dataset creation ⑦
European Union (eu)

Created by
me@markedmondson.me

Created date
Jan 19, 2021

Data configurations

Data streams

2 out of 2 data streams   Edit

☐ Include advertising identifiers for mobile app streams

Frequency

☑ Daily
A full export of data that takes place once a day

☑ Streaming
Continuous export, within seconds of event arrival. Learn more

圖 3-18　從 GA4 設定畫面完成 BigQuery 的串接，並且勾選「每天」和「串流」

將 GA4 資料匯出到 BigQuery，有「串流」（Streaming）和「每日」（Daily）兩個選項可以啟用。啟用「串流」匯出會建立名稱為「events_intraday_*」的資料表，「每日」匯出則會建立名稱為「events_*」的資料表。串流匯出的資料更即時，但可靠度比每日匯出低，因為串流匯出不會納入所有晚送到的命中資料也不會處理延遲，但每日匯出則會考慮到這些情況。

完成串接之後，必須等待一段時間，資料集才會出現在 BigQuery，名稱會是 analytics_{yourpropertyid}。

BigQuery 的資料架構請參見這篇文章「[GA4]BigQuery Export 架構」（*https://oreil.ly/SFxW7*），文中說明我們可以透過 SQL 查詢的維度和指標，適合用來規劃查詢。

對 GA4 匯出的資料執行 BigQuerySQL 指令

根據我們取得資料的精細度和原始程度，追蹤事件的時間可以細分到微秒。理論上，我們可以從 GA4 使用者介面中複製任何報表。

GA4 匯出資料是利用巢狀資料結構，若使用 BigQuery SQL 來取出資料會很複雜。若讀者是第一次接觸 SQL，可能會感到沮喪，因為牽涉到取出資料的 SQL 指令會更複雜。但請不要絕望！先找一個更傳統、無格式資料結構的簡單資料集，試用看看 SQL 指令。

為了協助我們查詢資料，數位分析師·Johan van de Werken 建立了一個漂亮的網站，專門介紹一些 SQL 範例，用於從 GA4 匯出資料到 BigQuery（*https://www.ga4bigquery.com/*），其中一些例子已經超出本書範圍，但也有一些例子包含許多會在 GA4 介面裡看到的報表。

範例 3-6 就是取自他的網站，示範如何取出所有 page_view 事件。

範例 3-6 *SQL 指令，用於從 GA4 取出* page_view *事件，然後匯出到 BigQuery*
（*取自 Johan van de Werken 的網站*）

```
SELECT
    -- event_date (the date on which the event was logged)
    parse_date('%Y%m%d',event_date) as event_date,
    -- event_timestamp (in microseconds, utc)
```

```
    timestamp_micros(event_timestamp) as event_timestamp,
    -- event_name (the name of the event)
    event_name,
    -- event_key (the event parameter's key)
    (SELECT key FROM UNNEST(event_params) WHERE key = 'page_location') as event_key,
    -- event_string_value (the string value of the event parameter)
    (SELECT value.string_value FROM UNNEST(event_params)
      WHERE key = 'page_location') as event_string_value
FROM
    -- your GA4 exports - change to your location
    `learning-ga4.analytics_250021309.events_intraday_*`
WHERE
    -- limits query to use tables that end with these dates
    _table_suffix between '20210101' and
    format_date('%Y%m%d',date_sub(current_date(), interval 0 day))
    -- limits query to only show this event
    and event_name = 'page_view'
```

若執行正確，應該會看到類似圖 3-19 的結果。

Query complete (0.6 sec elapsed, 7.9 KB processed)

Job information　Results　JSON　Execution details

Row	event_date	event_timestamp	event_name	event_key	event_string_value
1	2021-07-04	2021-07-04 20:05:36.976033 UTC	page_view	page_location	http://code.markedmondson.me/
2	2021-07-05	2021-07-05 03:00:42.436612 UTC	page_view	page_location	https://code.markedmondson.me/r-on-kubernetes-serverless-shiny-r-apis-and-scheduled-scripts/
3	2021-07-05	2021-07-05 03:06:15.170026 UTC	page_view	page_location	https://code.markedmondson.me/gtm-serverside-cloudrun/
4	2021-07-05	2021-07-05 04:29:24.472675 UTC	page_view	page_location	https://code.markedmondson.me/gtm-serverside-webhooks/
5	2021-07-05	2021-07-05 05:17:04.233441 UTC	page_view	page_location	https://code.markedmondson.me/data-privacy-gtm/

圖 3-19　範例結果，對範例 3-6 匯出的 GA4 資料執行 BigQuery SQL 指令

利用 BigQuery 整合其他資料來源

BigQuery 的一大強項是可以用在多個資料來源，有助於打破資料孤島。BigQuery 提供的 API 能協助我們實現這項流程，整合多數其他資料來源。

資料轉移服務

BigQuery 引入這項專屬服務，允許公司直接整合資料。其他 Google 旗下的服務（像是 YouTube 和 Google Ads）當然也可以利用 BigQuery 的這項服務來匯出資料，匯出的資料會出現在 GA4 資料旁邊。

還有許多第三方服務可以使用（撰寫本書當下有 155 個），包含其他雲端供應商（例如：AWS 和 Azure，*https://oreil.ly/ve57a*）和數位行銷服務（像是 Facebook、LinkedIn 和 IG）。若需要轉移非 Google 旗下的資料，多數都會收取額外的費用，但某些服務可以免費匯入資料，例如：Google Ads；Google Ads 的匯入功能特別好用，是使用 Google Ads 資料時最簡單的方法。

其他轉移服務

還有其他一系列的服務，也可以協助我們從其他數千個第三方服務轉移資料到 BigQuery。多數服務都已經利用 API，以程式碼串接 BigQuery，這些服務當然都有提供一條通往資料湖泊的路徑，而且能讓我們安心持續使用服務供應商更新的 API。

雖然我們已經討論過如何查詢資料，但好的價值來源通常是將自己的資料合併其他可用的公開資料，而 BigQuery 已經存在大量可用的公開資料。

BigQuery 的公開資料集

擁有 BigQuery 帳號之後，我們可以選擇對任何有權限使用的 BigQuery 資料集進行查詢，讀者如果願意，也可以公開自己的資料。透過 Google Public Data 提供的服務（*https://oreil.ly/VwZCn*）啟用通用資料集，提供可能對業務有用的付費和免費資料。

範例資料集包括天氣資料、犯罪資料、房地產列表、人口統計資料和國際電話區碼，所有資料都可能成為使用者行為的重要變數（在某些情況下，甚至比廣告活動的資料還好用！）

Google 代碼管理工具（伺服器端）

由於 GTM 是本書推薦用來設定 GA4 追蹤代碼的方法，所以截至目前為止，本書已經對 GTM 有相當充分的說明。GTM 還可以將資料回傳給使用者的瀏覽器，所以能作為促成資料活用的管道，用於改變網頁內容。將這項能力進一步整合 GCP 平台，就能提升為進階版的 Google 代碼管理工具（伺服器端）。舉個例子，假使我們想自訂 BigQuery Export 功能，或者是讓這個功能更加即時呢？此時，只要用 GTM SS（伺服器端用的 Google 代碼管理工具），就可以幫我們控制並且直接寫入 BigQuery，下一節會示範這個部分的做法。

從 GTM SS 寫入 BigQuery

讀者若有部署 GTM SS，對於追蹤代碼發送和接收 HTTP 請求，就能擁有更多控制權，提升資料治理和隱私控制。

由於 GTM SS 不會公開自身執行的程式碼，這能讓我們做更多事，也就是說我們可以執行經過認證的 API 讀取 / 寫入。

第一個使用案例就是允許我們直接寫入 BigQuery 資料集，這是標準版 GTM 無法做到的事，因為會曝光我們的認證金鑰。

範例 3-7 的程式碼是 GTM SS 追蹤代碼範本，這個範本程式碼是使用精簡版的 JavaScript，可以在 GTM SS 的環境下執行。此處使用有限制的沙盒環境，是為了確保伺服器不會意外導入帶有惡意或遭到破壞的程式碼。

範例 3-7　GTM SS 的程式碼範本，用於將事件資料寫入 BigQuery

```
const BigQuery = require('BigQuery');
const getAllEventData = require('getAllEventData');
const log = require("logToConsole");
const JSON = require("JSON");
const getTimestampMillis = require("getTimestampMillis");

const connection = {
  'projectId': data.projectId,
  'datasetId': data.datasetId,
  'tableId': data.tableId,
};

let writeData = getAllEventData();

writeData.timestamp = getTimestampMillis();

const rows = [writeData];
log(rows);

const options = {
  'ignoreUnknownValues': true,
  'skipInvalidRows': false,
};

BigQuery.insert(
  connection,
  rows,
  options,
```

```
  data.gtmOnSuccess,
  (err) => {
    log("BigQuery insert error: ", JSON.stringify(err));
    data.gtmOnFailure();
  }
);
```

以上這個範本設定了一些欄位，建立範本實體之後就需要填入這些欄位。範本欄位應該輸入我們在 BigQuery 資料表設定好的 projectId、datasetId 和 tableId，這個資料表的架構要跟我們傳送到 BigQuery 的事件架構一致。這會根據我們確實傳入的事件而有所不同，任何架構中沒有指定的內容都會直接刪除而且不會告知，所以可能要檢查 GTM SS 的預覽日誌，才能知道 BigQuery 確實會顯示的資料內容。為了幫助讀者開始上手，範例 3-8 的 BigQuery 架構保存的資料屬於多數 GA4 page_view 類型的事件。

範例 3-8　這個範例架構可用於設定 *BigQuery* 資料表，接收 *GTM SS* 資料

```
timestamp:TIMESTAMP,event_name:STRING,engagement_time_msec:INTEGER,
engagement_time_msec:INTEGER,debug_mode:STRING,screen_resolution:STRING,
language:STRING,client_id:STRING,page_location:STRING,page_referrer:STRING,
page_title:STRING,ga_session_id:STRING,ga_session_number:STRING,
ip_override:STRING,user_agent:STRING
```

總而言之，BigQuery 原本就有的匯出功能和其他能力，使其成為 GA4 資料流的重大組成之一，所以讀者若有興趣在 GA4 網頁介面以外的地方進行數位分析，熟悉 BigQuery 的操作會是很棒的下一步。還能幫我們開拓視野，了解 BigQuery 如何整合 Google Cloud 平台和其他服務，這就是我當初雲端之旅的起點。讀者如果真的想確實掌握 BigQuery 的用法，本書推薦大家閱讀 Valliappa Lakshmanan 和 Jordan Tigani 合著的《*Google BigQuery: The Definitive Guide*》（O'Reilly 出版），是非常好的補充資料。

然而，BigQuery 並不適用於某些情況，例如：當非結構化資料太多，就不容易適應 BigQuery 這種以資料欄為主體的結構。遇到這些情況，我們會轉而使用 GCP 平台上另一個常用的資料擷取產品：Cloud Storage。

Google Cloud Storage

Google Cloud Storage（簡稱 GCS）是 GCP 平台上資料儲存類產品的主力，許多應用程式背後的儲存機制也是利用 GCS，例如：BigQuery。GCS 做了一件很棒的事：以位元組儲存資料，因此，GCS 本身處理內部資料的方式，跟我們過去處理資料庫內的資料不同。

GCS 每個物件可以上傳多達 5 TB 的資料，作為 GCS 基礎結構的 bucket 空間，幾乎可以說是沒有限制的儲存空間，透過統一資源標識符（Uniform Resource Identifie，簡稱 URI）的語法來存取物件，例如：`gs://my-bucket/my-object`。雲端空間 bucket 的名稱是全球唯一，也就是說我們不需要指定 bucket 所屬的專案名稱。還可以透過 HTTP 網址，選擇公開自己的物件，這表示 GCS 可以像網頁伺服器一樣作為託管網站。

GCS 還能細分 Bucket 空間的使用對象，為我們控制誰才有權限可以讀取或寫入，讓我們可以在 Google 保護的認證系統下，安全上傳和下載資料。資料匯入 GCP 平台時，常見的做法是搭配使用資料來源系統中執行的服務金鑰，藉此控管資料上傳的權限。

GCS 通常還會用來作為匯入資料的入口點，因為不需要擔心可能會妨礙其他系統匯入資料的架構或載入問題。只要物件具有位元組資料，就可以上傳。即使資料已經結構化而且可以直接載入到資料庫裡，基於這個理由，備份原始資料也很有幫助，以防萬一因為匯入架構而造成載入失敗。

GCS 也是我們唯一可以上傳非結構化資料的地方，例如：上傳影片、聲音檔案或圖像。許多 GCP 平台上的其他服務還會假設輸入資料已經上傳到 GCS，作為其服務的輸入來源，像是機器學習 API 會將 GCS 的 URI 作為輸入，對檔案進行操作，將其轉換成日後可以使用的結構化資料。

GCS 用法的詳細說明，請參見第 130 頁的「GCS」小節的說明。

事件驅動型儲存空間

GCS 每次發生修改或更新事件時（例如：新增、刪除或編輯檔案），就會觸發 Pub/Sub。這類事件觸發器本身帶有檔案位置和事件名稱，也就是說像 Cloud Functions 這樣的接收系統也能使用訊息來觸發行動。

舉個例子，假設我們要將 CSV 檔案載入到 BigQuery，由第三方人員負責上傳要匯入的檔案（每天早上儲存到 GCS 的檔案），就會觸發匯入工作。這種做法比 Cron 作業排程好，因為可以避免資料送達時間晚於排程時間。容許匯出時間存在差異，相較於每天早上在設定好的時間執行匯入的程式腳本，這種做法更健全，例如：遇到日光節約時間的情況，就不會造成災難。

從 Cloud Storage 上的 Pub/Sub 觸發雲端函式

每當有檔案上傳到 Cloud Storage，就會在 Pub/Sub 建立 `FINALIZE/CREATE` 事件，用以觸發雲端函式，比較資料架構跟我們預期要加入 BigQuery 資料表的架構是否一致。

觸發的雲端函式是以 Python 語言撰寫，使用 Google API 來接收新檔案的儲存位置（也就是 URI），然後使用檔案名稱，開始將檔案載入到 BigQuery。

此處範例設定的雲端函式會從名稱為 `marks-bucket-of-stuff` 的雲端空間（Bucket）取得檔案，然後載入到名稱為 `my-project:my- dataset.my_crm_imports` 的 BigQuery 資料表。

Cloud Storage 的檔案結構

指定哪些檔案要進入 Cloud Storage 的時候，符合某些需求可以讓我們更輕鬆，通常會指定以下需求：

- 只用 UTF-8 編碼。

- 使用已經約定好的 CSV 格式，例如：以逗號或分號隔開欄位，此處在認定上通常比較寬鬆，但某些系統的標準不支援。

- 指定資料是否要完全引用和脫淨，或是不能引用欄位。

- 指定小寫、沒有空白，以及檔名採蛇形命名法（snake_case），後續還會看到以檔案名稱決定 BigQuery 資料表名稱的做法。

- 檔案上傳之後，視情況在檔名後面加上日期（YYYYMMDD）或日期時間（YYYYMMDDHHSS）。

- 若資料量低於 10 GB，相對於逐步上傳，能一次將資料全部上傳。

> 請特別注意傳統 CRM 系統使用的日期格式和檔案編碼。如果可以，請指定為 UTF-8，但可能需要在雲端函式中加入一些有創意的流程來處理其他編碼。

產生的檔案名稱類似 `my_crm_import_20210703.csv`，檔名尾端的日期是控制要寫入 BigQuery 哪一個日期的分區。

若認為資料內容包含敏感性資料（CRM 紀錄通常都屬於敏感資料），基於資料隱私，會套用 Cloud Storage 對 Bucket 空間制定的生命週期規則，為這些檔案設定到期日，請參見圖 3-20。

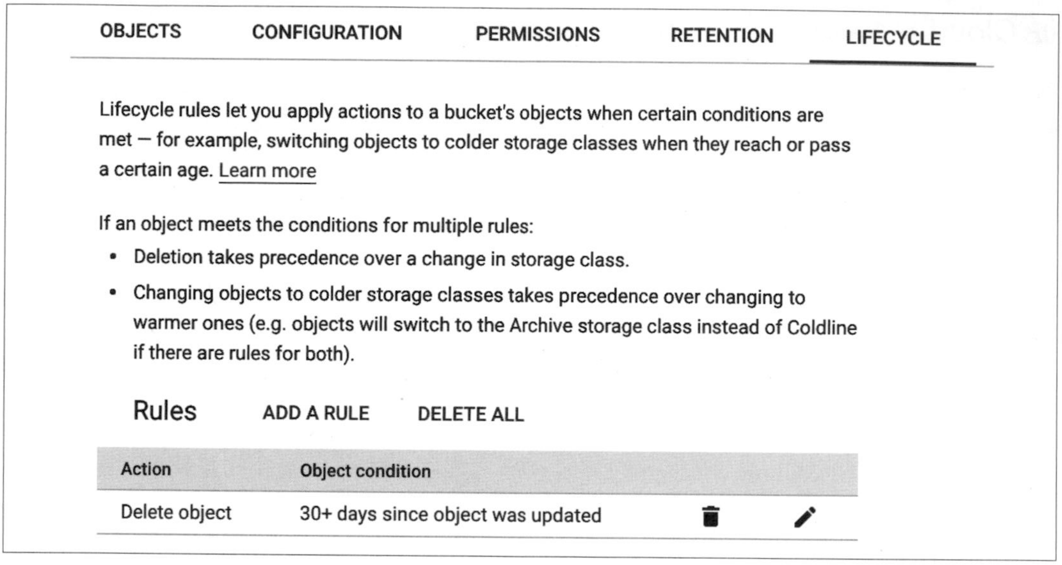

| OBJECTS | CONFIGURATION | PERMISSIONS | RETENTION | LIFECYCLE |

Lifecycle rules let you apply actions to a bucket's objects when certain conditions are met — for example, switching objects to colder storage classes when they reach or pass a certain age. Learn more

If an object meets the conditions for multiple rules:

- Deletion takes precedence over a change in storage class.
- Changing objects to colder storage classes takes precedence over changing to warmer ones (e.g. objects will switch to the Archive storage class instead of Coldline if there are rules for both).

Rules   ADD A RULE   DELETE ALL

Action	Object condition		
Delete object	30+ days since object was updated	🗑	✏

圖 3-20　GCS 生命週期規則，確保零散的資料不會停留超過預期的時間

因為《GDPR》規範是要求 40 天內做出回應，所以設定 30 天到期，不僅可做為災難備援的緩衝資料，期限也夠短，足以尊重使用者隱私，不會讓隱私資料閒置太久。

雲端函式範例——從 GCS 將資料匯入 BigQuery

透過 CRM 排程匯出檔案，一旦檔案出現在 Cloud Storage，就可以將這些檔案轉換成 BigQuery 資料表，利用 Cloud Storage 觸發器（*https://oreil.ly/0EwhB*）來執行這項操作。

透過 Google Cloud 控制台（*https://oreil.ly/2TBfH*）建立雲端函式，我們需要選擇最接近 Bucket 空間位置的名稱和地區，並且將觸發器的類型改成「Cloud Storage」，請參見圖 3-21。

圖 3-21　建立雲端函式，由上傳到 GCS 的新檔案觸發

接著選擇我們要存取的 Cloud Storage 的 Bucket 空間，以及觸發器類型。針對這個使用案例，我們想知道檔案何時完成上傳，所以選擇事件類型：Finalize/Create（請參見圖 3-22）。

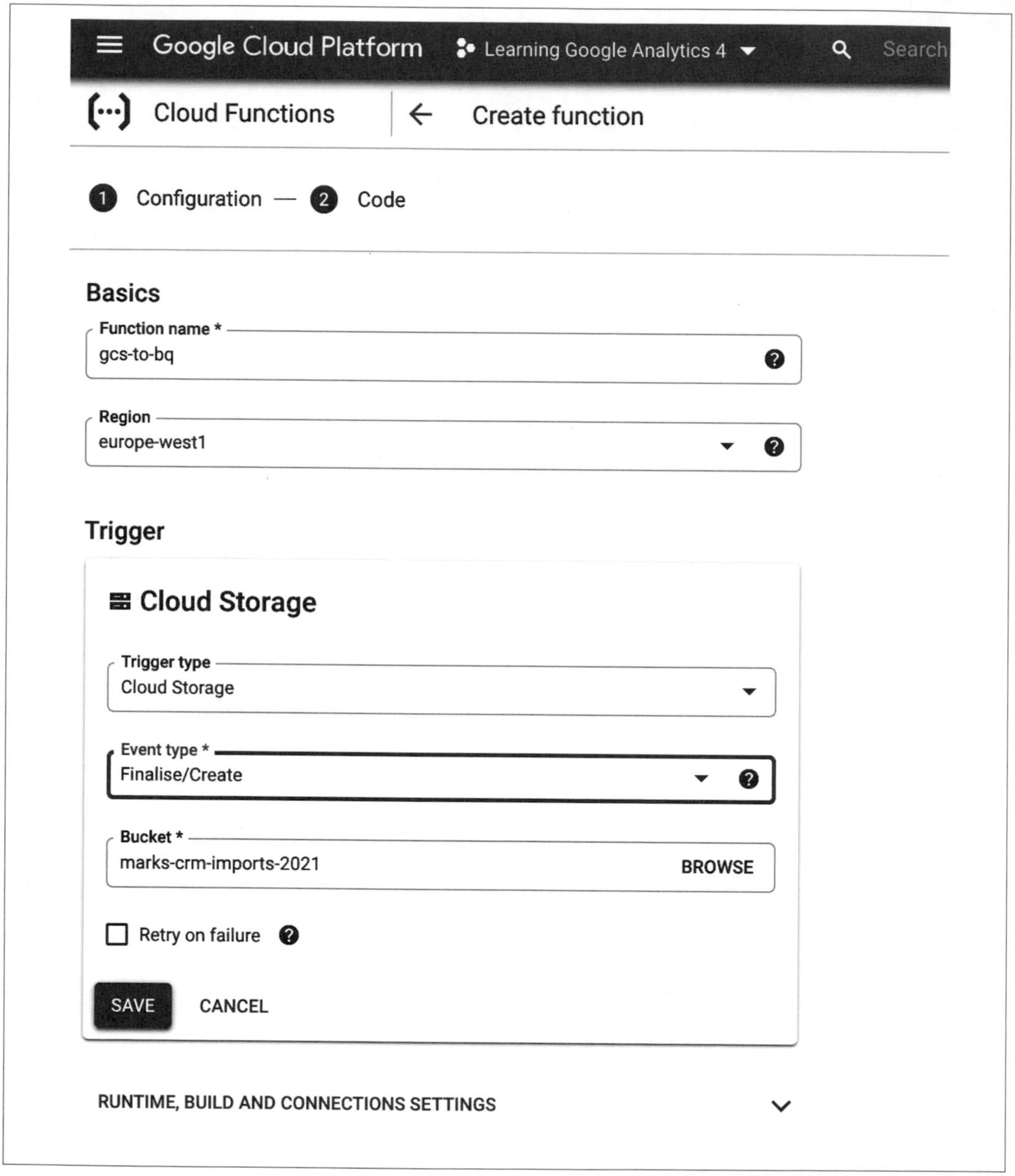

圖 3-22 選擇事件類型（Finalize/Create），以及之後要用來發送 Pub/Sub 事件的 Bucket 空間

下一步是加入程式碼，一旦偵測到該事件，就會觸發這個程式碼。

「Runtime」選項設定為 Python，會看到已經填入一些程式碼，指引我們正確的方向，請參見 3-23。

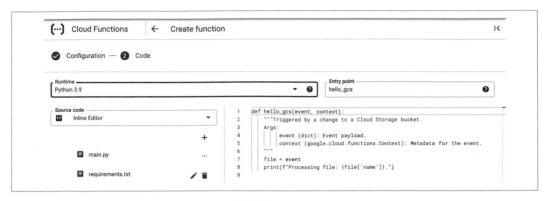

圖 3-23　在 Cloud Functions 加入 Python 程式碼

在以上畫面截圖中，預設程式碼會觸發 hello_gcs(event, context) 事件，透過 event['name'] 將檔案名稱列印到日誌裡；event['name'] 有 Pub/Sub 事件需要的一切資料，用於執行 BigQuery 的匯入函式。修改範例 3-9 的程式碼，取出 GCS 已經載入的檔案名稱，解析之後放進 BigQuery，BigQuery 的配置請參照 Python 提供的 SDK 文件（*https://oreil.ly/9aHTA*）。

範例 3-9　使用 *Python* 程式碼撰寫的雲端函式，將 *GCS* 的 *Bucket* 空間儲存的
　　　　　CSV 檔案載入到 *BigQuery*

```python
import os
import yaml
import logging
import re
import datetime
from google.cloud import bigquery
from google.cloud.bigquery import LoadJobConfig
from google.cloud.bigquery import SchemaField
import google.cloud.logging

# 設定日誌儲存位置 https://cloud.google.com/logging/docs/setup/python
client = google.cloud.logging.Client()
client.get_default_handler()
client.setup_logging()

# 從 config.yaml 載入配置環境
config_file = "config.yaml"
```

```python
if os.path.isfile(config_file):
    with open("config.yaml", "r") as stream:
        try:
            config = yaml.safe_load(stream)
        except yaml.YAMLError as exc:
            logging.error(exc)
else:
    logging.error("config.yaml needs to be added")

# 從架構配置檔案 config.yaml，產生 SchemaField 物件列表
def create_schema(schema_config):

    SCHEMA = []
    for scheme in schema_config:

        if 'description' in scheme:
            description = scheme['description']
        else:
            description = ''

        if 'mode' in scheme:
            mode = scheme['mode']
        else:
            mode = 'NULLABLE'

        try:
            assert isinstance(scheme['name'], str)
            assert isinstance(scheme['type'], str)
            assert isinstance(mode, str)
            assert isinstance(description, str)
        except AssertionError as e:
            logging.info(
                'Error in schema: name {} - type {}
                - mode - {} description {}'.format(scheme['name'], scheme['type'],
                                                    mode, description))
            break

        entry = SchemaField(name=scheme['name'],
                            field_type=scheme['type'],
                            mode=mode,
                            description=description)
        SCHEMA.append(entry)

    logging.debug('SCHEMA created {}'.format(SCHEMA))

    return SCHEMA
```

```python
def make_tbl_name(table_id, schema=False):

    t_split = table_id.split('_20')

    name = t_split[0]

    if schema: return name

    suffix = ''.join(re.findall('\d\d', table_id)[0:4])

    return name + '$' + suffix


def query_schema(table_id, job_config):

    schema_name = make_tbl_name(table_id, schema=True)

    logging.info('Looking for schema_name: {} for import: {}'.format(schema_name,
        table_id))
    # 如果配置環境不會嘗試自動偵測
    # 建議僅對開發測試表
    if schema_name not in config['schema']:
        logging.info('No config found. Using auto detection of schema')
        job_config.autodetect = True
        return job_config

    logging.info('Found schema for ' + schema_name)

    schema_config = config['schema'][schema_name]['fields']

    job_config.schema = create_schema(schema_config)

    # 此處是定義標準 csv 檔案載入時的行為
    job_config.quote_character = '"'
    job_config.skip_leading_rows = 1
    job_config.field_delimiter = ','
    job_config.allow_quoted_newlines = True

    return job_config

def load_gcs_bq(uri, table_id, project, dataset_id):

    client = bigquery.Client(project=project)
    dataset_ref = client.dataset(dataset_id)
```

```python
    # 根據匯入需求，改變以下配置
    job_config = LoadJobConfig()
    job_config.source_format = bigquery.SourceFormat.CSV
    job_config.write_disposition = bigquery.WriteDisposition.WRITE_TRUNCATE
    job_config.encoding = bigquery.Encoding.UTF_8
    job_config.time_partitioning = bigquery.TimePartitioning()

    job_config = query_schema(table_id, job_config)

    table_name = make_tbl_name(table_id)
    table_ref = dataset_ref.table(table_name)

    job = client.load_table_from_uri(
        uri,
        table_ref,
        location='EU',
        job_config=job_config)  # API 請求



def gcs_to_bq(data, context):
    """Background Cloud Function to be triggered by Cloud Storage.
       This functions constructs the file URI and uploads it to BigQuery.

    Args:
        data (dict): The Cloud Functions event payload.
        context (google.cloud.functions.Context): Metadata of triggering event.
    Returns:
        None; the output is written to Stackdriver Logging
    """

    object_name = data['name']
    project = config['project']
    dataset_id = config['datasetid']

    if object_name:
        # 根據檔案名稱產生 BigQuery 資料表
        table_id = os.path.splitext(os.path.basename(object_name))[0].replace('.','_')
        uri = 'gs://{}/{}'.format(data['bucket'], object_name)

        load_gcs_bq(uri, table_id, project, dataset_id)

    else:
        logging.info('Nothing to load')

    return
```

我們需要指定 *requirements.txt* 檔案（請參見範例 3-10），本書已經驗證過這些設定適用於 Python 3.9 的執行環境。

範例 *3-10*   *requirements.txt 檔案，設定要從 pip 套件載入哪些 Python 模組*

```
google-cloud-bigquery==2.20.0
google-cloud-logging==2.5.0
pyyaml==5.4.1
```

 本書會盡力確保書中所有程式碼片段都能適用最新版本，但可能還是要看各位讀者閱讀本書的時間點，視將來的情況來調整程式碼和相依性需求。

以下程式碼需要用到 *config.yaml* 檔案，讀者可以在跟 Python 程式碼同一個資料夾下找到這個設定檔。若檔案存在，就會使用這個設定檔來為 BigQuery 要產生的資料表指定架構；如果沒有找到設定檔來指定架構，就會回到自動偵測。這個設定檔能讓我們一次匯入多個 BigQuery 資料表，範例 3-11 的配置檔案是使用 YAML 格式。

範例 *3-11*   *YAML 格式設定檔，使用範例 3-9 詳細說明的雲端函式*

```
project: learning-ga4
datasetid: crm_imports
schema:
  crm_bookings:
    fields:
        - name: BOOK_ID
          type: STRING
        - name: BOOKING_ACTIVE
          type: STRING
        - name: BOOKING_DEPOSIT
          type: STRING
        - name: DATE
          type: STRING
        - name: DEPARTURE_DATE
          type: STRING
  crm_permissions:
    fields:
        - name: USER_ID
          type: STRING
        - name: PERMISSION
          type: STRING
        - name: STATUS
          type: STRING
        - name: SOURCE
```

```
          type: STRING
        - name: PERMISSION_DATE
          type: STRING
    crm_sales:
      fields:
        - name: SALES_ID
          type: STRING
        - name: SALES_EMAIL
          type: STRING
        - name: SALES_FIRST_NAME
          type: STRING
        - name: SALES_LAST_NAME
          type: STRING
```

範例 3-11 的設定檔是示範如何匯入三個資料表。根據事件匯入的好處,在於可以一次觸發多個函式。

如果已經上傳尚未在架構中指定的 CSV 檔案,BigQuery 載入檔案時,會嘗試自動偵測檔案的架構。雖然對開發很有幫助,但在實際營運環境中,本書強烈建議讀者使用指定的架構。

以下列兩個範例分別測試載入沒有指定架構(範例 3-12)和指定架構(範例 3-13)的 CSV 檔案。

範例 3-12 載入尚未指定架構的 CSV 檔案

```
USER_ID,EMAIL,TOTAL_LIFETIME_REVENUE
AB12345,david@email.com,56789
AB34252,sanne@freeemail.com,34234
RF45343,rose@medson.com,23123
```

範例 3-13 載入跟配置架構一致 CSV 檔案

```
USER_ID,PERMISSION,STATUS,SOURCE,PERMISSION_DATE
AB12345,Marketing1,True,Email,2021-01-21
AB34252,Marketing3,True,Website,2020-12-02
RF45343,-,False,-,-
```

產生測試用的 CSV 檔案,然後將檔案上傳到 Cloud Storage 的 Bucket 空間。從 Cloud Functions 的函式日誌(圖 3-24)可以看到函式是否已經觸發,並且開始執行 BigQuery 的工作。

不過,故事只說了一半,我們應該還要檢查 BigQuery 日誌,確認 BigQuery 執行的載入工作是否成功。從圖 3-25 可以看到,BigQuery 已經納入架構而且成功執行載入工作。

```
2021-07-15 08:41:48.628 CEST    gcs_to_bq  349dxd6e7wpz  Found schema for crm_permissions
2021-07-15 08:41:48.628 CEST    gcs_to_bq  349dxd6e7wpz  Looking for schema_name: crm_permissions for import: crm_permissions_20210704
2021-07-15 08:41:48.617 CEST    gcs_to_bq  349dxd6e7wpz  Function execution started
2021-07-15 08:41:48.435 CEST    gcs_to_bq  ba0v3166k5b6  No config found. Using auto detection of schema
2021-07-15 08:41:48.435 CEST    gcs_to_bq  ba0v3166k5b6  Looking for schema_name: crm_table for import: crm_table_20210704
2021-07-15 08:41:48.421 CEST    gcs_to_bq  ba0v3166k5b6  Function execution started
```

圖 3-24　檢視雲端函式的紀錄檔，會發現其中一個檔案是匯入到指定架構，另一個檔案則是利用自動偵測

```
▼ job: {
  ▼ jobConfiguration: {
    ▼ load: {
        createDisposition: "CREATE_IF_NEEDED"
      ▼ destinationTable: {
          datasetId: "crm_imports"
          projectId: "learning-ga4"
          tableId: "crm_permissions$20210704"
        }
        schemaJson: "{
                      "fields": [{
                        "name": "USER_ID",
                        "type": "STRING",
                        "mode": "NULLABLE"
                      }, {
                        "name": "PERMISSION",
                        "type": "STRING",
                        "mode": "NULLABLE"
                      }, {
                        "name": "STATUS",
                        "type": "STRING",
                        "mode": "NULLABLE"
                      }, {
                        "name": "SOURCE",
                        "type": "STRING",
                        "mode": "NULLABLE"
                      }, {
                        "name": "PERMISSION_DATE",
                        "type": "STRING",
                        "mode": "NULLABLE"
                      }]
                    }"
      ▼ sourceUris: [
          0: "gs://marks-crm-imports-2021/crm_permissions_20210704.csv"
        ]
```

圖 3-25　檢查 BigQuery 日誌，確認是否已經指定為我們想要的架構

檢查所有日誌之後，應該會看到 BigQuery 本身的資料表已經具有指定架構（如果沒有，就是採自動偵測），請參見圖 3-26。

讀者若打算在自己的管道中使用這個程式腳本，現在需要做的事，就是產生要匯出的 CSV 檔案，以及適合自身資料的 *config.yaml* 檔案。還要針對每一個匯出的 CRM 資料或目的地，設定適合他們的配置，透過不同的配置來部署多個雲端函式。至此，我們的主要目標已經達成：現在可以透過事件驅動，將 CSV 檔案匯入 BigQuery，檔案大小可高達 5 TB；如果直接載入 gzip 檔案，則最大可達 4 GB，詳細資訊請參見說明文件（*https://oreil.ly/sGo2O*）。

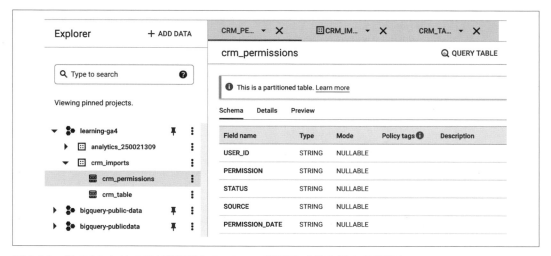

圖 3-26　從 GCS 上的 CSV 檔案匯入 BigQuery 資料表（具有指定的架構）

資料隱私

從資料隱私的觀點，GCS 可以為資料設定到期時間，讓我們安全地刪除任何個人資料；可以套用在一般匯入的資料上，設定到期時間落在資料請求的合法回應時間內。也就是說，原始系統現有的資料刪除程序維持不變，不需要將這個程序複製到雲端；若使用者要求在現有系統中刪除自身資料，則系統會在 30 天內過濾請求的資料，然後更新雲端資料。

處理經常出現在內部資料庫的個人資料時（例如：CRM 資料），會更常遇到隱私議題，下一節即將討論這個部分。

透過 GCS 匯入 CRM 資料庫

由於我不可能成為精通市面上每種資料庫的專家，所以我通常會讓客戶理解，如果他們利用 Cloud Storage 的服務，我可以負責匯出資料，但是客戶必須先將資料儲存到 Cloud Storage。客戶通常都能接受這樣的配合方式，因為這些要求對開發團隊來說很簡單，是再自然不過的事，就像是要求他們匯出資料欄 A、B、C 的內容到 CSV 或 JSON 檔案裡，還有使用 gcloud 或 Cloud Storage 的 SDK 進行排程，定期將資料上傳到 GCS（*https://oreil.ly/Km9XH*）。各位讀者如果是在某家公司內工作，或許有更多機會參與這類的工作，了解如何從某個資料庫（例如：本機上的 MySQL 資料庫）產生和提供實際要匯出的資料。

指定將資料上傳到 Cloud Storage，而非直接上傳到 BigQuery，這種做法簡化了上傳方式，因為負責匯出資料的團隊不需要遵守任何特定模式，從 Cloud Storage 載入資料就是各位讀者的工作了。這種做法還提供了一個方便備份原始資料的管道。

利用程式腳本從本機上的 CRM 資料庫匯出資料時，最好是利用服務金鑰檔案來完成認證，這個認證檔案要限制為只有 Cloud Storage 建立的 bucket 才能使用。一旦資料儲存到 Cloud Storage，我們就能利用 Cloud Functions（請參見第 86 頁的「事件驅動型儲存空間」小節的說明），自動將資料載入到 BigQuery。

讀者如果跟著本章內容一步步實作截至目前為止的所有程式碼和函式，或許經歷多次在 Cloud Functions 和其他來源不斷複製貼上程式碼的情況，久了就會成為一項負擔，使用 GTM 或其他類似的工具時可能有更熟悉的經驗。然而，這個方法很容易出錯，而且會浪費時間尋找程式碼發生的歷史變化。讓開發人員更友善的方法，是透過軟體工程師的最佳實務做法來部署程式碼，例如：連續集成 / 連續開發（CI/CD），下一節會介紹 Google Cloud 平台提供的相關服務：Cloud Build。

搭配 GitHub 設定 Cloud Build 的 CI/CD 流程

本節介紹的內容包含 Cloud Build Git 觸發器，雖然對某些資料擷取工作很有幫助，但老實說，這些觸發器對整個資料管道都有幫助。讀者若想進一步了解 Cloud Build 的全貌，請參見第 147 頁的「Cloud Build」小節的說明，對資料儲存有詳細的介紹。

儘早在流程中設定 Cloud Build 是個很好的想法，不僅能加速開發流程，長期來看更能減輕開發工作的負擔。

設定 GitHub

此處雖然以使用 GitHub 為例，但只要透過 Google 自家的 Git 系統「Source Repositories」製作映像，能支持任何 Git 系統。Git/GitHub 的使用指令已超出本書範圍，請參考 GitHub 提供的一些協助資源（*https://oreil.ly/wm0qC*）。

若讀者已經安裝 GitHub，請產生一個空的 GitHub 儲存庫來保存專案的所有檔案，然後為 Cloud Build 啟用 GitHub 應用程式（*https://oreil.ly/C4mue*）。可以選擇讓 Cloud Build 存取所有儲存庫（這樣日後就不需要重新設定），或是只能存取我們選定的儲存庫。此處請確定有選擇涵蓋剛剛才產生的儲存庫。

GitHub 與 Cloud Build 的串接設定

我們必須提供權限給 Cloud Build，才能從 GitHub 觸發事件。進入 Google Cloud 控制台，然後前往 Cloud Build 進行設定（*https://oreil.ly/CFddT*），連結到儲存庫。從介面提供的選項，新增任何已經啟用的 GitHub 應用程式，請參見圖 3-27。

我們還可以選擇建立觸發器，掌管 *cloudbuild.yaml* 檔案中設定的 Cloud Build 步驟的啟用規則，詳細資訊請參見下一節「在儲存庫加入檔案」的說明。

建立觸發器之後，我們希望只有跟雲端函式有關的檔案發生改變時，才部署觸發器，請參見圖 3-28 的範例截圖。

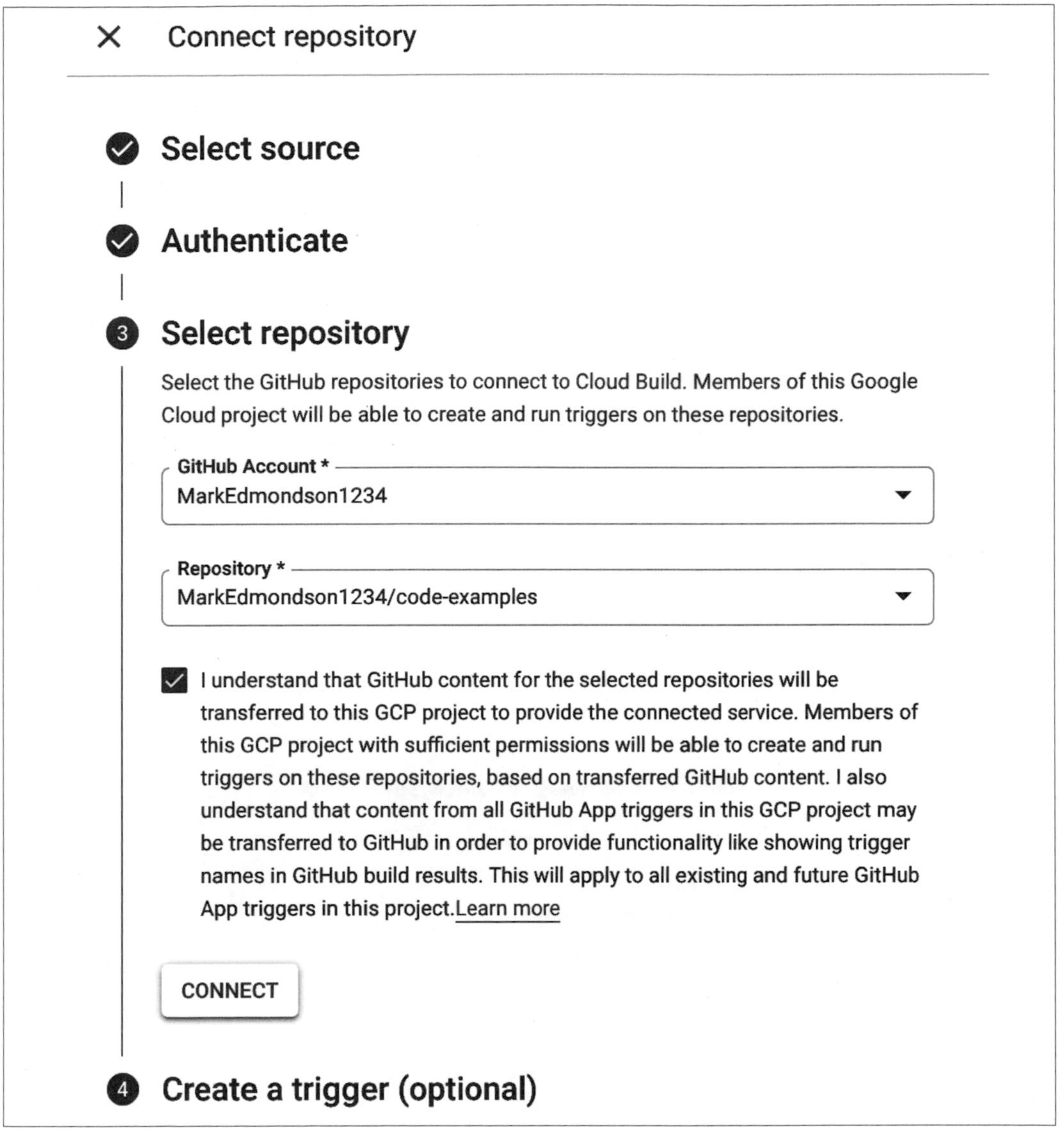

圖 3-27　Cloud Build 串接保存檔案的 GitHub 儲存庫

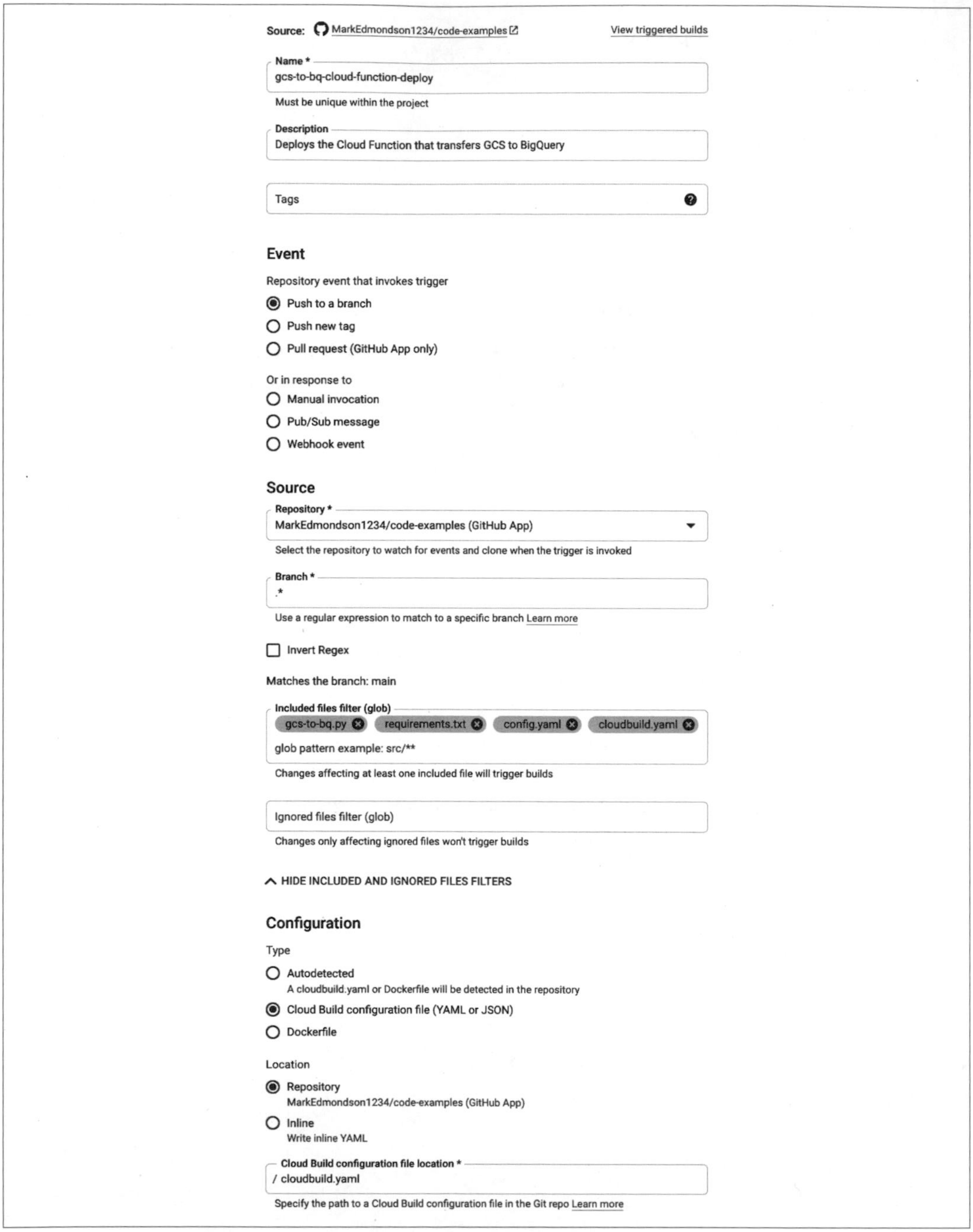

Source: ⬡ MarkEdmondson1234/code-examples ↗   View triggered builds

Name *
gcs-to-bq-cloud-function-deploy

Must be unique within the project

Description
Deploys the Cloud Function that transfers GCS to BigQuery

Tags   ❓

Event

Repository event that invokes trigger

- ⦿ Push to a branch
- ◯ Push new tag
- ◯ Pull request (GitHub App only)

Or in response to

- ◯ Manual invocation
- ◯ Pub/Sub message
- ◯ Webhook event

Source

Repository *
MarkEdmondson1234/code-examples (GitHub App)   ▼

Select the repository to watch for events and clone when the trigger is invoked

Branch *
.*

Use a regular expression to match to a specific branch Learn more

☐ Invert Regex

Matches the branch: main

Included files filter (glob)
[gcs-to-bq.py ✕] [requirements.txt ✕] [config.yaml ✕] [cloudbuild.yaml ✕]

glob pattern example: src/**

Changes affecting at least one included file will trigger builds

Ignored files filter (glob)

Changes only affecting ignored files won't trigger builds

⌃ HIDE INCLUDED AND IGNORED FILES FILTERS

Configuration

Type

- ◯ Autodetected
  A cloudbuild.yaml or Dockerfile will be detected in the repository
- ⦿ Cloud Build configuration file (YAML or JSON)
- ◯ Dockerfile

Location

- ⦿ Repository
  MarkEdmondson1234/code-examples (GitHub App)
- ◯ Inline
  Write inline YAML

Cloud Build configuration file location *
/ cloudbuild.yaml

Specify the path to a Cloud Build configuration file in the Git repo Learn more

圖 3-28　每次提交變化到 GitHub 儲存庫，Cloud Build 觸發器都會啟用 cloudbuild.yaml 檔案的內容

這個範例還需要加入 Cloud Build 的代理製作工具，來作為一名使用者，授權其部署 Cloud Functions，你可以在介面中進行設定（*https://oreil.ly/6JeRG*），如圖 3-29 所示。

GCP service	Role ❓	Status
Cloud Functions	Cloud Functions Developer	ENABLED ▾
Cloud Run	Cloud Run Admin	DISABLED ▾
App Engine	App Engine Admin	DISABLED ▾
Kubernetes Engine	Kubernetes Engine Developer	DISABLED ▾
Compute Engine	Compute Instance Admin (v1)	DISABLED ▾
Firebase	Firebase Admin	DISABLED ▾
Cloud KMS	Cloud KMS CryptoKey Decrypter	DISABLED ▾
Secret Manager	Secret Manager Secret Accessor	DISABLED ▾
Service Accounts	Service Account User	ENABLED ▾

圖 3-29　設定 Cloud Build 權限，以部署 Cloud Functions

將需要的檔案加入儲存庫

啟用 Cloud Build 還需要一個檔案 *cloudbuild.yaml*，用於掌管 Cloud Build 建構的內容。在這個範例中，我們對程式碼做的任何更改都會觸發雲端函式重新部署。查閱 Cloud Functions 的說明文件，會看到文件建議我們在不使用網頁後台的情況下，利用 gcloud（在 GCP 平台上使用的命令列工具）觸發部署。特別需要使用命令：gcloud functions deploy（*https://oreil.ly/0pOzR*）。

對 Cloud Functions 和觸發器來說，就是執行範例 3-14 所示 gcloud 命令。*cloudbuild. yaml* 的工作是複製這個命令，每當雲端函式的程式碼改變時就會觸發。

範例 *3-14*　gcloud 命令，用於部署範例 *3-9* 詳細說明的雲端函式

```
gcloud functions deploy gcs_to_bq \
    --runtime=python39 \
    --region=europe-west1 \
    --trigger-resource=marks-crm-imports-2021 \
    --trigger-event=google.storage.object.finalize
```

將部署的程式碼轉換成 Cloud Build 的 YAML 格式，如範例 3-15 所示。

範例 3-15　*Cloud Build 的 YAML 格式，用於部署範例 3-9 的雲端函式*

```
steps:
- name: gcr.io/cloud-builders/gcloud
  args: ['functions',
         'deploy',
         'gcs_to_bq',
         '--runtime=python39',
         '--region=europe-west1',
         '--trigger-resource=marks-crm-imports-2021',
         '--trigger-event=google.storage.object.finalize']
```

範例 3-15 使用的 Docker 映像檔名稱為：`gcr.io/cloud-builders/gcloud`，這個映像檔已經安裝 `gcloud`；如同各位讀者所想像的，這個 Docker 映像檔十分便利，應該放在手邊使用。在預設情況下，會在我們指定給 GitHub 儲存庫的根目錄下執行這個命令，部署所有存在目錄下的檔案，包括任何配置檔案或 *requirements.txt* 相依性檔案。

Git 儲存庫現在應該包含本章第 86 頁的「事件驅動型儲存空間」小節的所有檔案，再加上 *cloudbuild.yaml* 檔案，如圖 3-30 所示。

　請確定 Git 儲存庫的檔案有包含名稱為 *main.py* 的雲端函式。

Name	∧	Date Modified	Size	Kind
cloudbuild.yaml		Today at 13.39	329 bytes	YAML
config.yaml		Today at 12.33	844 bytes	YAML
crm_permissions_20210708.csv		Today at 12.34	152 bytes	CSV Document
crm_permissions.csv		Today at 12.35	152 bytes	CSV Document
crm_users_20210708.csv		Today at 12.33	130 bytes	CSV Document
main.py		Today at 12.32	4 KB	Python
README.md		Today at 12.39	250 bytes	R Markdown File
requirements.txt		Today at 12.33	72 bytes	Plain Text

圖 3-30　Git 啟用的資料夾下的檔案

如果先前在本章第 100 頁的「GitHub 與 Cloud Build 的串接設定」小節中設定正確，則提交檔案之後，會將檔案推送到 GitHub，然後觸發構建。Cloud Build 還可以檢視建構進度（*https://oreil.ly/5xl9E*），協助我們確認語法是否正確。如果建構成功，介面會出現一個漂亮的打勾符號，請參見圖 3-31。隨後應該確認雲端函式是否有部署到我們修改的內容。

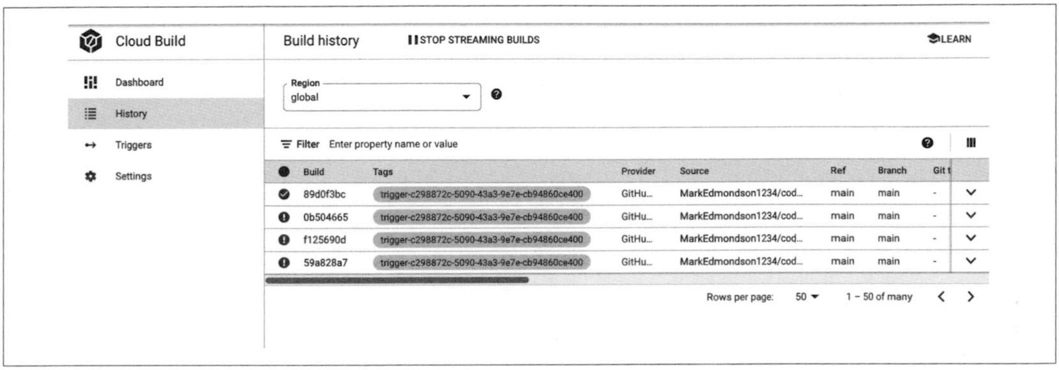

圖 3-31　透過 Cloud Build，成功部署雲端函式；請注意之前失敗的建構，這沒什麼，我們都會犯錯！

從現在開始，我們不再需要使用 WebUI 來更改雲端函式，只要在本機修改開發檔案，然後提交到 GitHub，幾分鐘後，這些修改就會反映在我們部署完成的程式碼裡，大幅提升我們開發的速度，加速迭代。

重點回顧與小結

本章詳細介紹書中所有使用案例都需要用到的資料擷取，現實世界中約有 95% 的應用也需要擷取資料。設定好 GA4 資料串流後，整合 BigQuery、Cloud Storage、GTM 和內部系統，可以為我們打開大量豐富的資料集。

讀者如果正在尋找其他技能來協助自己提升 GA4 的相關設定能力，則熟悉雲端平台提供的服務會是很好的下一步，因為擁有這些工具後，可以讓我們真正擴展 GA4 視野，交付一些令人興奮的專案是職涯發展中關鍵的一步。

雖然本書還會介紹更多內容，但我希望讀者經由本章這趟旅程，先了解幾個系統取得資料時常見的方法。接下來，我們在第四章會介紹如何處理已經蒐集到手邊的資料，在移動到資料建模和資料活化階段之前，這是必要的下一步。本章已經帶讀者接觸過 Cloud Storage 和 BigQuery 上的某些元素，下一章會深入了解更多原則，介紹其他和這些元素互補的系統，尤其是即時或已排定執行時間的串流。

資料儲存

應用程式的資料要儲存在哪裡,是資料分析在建置基礎設施時相當關鍵的部分。可以考量簡單的做法,只用 GA4 原生的儲存系統,也可能用複雜的資料流,擷取多個資料來源,包括 GA4、CRM 資料庫、其他數位行銷管道的成本資料等等。BigQuery 作為 GCP 平台選擇的分析資料庫,真的是獨霸一方,其開發宗旨就是從分析的角度出發,思考處理資料時會出現哪些類型的問題,立志成為專精處於處理這類問題的產品,這正是 GA4 在匯出資料的選項中提供 BigQuery 的理由。BigQuery 的理念是將所有資料整合在同一個地方,讓我們以簡化的方式對這些資料執行分析查詢,也能以安全但平等的方式,將資料提供給需要的人或應用程式使用。

本章介紹的各種決策和策略,是來自於我過去處理資料儲存系統時不斷思考所獲得的經驗。我希望各位讀者能從中獲益,避免發生我過去犯下的這些錯誤,為自己的使用案例建立堅實的基礎。

在資料分析專案裡,本章內容所扮演的角色是資料擷取和資料建模之間的黏著劑。我們蒐集到的資料會根據第三章列出的原則進入 GA4,然後利用本章介紹的工具和技巧來處理資料,最後是打算用在第五章和第六章介紹的方法裡,由第二章定義的使用案例引導我們完成這個架構。

本章會先帶讀者了解,挑選資料儲存解決方案時應該考量的一般原則,再介紹幾個 GCP 平台上目前最熱門的選項,還有我每天都會使用的產品。

資料處理原則

本節將介紹幾個一般性原則，引導讀者挑選出適用的資料儲存方案，並且討論如何以高標準整頓資料和保持資料乾淨俐落、如何塑造出適用於不同業務角色的資料集，以及串接資料集時需要考量的各項因素。

整頓資料

整頓資料是一個非常好的想法，我從 R 語言社群引入這個概念，希望所有從事資料分析的人都能從這項原則中受益。整頓資料是以非常主觀的方式來說明如何儲存資料，才能讓後續使用的資料流發揮最大的效用。就像是設定參數來規範如何儲存資料，為所有資料專案建立共同的基礎。

「整頓資料」是由資料科學家‧Hadley Wickham 發展出來的概念，他也是整合開發環境「RStudio」和 tidyverse 套件的發明者。讀者如果希望應用這項概念時能有良好的基礎，請參見 Hadley Wickham 和 Garrett Grolemund 合著的《R 資料科學》（Data Science: Import, Tidy, Transform, Visualize, and Model Data，O'Reilly 出版），或是造訪 tidyverse 套件的網站（*https://www.tidyverse.org*）。

整頓資料這個概念是先從 R 資料科學的社群發跡，才逐漸變得熱門，就算讀者不使用 R 語言，推薦大家在處理資料時，還是可以把整頓資料視為首要目標。以下這段文字引用自 Wickham 和 Grolemund 兩人的著作（*https://oreil.ly/Z4Faj*）：

> 幸福家庭的面貌全都非常相似，但每個不幸的家庭卻都有其各自不同的面貌。
>
> —托爾斯泰
>
> 乾淨俐落的資料集全都非常相似，但每個雜亂的資料集卻都有其各自雜亂的面貌。
>
> —《R 資料科學》作者

這個概念的基本想法，就是利用一種方法將原始資料轉換成通用的標準，讓後續資料分析發揮作用；如果套用在資料上，以後每次處理資料都不需要重新建立方法。

只要依照這三項規則，就能讓資料集保持乾淨俐落：

1. 每個變數都要自成一個資料欄。

2. 每一筆觀測資料都必須自成一個資料列。

3. 每個資料值都必須自成一個儲存格。

以圖 4-1 說明這三項規則。

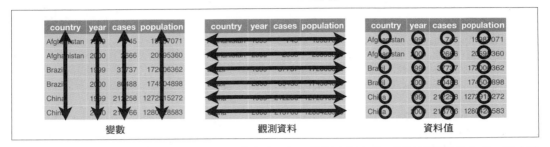

圖 4-1　讓資料集乾淨俐落的三項規則：變數自成一欄、觀測資料自成一列以及資料值自成一格（引用自 Wickham 和 Grolemund 合著的《R 資料科學》）

清理資料通常是專案裡最花時間的部分，依據這三項規則，我們不需要再耗費大量精力來處理使用案例的特定問題，不必每次重新思考如何讓資料成形。本書推薦讀者在匯入原始資料後，應該盡力產出乾淨版本的資料，再提供給後續階段的使用案例。為資料建立一套乾淨俐落的標準，可以免去每次都得思考如何讓資料成形的煩惱，讓下一階段的應用程式標準化，因為它們知道資料一定會以某種特定的格式出現。

下一節會以範例說明，這套理論實際上該如何運作。

範例：整頓 GA4 資料

以下工作流程會從一份未經整頓的資料開始說明，示範如何清理資料，先為後續的分析工作做好準備。此處雖然是利用 R 語言整頓資料，但相同的原則可以套用在任何程式語言或工具上，例如：Excel。

讓我們從一些 GA4 資料開始看起。範例 4-1 的 R 程式腳本會從我的部落格匯出一些 customEvent 資料，資料內容包含每篇部落格文章的類別，例如：「Google Analytics」或「BigQuery」，此處的自訂資料是取自 customEvent 物件的自訂維度 category。

範例 4-1　R 程式腳本，從 GA4 的 Data API 取得自訂維度的 category

```
library(googleAnalyticsR)

# 驗證使用者具有存取權
ga_auth()

# 如果忘記 propertyID
ga4s <- ga_account_list("ga4")
```

```
# 這是我的部落格使用的 propertyId，請讀者改成自己的 ID
gaid <- 206670707

# 匯入自訂欄位
meta <- ga_meta("data", propertyId = gaid)

# 該欄位從開始使用到現在的日期範圍
date_range <- c("2021-07-01", as.character(Sys.Date()))

# 過濾掉不屬於任何類別的資料
invalid_category <-
 ga_data_filter(!"customEvent:category" == c("(not set)","null"))

# 呼叫 API，檢視自訂欄位（article_read）的趨勢
article_reads <- ga_data(gaid,
    metrics = "eventCount",
    date_range = date_range,
    dimensions = c("date", "customEvent:category"),
    orderBys = ga_data_order(+date),
    dim_filters = invalid_category,
    limit = -1)
```

自訂欄位 article_reads 的內容如表 4-1 所示。

表 4-1 是一份未經「整頓」的資料，顯現出資料蒐集的品質對後續資料處理工作造成的連鎖反應，例如：文章類別可以拆成自己的事件，讓資料更清晰。為了讓資料適合建模，我們必須清理資料——在實務上，這是極為常見的情況。這份資料也強調了一個事實，當我們擷取的資料越乾淨，後續處理的工作就越少。

表 4-1　利用 googleAnalyticsR 套件，呼叫 Data API 擷取 GA4 資料

date	customEvent:category	eventCount
2021-07-01	GOOGLE-TAG-MANAGER·CLOUD-FUNCTIONS	13
2021-07-01	GOOGLE-TAG-MANAGER·GOOGLE-ANALYTICS	12
2021-07-01	R·GOOGLE-APP-ENGINE·DOCKER·GOOGLE-ANALYTICS·GOOGLE-COMPUTE-ENGINE·RSTUDIO-SERVER	9
2021-07-01	R·CLOUD-RUN·GOOGLE-TAG-MANAGER·BIG-QUERY	8
2021-07-01	R·DOCKER·CLOUD-RUN	8
2021-07-01	GOOGLE-TAG-MANAGER·DOCKER·CLOUD-RUN	7
2021-07-01	R·GOOGLE-ANALYTICS·SEARCH-CONSOLE	7
2021-07-01	R·DOCKER·RSTUDIO-SERVER·GOOGLE-COMPUTE-ENGINE	6

date	customEvent:category	eventCount
2021-07-01	DOCKER·R	5
2021-07-01	R·FIREBASE·GOOGLE-AUTH·CLOUD-FUNCTIONS·PYTHON	5
2021-07-01	R·GOOGLE-AUTH·BIG-QUERY·GOOGLE-ANALYTICS·GOOGLE-CLOUD-STORAGE·GOOGLE-COMPUTE-ENGINE·GOOG	4
2021-07-01	GOOGLE-CLOUD-STORAGE·PYTHON·GOOGLE-ANALYTICS·CLOUD-FUNCTIONS	3
2021-07-01	R·GOOGLE-ANALYTICS	3
2021-07-01	BIG-QUERY·PYTHON·GOOGLE-ANALYTICS·CLOUD-FUNCTIONS	2
2021-07-01	DOCKER·R·GOOGLE-COMPUTE-ENGINE·CLOUD-RUN	2
2021-07-01	R·GOOGLE-AUTH	2
2021-07-01	docker·R	2
2021-07-02	R·CLOUD-RUN·GOOGLE-TAG-MANAGER·BIG-QUERY	9
2021-07-02	DOCKER·R	8
2021-07-02	GOOGLE-TAG-MANAGER·DOCKER·CLOUD-RUN	8
2021-07-02	GOOGLE-TAG-MANAGER·GOOGLE-ANALYTICS	8
2021-07-02	R·DOCKER·CLOUD-RUN	6
2021-07-02	R·GOOGLE-APP-ENGINE·DOCKER·GOOGLE-ANALYTICS·GOOGLE-COMPUTE-ENGINE·RSTUDIO-SERVER	6

如同前一節「整頓資料」的詳細說明,這份資料是未經整頓的狀態,還不能用於分析,所以我們要利用 R 語言的 tidyverse 函式庫,也就是 tidyr 套件和 dplyr 套件來協助我們清理資料。

第一項要進行工作是資料欄重新命名,將類別字串的內容分割成一個資料欄是一個類別,以及將所有內容都設為小寫。請參見範例 4-2,這段程式碼示範如何利用 tidyverse 函式庫來執行這些動作,將表 4-1 中 article_reads 的內容指定為 data.frame 結構。

範例 4-2　利用 tidyr 和 dplyr 套件來整理 *article_reads* 的原始資料,會產生類似表 4-2 的內容

```
library(tidyr)
library(dplyr)

clean_cats <- article_reads |>
    # 資料欄重新命名
```

```
    rename(category = "customEvent:category",
        reads = "eventCount") |>
    # 所有文章類別的值都轉為小寫
    mutate(category = tolower(category)) |>
    # 將一個類別字串切成六個資料欄
    separate(category,
        into = paste0("category_",1:6),
        sep = "[^[:alnum:]-]+",
        fill = "right", extra = "drop")
```

整頓過後的資料如表 4-2 所示，但這還不能算是乾淨俐落的格式。

表 4-2　將表 4-1 的內容整頓後的結果

date	category_1	category_2	category_3	category_4	category_5	category_6	reads
2021-07-01	google-tag-manager	cloud-functions	NA	NA	NA	NA	13
2021-07-01	google-tag-manager	google-analytics	NA	NA	NA	NA	12
2021-07-01	r	google-app-engine	docker	google-analytics	google-compute-engine	rstudio-server	9
2021-07-01	r	cloud-run	google-tag-manager	big-query	NA	NA	8
2021-07-01	r	docker	cloud-run	NA	NA	NA	8
2021-07-01	google-tag-manager	docker	cloud-run	NA	NA	NA	7

我們希望將資料彙整成每一筆觀測資料自成一欄，以便於檢視：每一個類別的每日閱覽次數，也就是將我們手上現有的資料從「寬」格式轉換成「長」格式。當資料格式更長，對日期和文章類別欄進行彙整（類似 SQL 的 GROUP BY 指令），以獲得每個類別的總閱覽數，請參見範例 4-3。

範例 4-3　根據每個日期／類別彙整資料，將寬格式資料轉換成長格式資料

```
library(dplyr)
library(tidyr)

agg_cats <- clean_cats |>
    # 從寬格式轉換成長格式
    pivot_longer(
        cols = starts_with("category_"),
```

```
        values_to = "categories",
        values_drop_na = TRUE
) |>
# 對我們想彙整的維度進行分組
group_by(date, categories) |>
# 產生指標 category_reads：閱覽次數
summarize(category_reads = sum(reads), .groups = "drop_last") |>
# 依據日期和閱覽次數，遞減排序
arrange(date, desc(category_reads))
```

 本書範例程式碼是以 R 4.1 版撰寫，有包含管線運算子（pipe operator）「|>」。在 R 4.1 以前的版本，管線運算子是從 R 語言自己的 magrittr 套件匯入，寫成「%>%」。在這些範例中，兩種寫法可以安全互換。

整理過後的資料應該會類似表 4-3 的內容。這是一份乾淨俐落的資料集，任何資料科學家或分析師應該都很樂意使用，並且以此作為模型探索階段的起點。

表 4-3　經過整頓的資料（來自 article_reads 的原始資料）

date	categories	category_reads
2021-07-01	r	66
2021-07-01	google-tag-manager	42
2021-07-01	docker	41
2021-07-01	google-analytics	41
2021-07-01	cloud-run	25
2021-07-01	cloud-functions	23

我覺得會出現在書籍裡的範例似乎總是比較理想化，幾乎不太能反映出我們日常的定期工作內容，像是反覆進行許多實驗、修正錯誤和執行規則運算式。前面這個範例規模雖然已經縮小，但我還是嘗試了好幾次，才能從範例中確實找到我想要的資料。不過，各位讀者只要牢記整頓資料的三原則，就能簡化處理資料的工作；這三項原則會引領我們朝向目標，避免日後發生需要重新處理資料的窘境。

原始資料蒐集完畢後的第一步便是讓資料成形，就像範例中進行的資料整頓程序。不過，就算資料已經整頓完畢，我們還必須思考資料扮演的角色，下一節即將討論這個部分。

不同角色的資料集

我們蒐集進來的原始資料幾乎不會直接用在實際營運的環境裡，或者甚至是顯示在內部的終端使用者面前。當越來越多的人使用資料，就會針對使用目的，出現更多需要準備乾淨資料的理由，但我們還是要保留「真實狀態來源」的資料，以便於隨時回頭看看，這份原始資料如何衍生出更多的資料集。

這裡可能需要開始思考「資料治理」，這套流程是用來判斷哪些身分的人具有存取哪些不同類型資料的權限。

以下是本書建議的幾個資料角色：

原始資料

將幾個不同的原始資料串流放在一起但不互相干擾，會是不錯的做法，日後萬一我們使用的資料集發生錯誤，隨時都能選擇回頭重建資料集，將 GA4 資料匯出到 BigQuery 就是一例。通常不建議讀者對原始資料的內容進行增修或刪減，除非有法律上的義務，例如：收到要刪除個人資料的請求。當然，也不建議讀者將原始資料直接公開給終端使用者，除非他們提出特別的需求，不然，原始資料集通常很難使用。以 GA4 匯出的資料為例，其資料儲存方式是採用巢狀結構，對於沒有 BigQuery SQL 使用經驗的人來說，很難越過學習曲線。不幸的是，某些人第一次接觸資料工程就遇到這種情況，而且多半認為 GA4 匯出的資料比平常使用的無格式資料集更加困難。所以，第一次的工作流程通常應該是將原始資料進行整頓、過濾，然後彙整成某種更容易管理的內容。

乾淨俐落的資料

這類的資料已經整理過一輪，變成適合使用的狀態，還能順便剔除不良的資料、以命名慣例標準化、合併資料集以發揮更大的效用、產生彙整過的資料表，讓資料更易於使用。尋找品質良好的資料集作為「真實狀態來源」時，選擇乾淨俐落的資料集會比完全未處理的資料來源更好。這類資料集必須持續維護，主要是由建立資料集的資料工程師負責。只需要提供讀取權限給後續的資料使用者，使用者可以建議應該納入哪些有用的資料表來提供協助。

商業案例

經過整頓的資料可以衍生出許多彙整資料集，其中也包含典型的商業案例，作為日後許多應用程式的資料來源。例如：合併媒體管道的成本資料和 GA4 的網頁資料流，並且結合 CRM 系統裡的轉換率資料。這種資料集具有一個完整「封閉迴圈」，由行銷效益資料組成（成本、行動和轉換），所以是相當常見而且受到歡迎的資料集，其他商業案例的焦點會更著重於銷售或產品開發。如果我們手上有足夠的資料，可以根據各部門的需求提供相應的資料集，公司內部的終端使用者若需要臨時查詢資料，就可以拿這些資料集作為查詢來源。使用資料的方法多半是利用有限的 SQL 知識或是透過資料視覺化工具（例如：Looker、Data Studio 或 Tableau）。讓公司所有員工都能使用這些相關資料集，會釋放出一個很好的訊號，表示這家公司確實是「資料導向的組織」（我認為 90% 左右的執行長都渴望這句話，但只有 10% 左右的公司能真的實現）。

測試用的資料

我們通常還會需要一個塗鴉本，用來嘗試看看新的整合、合併和開發。例如：建立一個專門用於測試的資料集，將資料到期日設定在 90 天內，這表示我們可以放心讓大家在這個資料集內進行各項測試，無須追蹤使用者留下的雜亂測試資料或是擔心會對實際營運系統造成破壞。

資料應用程式

前面提到的所有資料集角色，都可能衍生出我們在實際營運環境中執行的每個資料應用程式。確保關鍵業務的使用案例具有專用的資料集，表示我們完全清楚資料集內用了哪些資料，避免其他使用案例的干擾。

上述介紹的這些角色大致上是依照資料流的順序依序說明，通常會設定檢視表或排定工作任務來處理這些資料，並且將資料複製到各自的相依性。這些資料可能還會放在不同的 GCP 專案底下，以方便進行管理。

 使用像 GA4 的 BigQuery Export 功能產生的資料集，可以將 GA4 資料和其他資料串接在一起，帶來更大的價值，請參見第 187 頁的「合併資料集」小節的說明。

這一節我們探討了一些能幫助使用者輕鬆使用資料集的原則，如果能實現這樣的理想，可說是領先絕大多數的企業：擁有條理清晰而且角色定義明確的資料集，找出方法將橫跨公司各部門的資料串接起來，使用者只要一鍵觸發（或是一條 SQL 查詢指令），就能獲得他們需要的一切資訊。例如：在許多人心中，Google 就是一家典型的資料導向公司。Lakshmanan 在他的著作《*Data Science on the Google Cloud Platform*》裡，描述了 80% 的 Google 員工如何每週將資料應用在他們的工作上：

例如：將近 *80%* 的 *Google* 員工每個月都會使用 *Dremel* 系統（在 *Google Cloud* 內部 *Dremel* 是對應 *BigQuery* 的一套系統）。雖然有些人使用資料的方法比其他人來得複雜，但所有人都會定期利用資料，為他們要下的決策提供資訊。在 *Google* 裡，如果向某個人詢問一個問題，你很有可能會收到一個連結，指向 *BigQuery* 查詢結果的檢視表，而非實際的答案：他們的想法是：「每當你想知道最新的答案時，請執行這項查詢」。在後者的情境中，*BigQuery* 已經從無人化營運資料庫的替代服務，轉換成自助式資料分析的解決方案。

上述引號中的這段話反映出一個情況，現今有大量的公司正朝這個方向努力，他們希望讓自身員工使用這樣的服務，若能完全實現，將帶來巨大的商業影響力。

下一節我們要來看看，引號中提到的這項工具—連 Google 員工也愛用的「BigQuery」。

BigQuery

這句話聽起來或許有些老套，但「只要使用 BigQuery，所有資料分析需求都將獲得解決」，毫無疑問地，BigQuery 對我的職業生涯產生巨大的影響。從前，資料工程對我來說是相當令人沮喪的作業程序，我得持續投入大量的時間在基礎設施和載入工作任務上，但 BigQuery 轉變了這個情況，現在我能將更多的時間集中在資料上，從中獲取價值。

第三章討論資料擷取時，我們已經在第 79 頁的「BigQuery」小節中介紹過 BigQuery，還在第 79 頁的「GA4 串接 BigQuery」小節裡介紹了 GA4 的 BigQuery Export 功能，以及在第 86 頁的「事件驅動型儲存空間」小節裡，說明如何將 Cloud Storage 儲存的檔案匯入 CRM 系統。這一節會將討論的重點放在，如何組織 BigQuery 內的資料，並且加以使用。

BigQuery 的使用時機

此處若改成列出何時不能使用 BigQuery，或許還比較容易，因為某種程度來說，在 GCP 平台上執行數位分析工作，BigQuery 就是萬靈丹。BigQuery 具有以下功能，這些也是我們希望分析型資料庫擁有的特性：

- 提供收費低廉甚至是免費的儲存空間，即使放入所有資料也無須擔心成本。

- 提供無限制的服務規模，日後就算要儲存 PB 位元組規模的資料，也無須擔心是否要建立新的伺服器實體。

- 靈活的成本結構：通常都是選擇在使用量變高的時候才會擴大服務規模，不會每個月為伺服器支付沉沒成本；或者是選擇以支付沉沒成本的概念，預先保留時段和資源留待日後查詢之用，以節省查詢成本。

- 整合其他 GCP 平台上的服務套件，透過機器學習或其他機制來強化資料。

- BigQuery 不僅支援在資料庫內完成基本的計算，包括一些常見的 SQL 函式，例如：COUNT、MEANS 和 SUM；連機器學習這般複雜的工作任務也能執行，例如：叢集運算和預測，也就是說我們無須再將資料匯出、進行模擬然後重新將資料寫回資料庫裡，這一切現在全都能在資料庫內完成。

- 傳統資料庫無法對應具有強大擴展能力的視窗函式。

- 相較於傳統資料庫需要數小時的處理時間，現代資料庫即使掃描數十億行資料，也能在數分鐘內迅速回傳結果。

- 採用彈性的資料結構，讓我們在處理多對一和一對多的資料時，無須像巢狀資料結構的做法一樣分散在多個資料表裡。

- 採用 OAuth2 認證機制的安全登入系統，並且透過網頁介面輕鬆存取。

- 設定使用者存取權限的功能，可從專案、資料集和資料表，往下細分到只提供使用者存取個別資料列和資料欄的權限。

- 支援強大的外部 API，涵蓋所有功能，不僅能讓我們建立自己的應用程式，還能選擇也是使用相同 API 的第三方軟體來建立有用的中介軟體。

- 可與其他雲端平台整合（例如：AWS 和 Azure），匯入 / 匯出現有的資料堆疊，以使用 BigQuery Omni 為例，可以直接在其他雲端供應商的平台上查詢資料。

- 能以近乎即時的速度更新串流資料應用程式。

- 具有自動偵測資料架構的能力，新增欄位時保有某種彈性。

BigQuery 會具有這些特性，是因為它的設計宗旨就是希望成為終極的分析型資料庫；相較之下，更傳統的 SQL 資料庫則著重於快速存取個別資料列的交易型資料，犧牲查詢資料欄的速度。

BigQuery 是第一個專門設計給分析用的雲端資料庫，不過，截至 2022 年，已經有幾個其他資料庫平台也開始提供類似服務效能，例如：Snowflake，這讓這個領域更加競爭，但也因此推動 BigQuery 的創新，這對所有平台的使用者來說都是一件好事。不論讀者使用哪一個服務，都適用相同的原則。在深入了解 SQL 查詢的實質內容之前，我們要先介紹 BigQuery 如何組織資料集。

組織資料集

我從過去以來處理 BigQuery 資料集的經驗裡，總結出幾個有用的原則，在此處分享給讀者參考。

第一個原則是考慮資料集要存放在哪個地區，這會跟我們要服務的使用者有關。使用 BigQuery SQL 的時候有幾個小限制，其中之一是不能跨地區合併資料表，也就是說我們不能任意合併歐盟和美國的資料。例如：假設我們的工作區域是歐盟，產生資料集的時候通常必須指定地區為歐盟。

 BigQuery 的預設環境是假設使用者希望將資料存放在美國。因此，本書建議讀者產生資料集時，一定要指定地區，這樣才能確定資料存放在哪裡，日後才不必將所有資料轉移到其他地區存放。關乎到隱私規範的議題，需要特別注意。

另一個有用的原則是為資料集設計良好的命名結構，幫助使用者快速找到他們想要的資料。名稱內一定要指定資料集的來源和角色，而非只包含數字 ID，例如：命名為 `ga4_tidy`，而不是只用 GA4 的 MeasurementId 命名，像是 `G-1234567`。

外，若因為組織上的意義，而想將資料存放在不同的 GCP 專案裡，請勿擔心，BigQuery 可以跨專案進行 SQL 查詢，只要使用者具有存取兩邊專案的權限就能查詢（前提是兩邊專案的資料表要設定在同一個區域）。常見的應用是將開發、專門測試營運和實際營運分成不同的專案。本書建議讀者依照下列主題來分類 BigQuery 使用的資料集：

原始資料集

　　這類資料集是外部 API 或服務第一個抵達的目的地。

乾淨俐落的資料集

　　這類資料集經過整頓、彙整或合併，基本上已經是有用的狀態，是日後衍生出其他資料表的「真實狀態來源」。

建模用的資料集

　　這類資料集包含模擬結果，通常是以乾淨俐落的資料集作為原始來源，後續資料活化時可能會使用這些中繼表。

資料活化用的資料集

這類資料集包含為資料活化工作產生的檢視表和篩選過內容的乾淨資料表，例如：用於資訊主頁、API 端點或匯出給外部供應商使用。

測試／開發用的資料集

我通常會針對開發工作另外產生一個資料集，並且設定資料到期時間為 90 天，使用者可以將這份資料集當作塗鴉本，即使任意產生資料表，也無須擔心會弄亂更多準備給實際營運環境使用的資料集。

為資料集設計良好的命名結構時，還可趁機在 BigQuery 資料表加入有用的詮釋資料，讓組織裡的其他成員能更快速輕鬆地找到他們要的資料，進而降低教育訓練的成本，允許資料分析師擁有更多自我管理的空間。

截至目前為止，我們已經介紹了資料集的組織方式，接下來我們要轉到資料集內的資料表，討論資料表需要的技術規格。

處理資料表的訣竅

本節內容要介紹我過往處理 BigQuery 資料表時獲得的一些經驗，包含如何更容易載入、查詢和取出資料的策略。讀者可依照以下這些訣竅來處理資料，為日後的分析工作建立基礎：

儘可能將資料表分區和分群

處理日常資料更新時，比較好的做法是將資料表切分成多個區塊，例如：分成每日（或每小時、每月、每年等等）資料表。就能輕鬆橫跨所有資料進行查詢，但仍舊需要顧及效能，必要時得將資料表限制在某些時間範圍內。「叢集」是 BigQuery 支援的另一項相關功能，允許我們在匯入資料時啟用這項功能，以加速查詢的方式來組織資料。讀者若想進一步了解這兩項功能及其所造成的影響，請參閱 Google 提供的說明文件：分區表簡介（Introduction to Partitioned Tables，*https://oreil.ly/0zcUK*）。

採取覆寫而非追加資料

匯入資料時，我會盡量避免使用 APPEND 模式將資料加入資料集，偏好採用更無狀態的策略 WRITE_TRUNCATE（例如：覆寫資料）。無須先刪除任何資料就能重新執行，例如：冪等性（idempotent）工作流程就屬於無狀態。最適合用在共享或切分成多個區塊的資料表。如果資料非常大量，就不太可能重新載入所有的資料，因為處理的成本過於高昂。

預設是使用無格式資料表，但巢狀資料表的效能更好

提供資料表給 SQL 經驗比較少的使用者時，相較於 BigQuery 容許的巢狀結構，無格式資料表對他們來說更容易使用。無格式資料表比巢狀原始資料表要大得多，所以無論如何，都應該彙整和過濾資料表的內容，以降低資料量。不過，如果要確定不會出現太多跨資料表合併資料的情況，使用巢狀資料表是比較好的方法。有一個經驗法則很好用，就是如果我們的資料集一定會跟其他資料集合併，那麼可能比較適合搭配巢狀資料結構。原始資料集裡比較常見到這些巢狀資料表。

讀者若實作這些訣竅，就表示日後重新匯入資料時，便無須擔心會發生資料重複的情況。日期錯誤的資料會被覆蓋，以全新的資料取代，雖然只會針對已經分區的資料表，但還是能避免重新匯入整個資料集，確保資料的真實狀態來源。

SELECT * 指令的成本

從至今為止累積的經驗中，我得到的經驗法則之一是，千萬不要在營運環境中的資料表裡使用 SELECT* 指令，因為會快速增加大量的成本。只要拿這個指令產生一個經常會被查詢的檢視表，更能明顯判斷出這個情況。由於 BigQuery 的費用計算跟查詢內容包含多少資料欄有關，而非資料列的數量，因此 SELECT* 指令選擇所有資料欄的做法，會導致最高的費用。此外，將巢狀資料欄拆解成標準資料欄時要特別注意，因為這也會增加需要計費的資料量。

因為有大量的 SQL 範例貫穿本書內容，用於處理特定的使用案例，所以本節介紹更多 SQL 操作資料表時會需要的規格。此處介紹的一般原則能幫助我們維持乾淨又有效率的 BigQuery 資料，這些原則一旦獲得採用，就會成為廣受組織內成員歡迎的工具。

BigQuery 雖然能處理串流資料，但有時需要更專門的工具來處理跟事件有關的資料，此時就需要用到 Pub/Sub。

Pub/Sub

在許多資料匯入過程中，Pub/Sub 扮演了不可或缺的角色。Pub/Sub 屬於全域訊息系統，利用事件驅動的方法，在資料來源之間建立管道。

Pub/Sub 保證每則訊息至少會傳送一次，確保各個管道之間的資料一致性。HTTP API 呼叫的做法不一樣，所以無法保證訊息 100% 傳遞。那麼 Pub/Sub 是怎麼達成的呢？當接收系統收到 Pub/Sub 發布過來的訊息後，必須回傳「ack」訊息或確認給 Pub/Sub。如果沒有回傳「ack」訊息，Pub/Sub 就會將訊息放在佇列中，等待重新發送。因此，在需要傳送大規模訊息的情況下（例如：數十億次點擊），就很適合透過 Pub/Sub 發送，這項服務其實是使用類似 Googlebot 爬蟲的技術，可以像 Google 搜尋一樣抓取整個全球資訊網。

Pub/Sub 的作用並非儲存資料，但此處會將其列為相關服務，是因為 Pub/Sub 的角色其實是扮演 GCP 平台上資料儲存解決方案之間的溝通管道。Pub/Sub 的作用就像是通用型管道，負責將資料發送到主題，然後在訂閱端使用資料，多個訂閱可以對應同一個主題。Pub/Sub 還能擴大服務規模：即使發送數十億個事件，也無須擔心伺服器的建置工作，Pub/Sub 提供的服務保證每則訊息至少會傳送一次，而且使命必達。Pub/Sub 敢提出這樣的保證，是因為每個訂閱都必須確認已經接收到 Pub/Sub 發送過來的資料（或是如同討論訊息佇列時，回傳「ack」），否則，訊息會保存在佇列裡，直到重新發送。

使用這種主題 / 訂閱模型，表示我們可以將進來的事件發送給多個不同的儲存應用或事件觸發器。GCP 平台上的每一項操作幾乎都能選擇是否要發送 Pub/Sub 事件，這些事件也能透過紀錄篩選器觸發。我第一次在應用程式使用 Pub/Sub 服務的契機是：GA360 有一點確實讓人很頭痛，就是每天不一定會在相同的時間匯出資料給 BigQuery，因此，如果資料流下游的應用程式有設定排程，就會打斷定期執行的匯入工作。所以，我利用日誌追蹤資料實際填入 BigQuery 資料表的時間，以此觸發 Pub/Sub 事件，由事件啟動工作。

根據 GA4 匯出資料給 BigQuery 的日誌，設定 Pub/Sub 主題

GA4 將資料匯出給 BigQuery，準備就緒之後就會觸發 Pub/Sub 事件，有助於我們後續用在其他應用（請參見第 147 頁的「Cloud Build」小節的說明）。

實作方法是利用 Google Cloud 控制台針對一般日誌管理所推出的服務，稱為「Cloud Logging」（Google 日誌服務）。我們正在運行的所有服務產生的全部日誌都會存放在這裡，包含 BigQuery。如果可以過濾這些紀錄日誌，篩選到只剩下我們想要監控的活動，就可以根據日誌設定指標，進而觸發 Pub/Sub 主題。

首先，我們要從存放在 Cloud Logging 的日誌中，篩選出 BigQuery 活動紀錄而且是跟 GA4 何時完成資料匯出有關，據此建立 Pub/Sub 主題。

範例 4-4 示範篩選器程式碼，執行結果請見圖 4-2。

範例 4-4 　在 *Cloud Logging* 使用篩選器，判斷 *GA4* 何時將資料匯出完成給 *BigQuery*

```
resource.type="bigquery_resource"
protoPayload.authenticationInfo.principalEmail=
    "firebase-measurement@system.gserviceaccount.com"
protoPayload.methodName="jobservice.jobcompleted"
```

套用以上篩選器後，我們能看到的日誌項目只剩下 Firebase 服務金鑰「firebase-measurement@system.gserviceaccount.com」完成 BigQuery 資料表更新的紀錄。

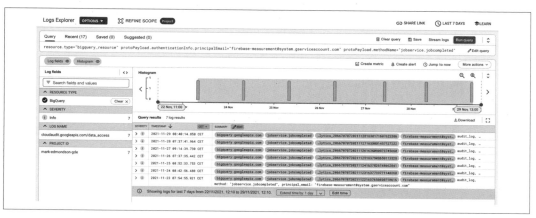

圖 4-2　在 Cloud Logging 使用篩選器，判斷 GA4 何時將資料匯出完成給 BigQuery，用於建立 Pub/Sub 主題

日誌篩選器的執行結果若符合需求，就選擇「Logs Router」（記錄檔路由器）選項，安排篩選出來的日誌項目發送到 Pub/Sub，設定畫面請參見圖 4-3 的範例截圖。

一旦日誌建立完畢，以後只要每次有資料匯出到 BigQuery 而且準備就緒，我們就會收到 Pub/Sub 訊息。本書建議使用 Cloud Build 來處理資料（詳細資訊請參見第 147 頁的「Cloud Build」小節的說明），或是參照下一節介紹的範例，產生 BigQuery 分區表。

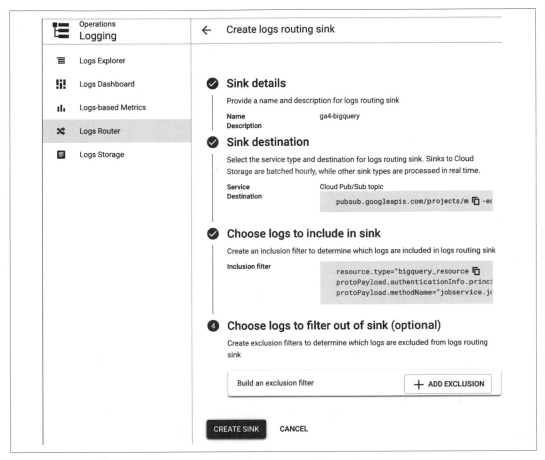

圖 4-3　篩選出 GA4 匯出資料給 BigQuery 的日誌紀錄後，設定這些日誌項目要發送給 Pub/Sub 主題「`ga4-bigquery`」

使用 GA4 匯出的資料表建立 BigQuery 分區資料表

GA4 匯出資料時，預設是「共用」（sharded）資料表，也就是會個別產生每個資料表，在 SQL 指令中使用萬用字元來取得所有資料表的內容；例如：假設我們手上有三天份的資料表，名稱分別是 events_20210101、events_20210102 和 events_20210103，透過這段 SQL 指令就能對這些資料表進行查詢：SELECT * FROM dataset.events_*，指令中的「*」就代表萬用字元。

這種做法雖然可行，但如果希望資料流下游的查詢效能最佳化，就需要將多個資料表彙整成一個分區資料表，進而讓某些工作流更順暢，查詢速度最佳化。本節範例會接著用圖 4-3 設定的 Pub/Sub 主題，觸發一項工作：將指定資料表複製到一個分區資料表。

為此，我們需要前往 Pub/Sub 主題的設定介面，建立雲端函式，每當使用者點擊介面上方的按鈕就會觸發這個函式。範例 4-5 的程式碼是將指定資料表複製到一個分區資料表。

範例 4-5　以下雲端函式是以 *Python* 程式碼撰寫，函式作用是將 *GA4* 資料匯出到 *BigQuery* 的分區資料表

```python
import logging
import base64
import JSON
from google.cloud import bigquery # pip google-cloud-bigquery==1.5.1
import re

# 置換成自己要用的資料集
DEST_DATASET = 'REPLACE_DATASET'

def make_partition_tbl_name(table_id):
  t_split = table_id.split('_20')

  name = t_split[0]

  suffix = ''.join(re.findall("\d\d", table_id)[0:4])
  name = name + '$' + suffix

  logging.info('partition table name: {}'.format(name))

  return name


def copy_bq(dataset_id, table_id):
  client = bigquery.Client()
  dest_dataset = DEST_DATASET
  dest_table = make_partition_tbl_name(table_id)

  source_table_ref = client.dataset(dataset_id).table(table_id)
  dest_table_ref = client.dataset(dest_dataset).table(dest_table)

  job = client.copy_table(
    source_table_ref,
    dest_table_ref,
    location = 'EU') # API 請求
```

```
      logging.info(f"Copy job:
        dataset {dataset_id}: tableId {table_id} ->
        dataset {dest_dataset}: tableId {dest_table} -
        check BigQuery logs of job_id: {job.job_id}
        for status")

  def extract_data(data):
      """Gets the tableId, datasetId from pub/sub data"""
      data = JSON.loads(data)
      complete = data['protoPayload']['serviceData']['jobCompletedEvent']['job']
      table_info = complete['jobConfiguration']['load']['destinationTable']
      logging.info('Found data: {}'.format(JSON.dumps(table_info)))
      return table_info

  def bq_to_bq(data, context):
      if 'data' in data:
          table_info = extract_data(base64.b64decode(data['data']).decode('utf-8'))
          copy_bq(dataset_id=table_info['datasetId'], table_id=table_info['tableId'])
      else:
          raise ValueError('No data found in pub-sub')
```

利用雲端函式本身的服務帳號來部署函式，給予該服務帳號使用 BigQuery 資料的權限。如果可以，最佳的實務做法是限定為只能使用特定資料集或資料表。

雲端函式部署完成之後，就可以利用 GA4 的 BigQuery Export 功能，將匯出的資料複製到另一個資料集內的分區資料表。主要流程是 GA4 的 BigQuery Export 功能準備就緒，雲端函式回應 Pub/Sub 訊息，觸發 BigQuery 的工作——複製資料表。對於無法使用共用資料表的應用程式來說（例如：資料遺失防護 API），這種做法就很有幫助，請參見第 170 頁的「資料遺失防護 API」小節的說明。

從 GTM SS 推送到 Pub/Sub

在使用 GTM SS 的情況下，Pub/Sub 還有另一個用途，就是作為資料擷取的管道，將所有事件資料從 GTM SS 容器推送到 Pub/Sub 端點，後續可以使用。

GTM SS 產生的容器可以將所有事件資料發送到 HTTP 端點，雲端函式可以作為 HTTP 端點，用於將事件資料轉換成 Pub/Sub 主題，相關做法的程式碼請見範例 4-6。

範例 4-6 以下這些範例程式碼是用於將 *GTM SS* 事件發送到 *HTTP* 端點，再將
事件資料轉換成 *Pub/Sub* 主題

```
const getAllEventData = require('getAllEventData');
const log = require("logToConsole");
const JSON = require("JSON");
const sendHttpRequest = require('sendHttpRequest');

log(data);

const postBody = JSON.stringify(getAllEventData());

log('postBody parsed to:', postBody);

const url = data.endpoint + '/' + data.topic_path;

log('Sending event data to:' + url);

const options = {method: 'POST',
        headers: {'Content-Type':'application/JSON'}};

// 發送 POST 請求
sendHttpRequest(url, (statusCode) => {
 if (statusCode >= 200 && statusCode < 300) {
  data.gtmOnSuccess();
 } else {
  data.gtmOnFailure();
 }
}, options, postBody);
```

我們可以部署雲端函式作為 HTTP 端點，接收 GTM SS 事件負載，然後產生 Pub/Sub 主
題，請參見範例 4-7。

範例 4-7 *GTM SS* 追蹤代碼指向 *HTTP* 雲端函式，用於接收 *GTM SS* 事件資料，
然後產生 *Pub/Sub* 主題及其內容

```
import os, JSON
from google.cloud import pubsub_v1 # google-cloud-Pub/Sub==2.8.0

def http_to_Pub/Sub(request):
  request_JSON = request.get_JSON()
  request_args = request.args

  print('Request JSON: {}'.format(request_JSON))

  if request_JSON:
```

```
    res = trigger(JSON.dumps(request_JSON).encode('utf-8'), request.path)
    return res
  else:
    return 'No data found', 204


def trigger(data, topic_name):
 publisher = Pub/Sub_v1.PublisherClient()

 project_id = os.getenv('GCP_PROJECT')
 topic_name = f"projects/{project_id}/topics/{topic_name}"

 print ('Publishing message to topic {}'.format(topic_name))

 # 若有必要就產生主題
 try:
  future = publisher.publish(topic_name, data)
  future_return = future.result()
  print('Published message {}'.format(future_return))

  return future_return

 except Exception as e:
  print('Topic {} does not exist? Attempting to create it'.format(topic_name))
  print('Error: {}'.format(e))

  publisher.create_topic(name=topic_name)
  print ('Topic created ' + topic_name)

  return 'Topic Created', 201
```

Firestore

Firestore 是一款 NoSQL 資料庫，和使用 SQL 資料庫的產品相反（例如：本章第 116 頁介紹過的「BigQuery」小節。Firestore（或是稱為 Datastore）可以搭配 BigQuery 一起使用，產品焦點會放在快速回應時間，其運作方式是利用鍵值快速查詢相關資料，這裡所說的「快速」，是指不到一秒鐘的時間。這表示我們使用 Firestore 時，必須採用跟 BigQuery 不同的工作方式。在大部分的情況下，向資料庫請求資料時會引用鍵值（像是使用者 ID）在資料庫裡的位置，然後回傳鍵值對應的物件（例如：使用者屬性）。

「Firestore」過去的名稱是 Datastore，是一款重新塑造品牌的產品。Firestore 結合其前身 Datastore 和另外一款產品 Firebase Realtime Database 兩者的優勢，是一款文件導向的 NoSQL 資料庫，這款產品的建構目的是針對自動調整規模、高效能和易於開發應用程式。

Firestore 是源自 Firebase 套裝產品，通常用於開發需要第一時間透過暫存、批次等方式進行查詢的行動應用程式，其屬性對分析用途方面的應用程式也很有幫助，因為 Firestore 的概念是在指定 ID 的情況下進行快速查詢，例如：使用者 ID。

Firestore 的使用時機

在考慮開發每秒可能要呼叫多次的 API 時，我通常會使用 Firestore，例如：提供指定 ID 的使用者屬性。更常用的情況則是為了支持專案的最後一個階段——資料活化，利用輕量型 API 取得 ID、查詢 Firestore，然後回傳屬性，這一切都是在數微秒內完成。

讀者如果需要快速查詢，Firestore 也很方便。舉一個 Firestore 用在分析追蹤上很強大的例子，將產品的資料庫保存在 Firestore，就能根據產品的 SKU 貨號，回傳該產品的成本、品牌和類別等等，建置好這樣的資料庫，就可以在發送資料給 GA4 之前先查詢資料，只加入有 SKU 貨號的資料，藉此縮減電子商務命中資料，改善分析時蒐集的資料內容。這樣就可以從使用者的網頁瀏覽器發送更少的資料，同時兼具安全性、速度和效益。

透過 API 存取 Firestore 資料

使用 Firestore 的時候，必須先將資料匯入 Firestore 實體，不僅可以透過 Firestore 提供的 API 來執行匯入工作，甚至還可以透過 WebUI 手動輸入。資料集的必要條件是一定要有鍵值，鍵值通常是用來發送給資料庫，然後回傳資料，回傳的資料會是巢狀 JSON 資料結構。

資料加入 Firestore 的程序，包含定義我們想要記錄的物件（以巢狀結構表示）及其在資料庫內的位置，整體來說就是定義一份 Firestore 文件。範例 4-8 是利用 Python SDK，將資料加入 Firestore。

範例 4-8 利用 *Python SDK*，將資料結構匯入 *Firestore*，以下是這個範例產品的
        SKU 貨號及其詳細資料

```python
from google.cloud import firestore
db = firestore.Client()

product_id = u'SKU12345'

data = {
  u'name': u'Muffins',
  u'brand': u'Mule',
  u'price': 15.78
}

# 將新文件加入資料庫的「your-firestore-collection」集合（collection）
db.collection(u'your-firestore-collection').document(product_id).set(data)
```

利用這個方法就表示我們需要透過其他資料管道，將資料匯入 Firebase，如此才能從應用程式查詢資料（類似範例 4-8 的程式碼）。

資料匯入 Firestore 之後，我們就能透過應用程式來使用這些資料。範例 4-9 提供的
Python 函式，可以作為雲端函式或是 App Engine 應用程式。此處假設應用程式在提供
product_id 的時候，已經利用這個函式來查詢產品資訊。

範例 4-9 範例程式碼，示範如何利用雲端函式內的 *Python* 程式碼，從 *Firestore*
        資料庫讀取資料

```python
# pip google-cloud-firestore==2.3.4
from google.cloud import firestore

def read_firestore(product_id):
 db = firestore.Client()
 fs = 'your-firestore-collection'
 try:
  doc_ref = db.collection(fs).document(product_id)
 except:
  print(f'Could not connect to firestore collection: {fs}')
  return {}

 doc = doc_ref.get()
 if doc.exists:
  print(f'product_id data found: {doc.to_dict()}')
  return doc.to_dict()
 else:
  print(f'Could not find entry for product_id: {product_id}')
  return {}
```

Firestore 提供另一個工具，協助我們進行數位分析工作流程，當我們需要即時應用程式以及毫秒級的回應時間，Firestore 的表現會更突出，例如：從 API 呼叫或是當使用者瀏覽網站時，不希望使用者旅程發生延遲。相較於資料分析工作任務，Firestore 更適合網頁應用程式框架，所以通常都是用在資料活化的最後一個步驟。

BigQuery 和 Firestore 兩者都是處理結構化資料的資料庫，但我們還是會遇到非結構化的資料，例如：影片、圖片或聲音，或是還沒處理資料之前，不知道類型的資料。遇到這種情況，設定儲存選項時就需要以更底層的方式儲存位元組，此時就是 Cloud Storage 介入之處。

GCS

雖然先前第三章已經介紹過如何利用 GCS 將資料匯入 CRM 系統（請參見第 85 頁的「Google Cloud Storage」小節的說明），不過，本節要介紹的是 GCS 的一般用途。GCS 適用好幾個功能角色，尤其擅長處理簡單的工作任務：安全且即時儲存位元組資料。

GCS 是 GCP 平台提供的儲存系統服務，和安裝在個人電腦上用來儲存檔案的硬碟非常相似，所以在應用程式開啟資料之前，我們無法對資料進行任何操作或處理程序。GCS 還能儲存 TB 級的資料量供我們使用，提供安全存取資料的方式。我常用到的功能角色如下：

非結構化資料

針對那些資料庫無法載入的物件（例如：影片和影像），GCS 一定能派上用場。任何資料都能以位元組型態儲存在 GCS 提供的 Bucket 空間，這些資料物件被暱稱為「blob」（Binary Large Object，意指大型二進位物件）。利用 Google API 處理語音轉文字或是辨識圖像時，通常需要先將檔案上傳到 GCS。

備份原始資料

GCS 有助於備份結構化資料的原始資料，適合用於存取率低的資料，隨時可以從中斷情況中執行回溯或災難復原。

匯入資料的入口點

根據第 85 頁的「Google Cloud Storage」小節的說明，資料匯出之後非常適合進入 GCS，因為 GCS 不會過分要求資料架構或格式。資料進入 GCS 之後還會觸發 Pub/Sub 事件，根據事件啟動資料流系統。

託管網站

如果選擇讓使用者從 HTTP 端點使用公開的檔案,表示我們放的是 HTML 或網頁瀏覽器支援的檔案,就可以考慮使用 GCS 來託管靜態網站。有助於將靜態資產匯入網站,例如:追蹤像素或圖像。

Dropbox

向某些使用者提供公開或更細的使用權限,所以能安全地傳送大型檔案。每個物件最大支援 5 TB 的容量,但整體儲存空間則沒有限制(如果讀者已經準備好要付費!)。還可以作為資料處理的目的地,例如:將 CSV 檔案上傳到 GCS,讓想要使用的同事下載,匯入到本機的 Excel。

GCS 儲存的項目都是儲存在自己的 URI 位置,類似 HTTP 位址(`https://example.com`),但用的是 GCS 自訂的傳輸協定:`gs://`。也可以讓使用者透過一般的 HTTP 網址取得檔案,因為 GCS 其實也能作為託管網站,當然可以託管 HTTP 檔案。

Bucket 空間的名稱是全球唯一,所以就算 Bucket 空間放在另一個專案裡,我們還是可以從其他任何專案去存取這個雲端空間。可以指定為讓所有人透過 HTTP 公開存取,或是指定為只有特定使用者或特定服務(資料應用程式)提供的電子郵件可以存取。圖 4-4 的範例截圖看起來像是從 GCS 的 WebUI 存取,但實務上通常是透過程式碼存取 GCS 上的檔案。

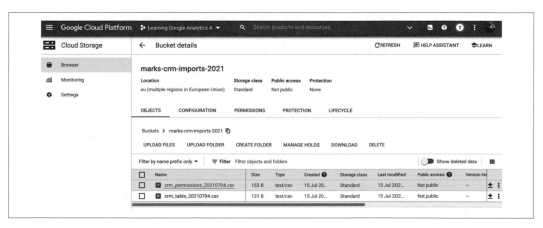

圖 4-4　透過 GCS 的 WebUI 檢視存放在 GCS 上的檔案

存放在 GCS 上的每個物件都有一些跟物件相關的詮釋資料，我們可以利用這些資料，量身訂做出符合儲存需求的物件。接下來會帶讀者整個看一次範例 4-5 的檔案，有助於解說 GCS 能做到哪些事。

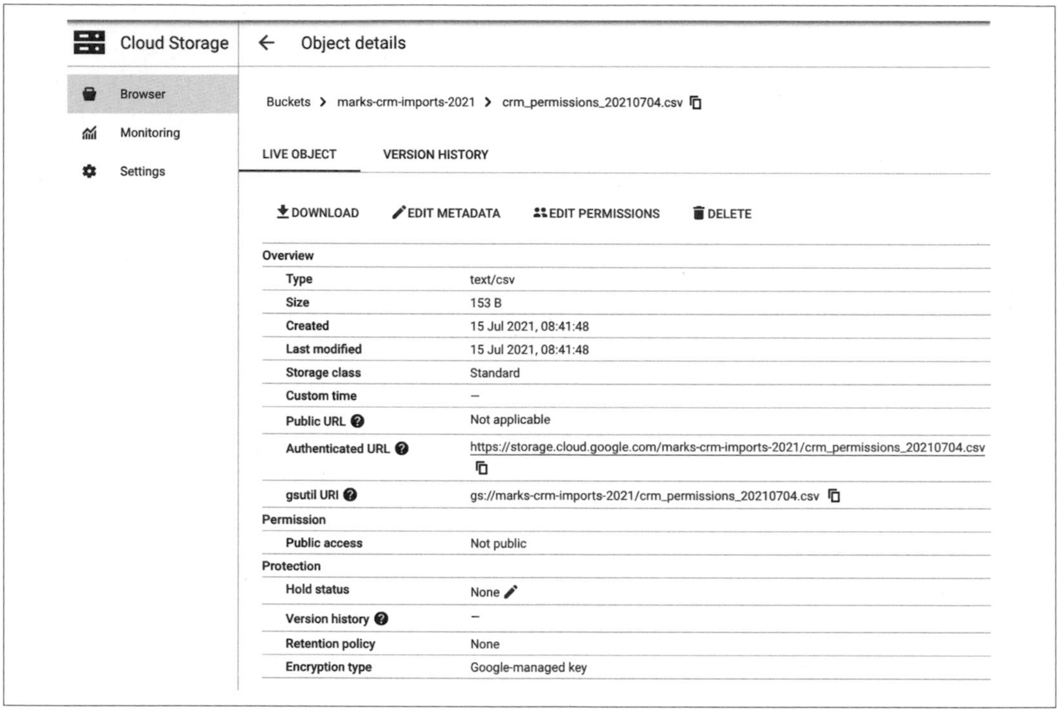

▦ Cloud Storage	← Object details	

圖 4-5　上傳到 GCS 的範例檔案具有這些相關詮釋資料

每個 GCS 物件擁有的詮釋資料包含：

物件類型

此處是利用 HTTP 的 MIME 型態來指定網頁物件，MIME 是「Multipurpose Internet Mail Extensions」的縮寫，指多用途網際網路郵件擴展。讀者若想了解 HTTP 的 MIME 型態，請參見瀏覽器 Mozilla 官網提供的資源（*https://oreil.ly/TxUdt*）。如果應用程式需要檢查 MIME 型態，再決定要如何處理檔案，就值得設定這個型態；以圖 4-5 的 .csv 檔案為例，這個檔案的 MIME 型態為 text/csv，表示應用程式下載這個檔案之後，會將檔案讀取為資料表。其他實務上經常會遇到的 MIME 型態有：JSON 物件（application/JSON）、HTML 網頁（text/html）、圖像（例如：image/png）和影片（video/mp4）。

物件大小

指每個物件在磁碟上的位元組大小,每個物件的儲存上限為 5 TB。

物件建立日期

第一次產生物件的時間。

上次修改物件的時間

以第一次產生物件時的相同名稱來呼叫物件,用以更新物件和啟用物件的版本控制。

儲存類別

物件儲存費率是根據每個物件的儲存空間級別而定。至於要使用哪一種儲存類別,通常會在儲存成本和存取成本之間權衡。儲存成本會隨每個地區而有所不同,以下提供一些範例作為參考,每月每 GB 的費用如下:*Standard* 費率(標準)適用經常存取的資料,每月每 GB 為 0.02 美元;*Nearline* 費率(近線性)適用一年只會存取幾次的資料,每月每 GB 為 0.01 美元;*Coldline* 費率(冷線性)適用每年甚至是更久的時間才存取一次的資料,每月每 GB 為 0.004 美元;*Archive* 費率(歸檔)適用於平常不會存取的資料,除非是遇到需要災難復原的情況才會使用,每月每 GB 為 0.0012 美元。請確定 GCS 物件是放在適當的類別,否則最終會支付過高的資料存取費用,例如:以物件存取費率來看,歸檔資料的成本會高於標準資料。

自訂時間

這項詮釋資料可以加入和物件有關的重要日期或時間。

公開網址

如果選擇公開物件給所有人使用,此處會列出公開網址,請注意這個網址和認證用網址不同。

認證用網址

這是非公開網址,限定為只有特定使用者或應用程式可以存取。提供物件之前,會先查核使用者是否通過認證。

gstuil URI

GCS 物件是透過 `gs://` 來存取,主要用法是透過程式設計的方式呼叫 API 或 GCS 提供的 SDK。

權限

這是設定誰可以存取物件的相關資訊,目前的存取權限通常是在儲存空間級別進行設定,讀者若需要更細微的控制,也可以針對個別物件設定存取權限。為了簡化存取控制,通常會分成兩個獨立的 Bucket 空間,例如:一個設定為公開,另一個則設定為限制存取。

保護物件

有各種方法可以控制物件存留,本節會特別介紹。

鎖定狀態

我們可以暫時強制或根據事件來設定物件的鎖定狀態,也就是說當物件鎖定時,就不能刪除或修改物件;鎖定狀態可以設定時效性,或是當 API 呼叫觸發某個事件時,就會鎖定物件。好處是保護物件免於意外刪除,或是遇到這種情況,假設我們已經透過資料保留政策,在儲存空間層級啟用資料到期日,但又希望某些物件不受這個政策的限制,就能採用這項設定。

版本控制的歷史紀錄

對物件啟用版本控制,即使物件發生修改,依舊可以存取以往舊有版本,好處是可以保留定期資料的追蹤紀錄。

資料保留政策

我們可以啟用各項規則,決定一個 GCS 物件要保留多久。這項政策非常重要,若我們手上正在處理使用者的個人資料,一旦不再擁有保留資料的權限,就必須刪除舊的封存資料。另一個用法是協助我們將已經一段時間沒有存取的資料,移到儲存成本較低的解決方案。

加密型態

Google 採用一套預設的加密方法,會對所有 GCP 平台上的資料進行加密,讀者若想強制執行更嚴格的安全性政策,連 Google 都無法看到你的資料。可以使用自己的安全金鑰。

GCS 的目的很單純,基本上就是:保障使用者儲存位元資料的安全性。GCS 是幾個 GCP 服務仰賴的根基,即使沒有曝光在終端使用者面前,依舊能扮演好提供這項服務的角色。相較於個人電腦上容量有限的硬碟,GCS 提供容量無限的雲端硬碟,而且可以在全世界各地輕鬆存取資料。

至此，現在我們已經看過三種主要的資料儲存類型：BigQuery 是針對結構化的 SQL 資料，Firestore 是針對 NoSQL 資料，GCS 則是針對尚未結構化的原始資料。現在，我們要切換到下一個主題：了解如何使用排程和串流資料技術，定期處理這三種類型的資料。接下來，我們會從最常見的應用開始，安排資料流執行時程。

排程執行資料匯入工作

本節的重點會放在所有資料工程師設計工作流的主要任務之一：如何在應用程式中排程執行資料流。證明概念有效之後，下一步就是將概念投入實際運作，便能定期更新相關資料。與其每天更新電子試算表或執行 API 程式腳本，不如將這項工作任務交給 GCP 平台提供的許多自動化裝置，無須擔心就能確保資料持續更新。

關於如何移動 GA4 資料及其搭配使用的資料集，本節會介紹幾個更新資料的方法。

匯入資料：串流 vs. 排程批次處理

設計資料應用系統時，讀者可能會需要比較串流和批次，決定要用其中哪一個方式來處理資料。本節會仔細思考這兩種方法的優缺點。

串流資料更即時，會持續更新是以事件為基礎的小型資料封包；批次資料是定期排程更新，處理的時間間隔較久，例如：每日或每小時更新一次，每次會匯入較大的資料量。

本章後續會在第 136 頁的「串流處理資料」小節中，深入思考以串流方式處理資料這個選項，不過，此處會先將串流和批次處理資料這兩種方法一起比較，幫助我們在應用程式設計初期進行一些基本的決策。

批次處理資料流

匯入資料流時，批次處理是最常見的傳統做法，對多數使用案例來說完全夠用。關鍵問題是：建立使用案例時，需要多快的資料處理速度。許多使用案例剛開始的反應，通常會要求處理速度要盡可能快或接近即時。然而，仔細思考具體情況之後，會發現每小時或者甚至是每天更新的效果，其實跟即時更新比起來差距並不明顯，而且前者這些類型的更新，不僅成本便宜很多也更容易執行。如果資料也是採批次更新（例如：每晚匯出 CRM 資料），後續的資料就沒有必要即時更新。跟我們先前提到的一樣，還是要根據使用案例的應用程式來判斷需求是否合理。若排程更新無法準時執行，批次處理資料就會開始發生中斷的情況。如果出現資料匯入失敗的情況，就會需要建立應變選項；考慮到終究會發生失敗的情況，一定要設計補救機制。

串流處理資料

拜資料堆疊發展的新技術所賜，現今要以串流方式處理資料已非難事，有些觀點甚至主張，若有可能，所有資料流都應該以串流方式處理。一旦從批次資料排程的束縛中解脫，有可能會發現新的使用案例。即使我們目前對即時更新資料沒有立即的需求，使用串流處理資料還是能獲得某些好處，因為轉而使用以事件為基礎的資料模型，就會在某個事件發生時做出反應，而非在到達某個時間戳記，這表示我們能以更靈活的方式來安排資料流發生的時機。將 GA4 資料匯出到 BigQuery 就是很好的例子，若更新延遲，資料流下游的資訊主頁和應用程式就會發生故障的情況。若設定為根據事件反應資料使用時機，表示只要資料存在就能立即取得資料，無須等到隔天才提供資料。主要缺點則是執行這些資料流的成本通常更加昂貴，而且，為了開發串流管道和排解管道發生的問題，資料工程師還需要具備不同程度的技能。

思考已排定的工作任務時，我們會先從 BigQuery 自身的資源開始看起，再進入到更複雜的解決方案，像是 Cloud Composer、Cloud Scheduler 和 Cloud Build。

BigQuery 檢視表

轉換資料後，在某些情況下，最簡單的資料呈現方式是設定 BigQuery 檢視表或排程執行 BigQuery SQL 指令，不僅最容易設定，也不需要用到其他服務。

BigQuery 檢視表不是傳統意義上的資料表，而是由我們定義的 SQL 指令動態產生的資料表；也就是說，我們可以建立自己的 SQL 指令，動態加入日期，因此，隨時都能獲得最新的資料。例如：利用範例 4-10 產生的檢視表，對 GA4 匯出到 BigQuery 的資料進行查詢，隨時都能獲得昨天的最新資料。

*範例 4-10　在 BigQuery 檢視表使用以下 SQL 指令，隨時都會顯示昨天的資料
　　　　　（程式碼取自範例 3-6）*

```
SELECT
  -- event_date (the date on which the event was logged)
  parse_date('%Y%m%d',event_date) as event_date,
  -- event_timestamp (in microseconds, utc)
  timestamp_micros(event_timestamp) as event_timestamp,
  -- event_name (the name of the event)
  event_name,
  -- event_key (the event parameter's key)
  (SELECT key FROM UNNEST(event_params)
   WHERE key = 'page_location') as event_key,
  -- event_string_value (the string value of the event parameter)
  (SELECT value.string_value FROM UNNEST(event_params)
```

```
    WHERE key = 'page_location') as event_string_value
FROM
    -- your GA4 exports - change to your location
    `learning-ga4.analytics_250021309.events_*`
WHERE
    -- limits query to use table from yesterday only
    _TABLE_SUFFIX = FORMAT_DATE('%Y%m%d',date_sub(current_date(), INTERVAL 1 day))
    -- limits query to only show this event
    and event_name = 'page_view'
```

在以上範例程式碼中,最關鍵的一行是 FORMAT_DATE('%Y%m%d',date_sub(current_date(), INTERVAL 1 day)) ,回傳值是 yesterday(昨天的日期);BigQuery 在資料表加入 _TABLE_SUFFIX 欄位的值作為詮釋資訊,所以更容易查詢多個資料表。

BigQuery 檢視表雖然有其強項,但使用時要謹慎小心。由於檢視表的 SQL 指令是在其他查詢之下進行查詢,所以執行查詢時可能會遇到成本昂貴或效能緩慢的結果。BigQuery 近期推出的具體化檢視表緩解了這個情況,現在當我們在檢視表上進行查詢時,這項技術會確保不會查詢整個資料表。在某些情況下,最好先建立自己的中繼表,例如:透過排程器(scheduler)來產生資料表,這是下一節要介紹的主題。

BigQuery 的排定查詢功能

BigQuery 原生功能支援排定查詢,從左上角的選單列或是建立查詢時選擇「Schedule」(排程),即可使用這項功能。適用於小型工作任務和匯入資料,然而,我要提出一項警告:不建議讀者完全依賴這項工具來處理所有工作,除了步驟單一、簡單的轉換工作,一旦遇到更複雜的資料流,從管理和穩健的角度思考,使用專業工具會更容易完成工作。

排定查詢和設定查詢的使用者驗證,兩者是綁在一起的功能,所以如果該名使用者離開,排程器就必須以 gcloud 命令進行更新:bq update --transfer-config --update-credentials。也有可能是利用這個命令,更新連結為與個人無關的服務帳號,此外,若僅以 BigQuery 的排程器介面來控制查詢,遇到複雜的大型查詢不僅會很難修改,而且不容易檢視修改歷史紀錄或整體概況。

但是,就一些簡單、非關鍵業務的查詢,由於需要使用的人員有限,直接在 BigQuery 本身的介面中設定,快速又簡單;將查詢結果匯出到資訊主頁解決方案(例如:Looker 或 Data Studio),也比用檢視表的效果更好。如圖 4-6 所示,SQL 指令開發完成也得到滿意的結果之後,請點擊「Schedule」(排定),隔天登入 BigQuery,就會看到資料準備就緒。

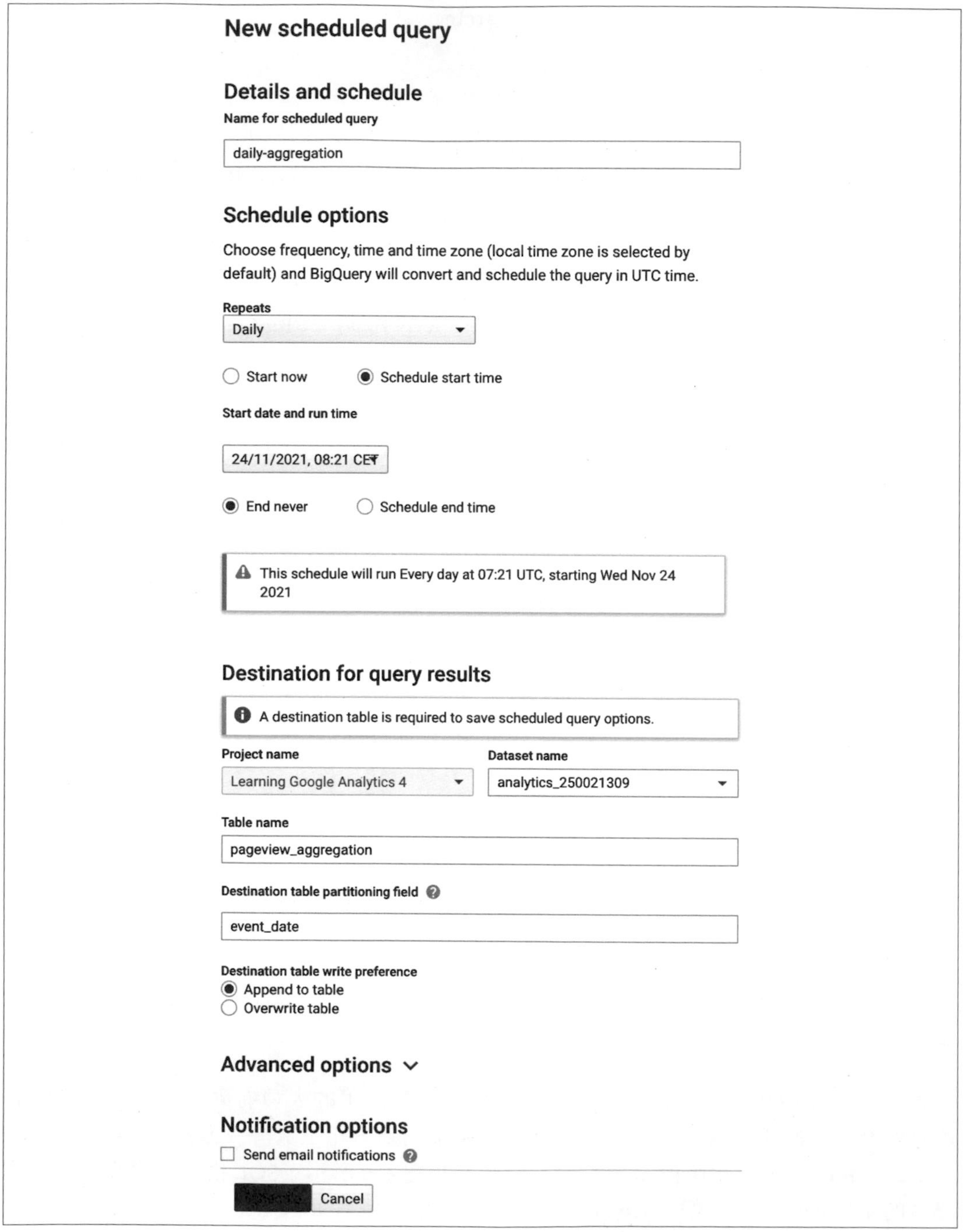

New scheduled query

Details and schedule

Name for scheduled query

daily-aggregation

Schedule options

Choose frequency, time and time zone (local time zone is selected by default) and BigQuery will convert and schedule the query in UTC time.

Repeats

Daily

○ Start now　　● Schedule start time

Start date and run time

24/11/2021, 08:21 CET

● End never　　○ Schedule end time

⚠ This schedule will run Every day at 07:21 UTC, starting Wed Nov 24 2021

Destination for query results

ℹ A destination table is required to save scheduled query options.

Project name

Learning Google Analytics 4

Dataset name

analytics_250021309

Table name

pageview_aggregation

Destination table partitioning field ⍰

event_date

Destination table write preference
● Append to table
○ Overwrite table

Advanced options ⌄

Notification options

☐ Send email notifications ⍰

Cancel

圖 4-6　根據範例 4-10 設定排定查詢，將相同的資料用於資訊主頁，可能會比建立 BigQuery 檢視表的效果更好

然而，只要我們開始提出這樣的問題，像是「如何讓已排定的查詢更完善？」或是「如何根據資料表產生的資料觸發查詢？」這些問題都在暗示我們需要更強大的排程解決方案。能幫助我們完成這項工作的工具是 Airflow，在 Airflow 上打造全代管服務——透過 GCP 平台上的「Cloud Composer」，下一節即將討論這項工具。

Cloud Composer

Airflow 是當前流行的排程工具，屬於開放原始碼專案，Cloud Composer 是 Google 在 Airflow 上打造並且協助管理的解決方案（*https://oreil.ly/hCqBX*）。每個月的使用成本約為 300 美元，所以本書建議讀者若已證明手上的服務具有不錯的商業價值，才值得了解這項工具；不過，當我需要橫跨多個系統處理複雜的資料流，Cloud Composer 確實是我最信賴的解決方案，提供回填作業（Backfill）、警示系統以及利用 Python 進行配置，許多公司將其視為排程工作的核心。

> 由於 GCP 平台將這項在 Airflow 上打造的代管服務稱為「Cloud Composer」，所以本書也採用這個名稱，不過，書中大部分的內容也適用於其他平台上執行的 Airflow，例如：其他雲端供應商或自己架設的平台。

只要手上的工作符合以下條件，我就會啟用 Cloud Composer：

多層依賴關係

只要資料管道中出現排程工作相互依賴的情況，我就會啟用 Cloud Composer，因為這項工具十分適合有向無環圖（directed acyclic graph，簡稱 DAG）這種結構。例如：SQL 工作鏈：一個 SQL 程式腳本負責整頓資料，另一個 SQL 程式腳本負責模擬資料。在 Cloud Composer 執行這些 SQL 程式腳本，可以將排程工作分解成更小、更簡單的元件，不用費力在更大的作業程序裡執行所有排程工作。一旦可以自由設定依賴關係，本書建議讀者加入檢查和驗證步驟來改善管道的工作流程，如果透過單一排程工作來處理這些步驟會變得太複雜。

回填作業

專案剛開始通常會需要設定匯入歷史資料，回填手上累積的所有資料，例如：如果一直以來都有執行排程工作，手上應該會有過去 12 個月的資料。每個工作能使用的歷史資料都不一樣，而且如果已經設定為每日匯入資料，則想再匯入歷史資料有時會有點難度。Cloud Composer 是以每日模擬的做法來執行匯入工作，我們可以任意設定起始日期，讓 Cloud Composer 慢慢回填日期範圍內的所有歷史資料。

多個互動系統

如果需要從多個系統拉進資料或傳送資料給多個系統，例如：使用 FTP、雲端產品、SQL 資料庫和 API 的情況，則跨系統之間的協調工作會開始變得複雜，可能需要分散在多個匯入腳本中處理。Cloud Composer 透過運算子和 Hook 機制提供許多連接器，幾乎可以跟任何系統連接，集中管理所有連接器，大幅簡化維護工作。

重匯

透過 HTTP 匯入資料時，經常會遭遇網路中斷的情況，而且很難設定重新匯入或匯出的時機和頻率，遇到這種情況，就可以利用 Cloud Composer 配置的重試系統，協助我們控制每一項工作任務的重匯條件。

讀者只要開始處理資料流，很快就會體會到前面提到的這些問題，而且需要簡單的做法來解決問題，解決方案之一就是 Cloud Composer。雖然也存在其他類似的解決方案，但 Cloud Composer 是我最常使用而且最快成為許多資料專案主幹的方法。因為 Cloud Composer 是利用下一節討論的表示法，以直覺的方式表示這些資料流，有助於我們想像複雜的流程。

DAG 結構

Cloud Composer 的核心功能是 DAG 結構，表示擷取、處理和取出資料的流程。DAG（有向無環圖）的名稱是指由節點和節線組成的結構，節點之間的方向由箭頭指定。請參見圖 4-7，以 GA4 管道為例，說明 DAG 表示的意義。

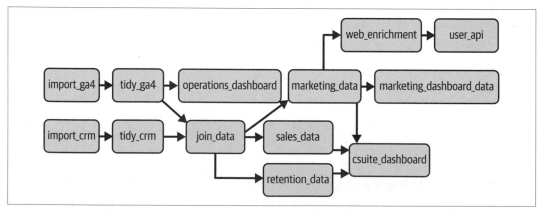

圖 4-7　DAG 結構範例，用於 GA4 流程

圖 4-7 裡的節點用於代表資料處理，節線則用於顯示事件順序以及事件之間的依賴關係。Airflow 的關鍵特性之一是如果某一個節點失敗（所有節點終究都會發生），支援的處理策略有：等待、重試或跳過資料流下游的操作。提供一些回填資料的功能，避免因為執行歷史資料更新而發生大量令人頭痛的麻煩；搭配一些事先定義的巨集，例如：允許我們在程式腳本裡動態插入今天的日期。

以 DAG 結構表示 GA4 匯出資料到 BigQuery 的流程，請見範例 4-11。

範例 4-11　　DAG 範例：使用先前開發的 SQL 程式腳本和隨腳本一起上傳的檔案 *ga4-bigquery.sql*，匯整 GA4 匯出的資料

```python
from airflow.contrib.operators.bigquery_operator import BigQueryOperator
from airflow.contrib.operators.bigquery_check_operator import BigQueryCheckOperator
from airflow.operators.dummy_operator import DummyOperator
from airflow import DAG
from airflow.utils.dates import days_ago
import datetime

VERSION = '0.1.7' # 每一個版本的 DAG 圖都匯遞增版號

DAG_NAME = 'ga4-transformation-' + VERSION

default_args = {
  'start_date': days_ago(1), # 改為固定日期以回填資料
  'email_on_failure': True,
  'email': 'mark@example.com',
  'email_on_retry': False,
  'depends_on_past': False,
  'retries': 3,
  'retry_delay': datetime.timedelta(minutes=10),
  'project_id': 'learning-ga4',
  'execution_timeout': datetime.timedelta(minutes=60)
}

schedule_interval = '2 4 * * *' # 分鐘、小時、每月日期、月份、星期幾

dag = DAG(DAG_NAME, default_args=default_args, schedule_interval=schedule_interval)


start = DummyOperator(
  task_id='start',
  dag=dag
)

# 使用 Airflow 巨集 {{ ds_nodash }}，插入今日日期，格式為 YYYYMMDD
```

```
check_table = BigQueryCheckOperator(
    task_id='check_table',
    dag=dag,
    sql='''
    SELECT count(1) > 5000
    FROM `learning-ga4.analytics_250021309.events_{{ ds_nodash }}`"
    '''
)

checked = DummyOperator(
    task_id='checked',
    dag=dag
)

# 函式，用於循環處理許多資料表、SQL 檔案
def make_bq(table_id):

    task = BigQueryOperator(
        task_id='make_bq_'+table_id,
        write_disposition='WRITE_TRUNCATE',
        create_disposition='CREATE_IF_NEEDED',
        destination_dataset_table=
            'learning_ga4.ga4_aggregations.{}${{ ds_nodash}}'.format(table_id),
        sql='./ga4_sql/{}.sql'.format(table_id),
        use_legacy_sql=False,
        dag=dag
    )

    return task

ga_tables = [
 'pageview-aggs',
 'ga4-join-crm',
 'ecom-fields'
]

ga_aggregations = [] # 有助於轉換其他下游資料流
for table in ga_tables:
 task = make_bq(table)
 checked >> task
 ga_aggregations.append(task)


# 產生 DAG 結構
start >> check_table >> checked
```

為 DAG 結構建立節點，需要使用 Airflow 運算子，以預先建立的各項函式來連接各種應用程式，包括 GCP 平台提供的一系列服務，像是 BigQuery、FTP、Kubernetes 叢集等等。

範例 4-11 的節點產生方式如下：

start（開始）

使用 `DummyOperator()` 函式，標示出 DAG 圖的起點。

check_table（檢查資料表）

使用 `BigQueryCheckOperator()` 函式，檢查 GA4 資料表裡是否有該天的資料。若內聯型 SQL 回傳 FALSE，表示檢查失敗，Airflow 會將工作任務視為失敗，每隔十分鐘重新檢查一次，最多重試三次。讀者可以修改為自己需要的表達式。

checked（檢查過的資料）

使用另一個 `DummyOperator()` 函式，標示已經檢查過的資料表。

make_bq 函式

產生或新增的分區資料表名稱跟 task_id 一樣，Airflow 執行的 SQL 檔案名稱也是，可以在 SQL 資料夾「`./ga4_sql/`」下找到這些檔案（跟一起上傳的 DAG 圖一樣），例如：`./ga4_sql/pageview-aggs.sql`。由於工作任務已經函式化，能以更有效率的程式碼來循環處理多個 tableId。

節線部分是透過 Python 的位元運算子處理，寫在追蹤代碼的結尾和迴圈內，例如：`start >> check_table >> checked`。

範例程式碼產生的 DAG 結構如圖 4-8 所示。各位讀者可以拿這個範例作為基礎，擴充自己的工作流程。

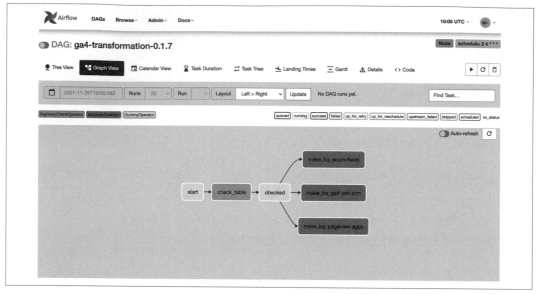

範例 4-8　在 Airflow 使用範例 4-11 的程式碼，產生 DAG 圖；為了擴充更多轉換，可以在資料夾加入更多 SQL 檔案，以及將資料表名稱加入 ga_tables 列表

Airflow/Cloud Composer 的使用訣竅

一般說明文件其實就已經寫得很棒，適合學習 Cloud Composer 的用法，以下是我從資料科學專案使用 Cloud Composer 的經驗中，挑出一些訣竅分享給讀者：

只將 *Airflow* 用於制定排程

工具也要適才適用——Airflow 的角色適合制定排程以及跟資料儲存系統建立連結。我曾經犯過一個錯誤，在排程執行的步驟之間使用 Airflow 提供的 Python 函式庫，希望將資料稍微美化一下，結果反而陷入 Python 相依性地獄，導致所有執行中的工作任務全都受到影響。所以現在我偏好用 Docker 容器來處理任何需要執行的程式碼，而且在我能掌控的環境中改用 GKEPodOperator() 來執行容器中的程式碼。

為 *DAG* 撰寫函式

建立函式來協助我們輸出 DAG，而非每次都要為工作任務重複撰寫程式碼，如此可以讓程式碼更加簡潔。這也表示我們不需要再複製貼上程式碼，就能在迴圈內處理多個 DAG，立即為大量的資料集建立相依性。

使用 *DummyOperator* 進行標示

DAG 看似令人印象深刻但也讓人困惑，所以我們要在線段上加上一些方便的標示，指出哪些地方要停止，以及重新執行發生錯誤問題的 DAG。清除「Data all loaded」（所有資料都已載入）這項標記之後的所有下游工作任務，可以更清楚接下來會發生的事。其他有用的功能還有「Task Groups」（工作任務分組）和「Labels」（標籤），能協助我們顯示詮釋資訊，了解 DAG 整體運行的情況。

將 *SQL* 指令抽離到外部檔案

不需要再為操作人員撰寫大量的 SQL 字串，將所有 SQL 指令集中放到數個 *.sql* 檔案裡，之後只要呼叫保存那個 SQL 指令的檔案，更容易追蹤和維護 SQL 指令的修改情況。

DAG 命名時加入版號

我還發現另一個好用的做法，就是在修改和更新 DAG 時，逐步遞增 DAG 名稱裡的版本號碼。Airflow 在辨識新更新的檔案上速度有點慢，所以在 DAG 名稱加上版號，能確保我們一定會使用到最新的版本。

設定 *Cloud Build* 以部署 *DAG*

每次修改 DAG 都必須上傳程式碼和檔案，這會降低我們的修改意願，因此，如果能設定 Cloud Build 管道，在每次提交到 GitHub 的同時也部署 DAG，能讓我們的工作更加輕鬆。

本節快速帶領讀者瀏覽 Cloud Composer 的幾項功能，但其實還有很多功能等待各位進一步探索，本書推薦讀者前往 Airflow 官網了解更多功能選項。Cloud Composer 算是重量級的排程選項，下一節我們會介紹另外一個比較輕量級的選擇——Google Cloud Scheduler。

Cloud Scheduler

讀者若想找比 Cloud Composer 更輕量的服務，可以使用 Cloud Scheduler，這是一個在雲端環境執行 Cron 作業的服務，可用於觸發 HTTP 端點。有些簡單的工作任務不需要用到 Cloud Composer 來處理複雜的資料流，只要 Cloud Scheduler 就很夠用了。

我是將 Cloud Scheduler 能力定位在 Cloud Composer 和 BigQuery 的查詢排程之間，因為 Cloud Scheduler 不僅能執行 BigQuery 的查詢工作，也能執行 GCP 平台提供的其他服務，非常方便。

為了建立 BigQuery 工作任務，我們還要額外建立 Pub/Sub 主題和雲端函式，所以如果只用 BigQuery 這項工具，當然就不必做這些處理；讀者如果同時還有使用到 GCP 平台上的其他服務，長期來看，將排程工作全部集中到同一個位置會比較方便管理。先前我們在第 120 頁的「Pub/Sub」小節的範例中已經介紹如何設定 Pub/Sub 主題，唯一的差異是透過 Cloud Scheduler，我們可以排定事件來觸發 Pub/Sub 主題。圖 4-9 是取自我自己 GCP 專案底下的畫面，圖中顯示了一些排程範例：

Packagetest-build

每週排程，用於觸發 API 呼叫，執行 Cloud Build。

Slackbot-schedule

每週排程，點擊 HTTP 端點，觸發 Slackbot。

Target_Pub/Sub_scheduler

每日排程，觸發 Pub/Sub 主題。

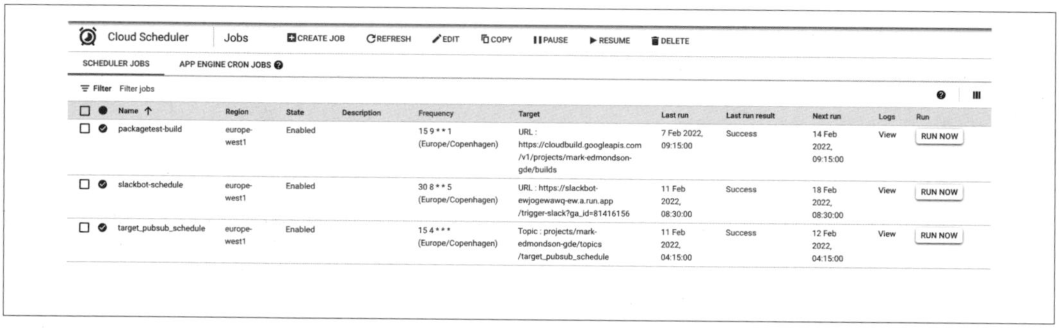

圖 4-9　我在自己的 GCP 專案下，為某些工作任務啟用雲端排程（https://oreil.ly/QGObe）

Cloud Scheduler 還能觸發其他服務，例如：Cloud Run 或 Cloud Build。尤其是 Cloud Scheduler 搭配 Cloud Build 的組合特別強大，下一節「Cloud Build」會介紹這個部分。Cloud Build 可以長時間執行工作任務，讓我們輕鬆建立無形伺服器系統，在 GCP 平台上執行任何工作，所有工作都是由事件驅動，但可以加上一些排程自動執行。

Cloud Build

Cloud Build（*https://cloud.google.com/build*）被公認為資料工作流程方面最強大的工具，可能是我每天使用頻率最高的工具（甚至比 BigQuery 更常用！）。先前在第 99 頁的「搭配 GitHub 設定 Cloud Build 的 CI/CD 流程」小節，探討資料擷取的內容時也有介紹到 Cloud Build，此處會進一步了解詳細用法。

Cloud Build 被歸類為 CI/CD 工具，在現今的資料營運環境中是非常熱門的策略。Cloud Build 要求程式碼不應該在經過長時間開發之後才發布到營運環境，應該要一直發布少量的更新；搭載自動測試和部署功能，所以能快速發現任何錯誤並且回溯到先前的版本。這些做法非常適合應用在一般實務工作上，本書非常鼓勵讀者多多閱讀，了解如何採用這些做法（*https://oreil.ly/AoIZJ*）。回應事件時，若想觸發任何程式碼來進行叢集運算，Cloud Build 也被視為通用的做法；主要用意是針對程式碼提交到 Git 儲存庫（例如：GitHub）的事件，但也能回應其他事件，例如：檔案儲存到 GCS、發送 Pub/Sub 訊息或排程器定期發送「ping」請求給端點。

Cloud Build 的運作方式是讓我們定義一連串的事件，做法跟 Airflow DAG 非常相似但結構更簡單。針對每個步驟定義 Docker 環境，在這個環境下執行程式碼，然後將程式碼的執行結果傳送給後續的步驟或是壓縮存放在 GCS。適用任何 Docker 容器，所以我們能用同一份資料執行眾多不同的程式碼環境，例如：一個步驟是用 Python 程式讀取 API，一個步驟用 R 程式解析資料，再以一個步驟用 Go 程式將結果發送到其他地方。

最初我會導入 Cloud Build 的做法，是因為我想在 GCP 平台上建立 Docker 容器。將 Docker 檔案存放到 GitHub 儲存庫並且提交，觸發一項工作：以無形伺服器的方式建立 Docker 容器，而非在平常使用的電腦上建立。現在我要建立 Docker 容器都只用 Cloud Build，因為在本機建立不僅耗時而且需要大量的硬碟空間。改用雲端建立 Docker 容器之後，我通常會在提交程式碼之後來杯茶，十分鐘後再回來檢查日誌。

Cloud Build 現在不只能建立 Docker 檔案，還能擴大使用 YAML 配置語法（cloudbuild.yaml）和 Buildpacks 技術（一種支援雲端容器的映像檔技術）。大幅延伸了 Cloud Build 的實用性，因為只要透過相同的操作（提交到 Git、Pub/Sub 事件或排程），就能觸發各種好用的工作任務，不只是建立 Docker 容器，還能執行任何我們需要的程式碼。

我從使用 Cloud Build、HTTP Docker、Cloud Run 和 Cloud Scheduler 的經驗中，萃取出其中的精華套用在自己開發的 R 套件「googleCloudRunner」（*https://oreil.ly/ELw9m*），幾乎所有的資料工程任務（包括 GA4 和其他 GCP 平台上的工作）都能以這項工具部署。Cloud Build 使用 Docker 容器來執行所有工作，幾乎任何程式語言 / 程式或應用程式都可以執行，包括 R 語言。R 語言讓我們輕鬆建立和觸發這些構建工作，表示它也能作為介面或是進入其他程式的大門，例如：以 R 程式碼使用 gcloud 指令，觸發 Cloud Build 部署 Cloud Run 應用程式。

設定 Cloud Build 的建構環境

本節簡短介紹一下 Cloud Build 使用的 YAML 檔案，類似範例 4-12 的程式碼。這個範例是說明如何在同一個建構中使用三種不同的 Docker 容器，以同一份資料進行不同的工作任務。

範例 *4-12* 　使用 *cloudbuild.yaml* 檔案產生建構作業，依序發生每個步驟；name 欄位是 *Docker* 映像檔，執行 args 欄位指定的命令。

```
steps:
- name: 'gcr.io/cloud-builders/docker'
  id: Docker Version
  args: ["version"]
- name: 'alpine'
  id: Hello Cloud Build
  args: ["echo", "Hello Cloud Build"]
- name: 'rocker/r-base'
  id: Hello R
  args: ["R", "-e", "paste0('1 + 1 = ', 1+1)"]
```

提交建構作業的方法有：使用 GCP 網頁後台、gcloud、googleCloudRunner 套件或其他 Cloud Build API。以 gcloud 版本提交的指令是：gcloud builds submit --config cloudbuild.yaml --no-source。提交之後，網頁後台會觸發建構作業，可以透過後台的日誌或其他方式監控建構情況，圖 4-10 的範例截圖是 googleCloudRunner 套件檢查建構情況的畫面。

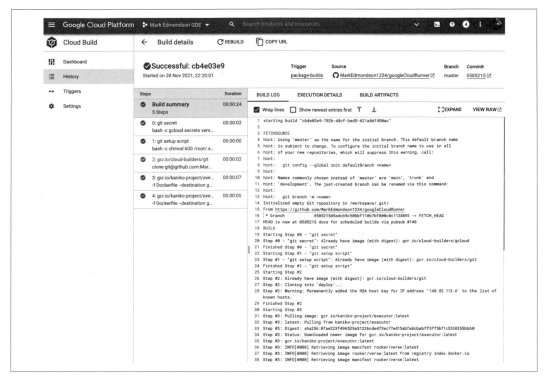

圖 4-10　從 Google Cloud 控制台可以看到 Cloud Build 已經成功完成建構作業

先前第 99 頁的「搭配 GitHub 設定 Cloud Build 的 CI/CD 流程」小節也介紹過如何利用 Cloud Build 部署雲端函式，範例 4-13 就是複製這一節的範例，只需要一個步驟就能部署範例 3-9 的雲端函式。

範例 4-13　Cloud Build 的 YAML 格式，用於部署範例 3-9 的雲端函式

```
steps:
- name: gcr.io/cloud-builders/gcloud
  args: ['functions',
        'deploy',
        'gcs_to_bq',
        '--runtime=python39',
        '--region=europe-west1',
        '--trigger-resource=marks-crm-imports-2021',
        '--trigger-event=google.storage.object.finalize']
```

雖然可以手動觸發建構程序，但我們通常會希望將這個程序變成自動化流程，從而開始擁抱 CI 哲學。針對這個目的，我們要利用 Cloud Build 觸發器。

設定 Cloud Build 觸發器

設定觸發器的作用是決定何時要觸發 Cloud Build。我們可以設定 Cloud Build 觸發器來回應 GitHub 推送過來的程式碼、Pub/Sub 事件，或是只有從後台手動觸發才能回應的 Webhook 事件。在 Cloud Build 設定觸發器時，可以在外部檔案指定建構作業的程序，或是將建構作業的程序內嵌在介面裡。先前在第 99 頁的「GitHub 與 Cloud Build 的串接設定」小節已經介紹過如何設定 Cloud Build 觸發器，詳細設定方式請參見該節的內容。

到此介紹的是 Cloud Build 的一般用法，現在我們要移動到特別的應用範例：以 Cloud Build 搭配 GA4。

Cloud Build 搭配 GA4 應用

我通常是利用 Cloud Build 部署所有用來處理 GA4 資料的程式碼，因為 Cloud Build 有連結 GitHub 儲存庫，所以 GA4 介面沒有用到的程式碼，都會放在儲存庫裡。還包括透過 Cloud Build 的各種功能步驟，呼叫 gcloud 命令、我自己撰寫的 R 函式庫或其他工具，部署 Airflow DAG、雲端函式、BigQuery 資料表等等。

GA4 以標準方式將資料匯出到 BigQuery 之後，Cloud Logging 會產生日誌項目，表示這些 BigQuery 資料表已經準備就緒，後續可以用來產生 Pub/Sub 訊息。這會觸發事件驅動資料流，例如：呼叫 Airflow DAG、執行 SQL 查詢或其他操作。

接下來要介紹的範例是只要 GA4 資料成功匯出給 BigQuery，就會觸發 Pub/Sub 主題，然後執行我們建立的 Cloud Build。在本章第 121 頁的「根據 GA4 匯出資料給 BigQuery 的日誌，設定 Pub/Sub 主題」小節的範例中，我們建立了名稱為「ga4-bigquery」的 Pub/Sub 主題，每次 GA4 資料匯出完成後就會觸發這個主題，現在我們要透過 Cloud Build 來使用這個訊息。

建立 Cloud Build 觸發器，回應 Pub/Sub 訊息，請參見圖 4-11 所示的範例截圖。這個範例會從 GitHub 儲存庫 code-examples 讀取 *cloudbuild.yml* 檔案，這個儲存庫包含 BigQuery Export 功能當天要執行的工作。

Source: ⬡ MarkEdmondson1234/code-examples ↗   View triggered builds

Name *
ga4-bigquery-build-trigger

Must be unique within the project

Description

Tags   ❓

Event

Repository event that invokes trigger

○ Push to a branch

○ Push new tag

○ Pull request
  Not available for Cloud Source Repositories

Or in response to

○ Manual invocation

◉ Pub/Sub message

○ Webhook event

Subscription

Select the Pub/Sub topic that you would like to subscribe to as the trigger event. The trigger invokes once per message received via the subscription.

Select a Cloud Pub/Sub topic *
projects/mark-edmondson-gde/topics/ga4-bigquery   ▼

Source

Repository *
MarkEdmondson1234/code-examples (GitHub App)   ▼

Select the repository to clone and build when the trigger is invoked

Revision

◉ Branch

○ Tag

Branch name *
main

To clone when trigger is invoked. Regular expressions not accepted

Configuration

Type

◉ Cloud Build configuration file (YAML or JSON)

○ Dockerfile

圖 4-11　設定 Cloud Build 觸發器，當 GA4 給 BigQuery 的資料匯出完成後，就會觸發建構程序

現在我們需要準備一個建構程序，當 Cloud Build 觸發器接收到 Pub/Sub 訊息，就會觸發這個建構程序。此處會調整範例 4-10 的程式碼，然後存放到另一個 SQL 檔案裡，這個檔案會提交到 GitHub 來源，Cloud Build 會先複製檔案再執行。將檔案提交到 GitHub，更容易調整 SQL 程式碼。

範例 4-14　當 *Cloud Build* 觸發器接收到 *Pub/Sub* 事件，表示 *GA4* 給 *BigQuery* 的資料匯出完成，觸發器會執行建構程序；範例 *4-10* 的 *SQL* 指令會單獨上傳到另一個檔案裡，檔案名稱是 *ga4-agg.sql*

```
steps:
- name: 'gcr.io/cloud-builders/gcloud'
  entrypoint: 'bash'
  dir: 'your/dir/on/Git'
  args: ['-c',
      'bq --location=eu \
      --project_id=$PROJECT_ID query \
      --use_legacy_sql=false \ --destination_table=tidydata.ga4_pageviews \
      < ./ga4-agg.sql']
```

為了成功執行範例 4-14，我們必須調整使用者權限，授權使用者執行查詢，此處的使用者不是指我們自己，而是代替我們完成工作的 Cloud Build 服務代理帳號。讀者可以在 Cloud Build 設定或是在 Google 控制台找到這個服務使用者，這個使用者帳號會在 Cloud Build 執行我們指定的命令，帳號格式類似 123456789@cloudbuild. gserviceaccount.com。讀者可以直接使用 Cloud Build 設定的帳號，或是自訂服務帳號，然後授權這個帳號可以使用 Cloud Build。還必須為這個使用者賦予 BigQuery Admin（管理者）的身分，如此才能執行查詢和其他 BigQuery 工作任務，例如：產生後續想要使用的資料表，請參見圖 4-12。

讀者會需要針對自身的使用案例調整 SQL 程式碼，可能要在這個步驟完成之後，增加更多的步驟來處理資料。由此可見 Cloud Build 的功能角色類似 Cloud Composer，不過，是簡化過的版本。相較於 BigQuery，Cloud Build 的排程查詢功能更為通用，雖然功能不像 Cloud Composer 那麼豐富，但使用成本也沒那麼昂貴，所以如果讀者只需要為簡單的工作任務進行排程或是以事件驅動這些任務，Cloud Build 是值得放進工具箱裡的便利工具。

圖 4-12　為 Cloud Build 使用的服務帳號增加權限，以執行 BigQuery 工作任務

Cloud Build 整合 CI/CD

Cloud Build 支援多種觸發方式，包括透過排程、手動呼叫和事件。Cloud Build 支援的事件包含 Pub/Sub 和 GitHub 程式碼提交，這些對 CI/CD 工具來說非常關鍵。一般而言，撰寫程式碼時採用版本控制（例如：Git）是很好的想法，我個人是使用 GitHub，這是時下最熱門的版本。透過版本控制將所有操作記錄下來，之後若有需要就能無限復原，回溯之前做的修改；程式碼建構成功和失敗之間，有時就是差在一個「.」放錯位置，這是非常值得大家使用的功能！

使用 Git 控管程式碼版本之後，還可以用在其他目的，例如：每次向版本控制系統提交程式碼之後會觸發構建程序，用於檢查（測試）程式碼，確定我們撰寫的程式碼有符合風格指南（例如：linting）；或是觸發我們建立的程式碼，實際建構產品。

Cloud Build 是使用 Docker 容器來支援任何程式語言的程式碼，控制每個步驟需要的運行環境。Cloud Build 的另一個特色功能是在配置 BigQuery 任務時，只要透過 gcloud auth 命令就能輕鬆驗證使用 Google Cloud 服務的權限。gcloud 命令不僅能用來部署服務，也能在 Cloud Build 使用，完成自動化部署。此外，Cloud Build 執行的所有工作都是根據我們提交給 Git 儲存庫的程式碼，所以能完全清楚構建過程中何時進行到哪個步驟。

如同範例 4-11 所示，我們可以將 DAG 部署到 Airflow。在一般情況下，部署 DAG 時必須將 Python 檔案複製到 Cloud Composer 環境底下的特定資料夾，不過，如果改用 Cloud Build，就可以使用 GCS 命令列工具 gsutil 完成這個步驟。進而提高開發速度，讓我們有更多時間專注在重要的工作任務上。範例 4-15 是觸發器需要的 cloudbuild 檔案。

範例 4-15　利用 *Cloud Build*，可以直接從 *Git* 儲存庫，將 *python* 語言撰寫的 *DAG* 部署到 *Airflow/Cloud Composer*；範例中的替代變數「$_AIRFLOW_BUCKET」要改成讀者設定的安裝位置，此處假設「.sql」檔案都放在同一個位置——名稱為 *sql* 的資料夾

```
steps:
- name: gcr.io/google.com/cloudsdktool/cloud-sdk:alpine
  id: deploy dag
  entrypoint: 'gsutil'
  args: ['mv',
      'dags/ga4-aggregation.py',
      '$_AIRFLOW_BUCKET/dags/ga4-aggregation.py']
- name: gcr.io/google.com/cloudsdktool/cloud-sdk:alpine
  id: remove old SQL
  entrypoint: 'gsutil'
  args: ['rm',
      '-R',
      '${_AIRFLOW_BUCKET}/dags/sql']
- name: gcr.io/google.com/cloudsdktool/cloud-sdk:alpine
  entrypoint: 'gsutil'
  id: add new SQL
  args: ['cp',
      '-R',
      'dags/sql',
      '${_AIRFLOW_BUCKET}/dags/sql']
```

類似先前所介紹的 Cloud Composer 範例，Cloud Build 也能用於部署所有其他的 GCP 服務。我們再次使用範例 3-15 的做法來部署雲端函式，不過，任何服務使用 gcloud 命令都能自動部署。

定期批次處理資料的服務，通常是所有資料應用程式的核心，包括那些有用到 GA4 的應用程式。本節帶讀者瀏覽了一些選項，檢視排程工作時可以考慮這些工具，包括 BigQuery 的排定查詢功能、Cloud Scheduler、Cloud Build 和 Cloud Composer/Airflow。每項工具的優缺點說明如下：

BigQuery 的排定查詢功能

雖然容易設定但缺乏權責，而且只能在 BigQuery 使用。

Cloud Scheduler

適用所有服務，可是一旦擁有複雜的相依性，就會開始變得難以維護。

Cloud Build

我通常比較愛用這項工具，可以由事件或排程觸發，但工作流程不支援補充作業和重試。

Cloud Composer

這項排程工具的功能包山包海，不僅提供補充作業、支援複雜的工作流程，也支援重試功能和服務水準協議（service level agreement，簡稱 SLA），但使用成本最昂貴而且複雜。

希望本節提供的一些想法，能幫助讀者選擇出適合自身使用案例的工具。下一節會看更即時的資料流，介紹讀者需要立即處理資料時，能派上用場的工具。

串流資料

對某些工作流來說，批次排程可能無法滿足需求。例如：若工作流需要在 30 分鐘內即時反應資料更新，可能就要考慮選擇資料串流。目前有好幾種解決方案的功能和組成都很類似，但即時資料串流會產生更高的成本和複雜性，選擇方案時必須考慮這些因素。

使用 Pub/Sub 處理串流資料

本書截至目前為止的 Pub/Sub 範例都只用於處理相當少量的資料，通知有事件發生而已。然而，Pub/Sub 的主要用途是處理大量的資料串流，這才是這項工具真正的亮點。Pub/Sub 採用的傳輸系統保證每則訊息至少會傳送一次，這表示就算我們處理的資料量屬於 TB 等級，也能建立可靠的資料流。事實上，建構 Google Search（Google 搜尋）的搜尋引擎機器人「Googlebot」也是在類似的基礎設施上執行，定期下載整個網際網路，這樣讀者就知道 Pub/Sub 能擴展到多大的服務規模了吧！

GCP 平台支援串流資料時，主要是以 Pub/Sub 作為平台上其他服務的進入點，因此，其他串流系統（例如：Kafka 或其他內部系統）會先將資料發送到 Pub/Sub。為即時擷取資料設定環境時，內部的應用程式開發人員通常會先設定資料流，再將資料流交給 GCP 平台的服務處理。我通常是在此處介入，工作職責是協助客戶定義發送到 Pub/Sub 主題的資料架構，以及後續的串流資料。

資料進入 Pub/Sub 主題之後，會以現有的解決方案將串流資料傳送到幾個熱門的目的地，例如：Cloud Storage 和 BigQuery，這些都是由 Apache Beam 或 Dataflow（Google 代管服務）提供的服務。

Apache Beam/DataFlow

在 GCP 平台上處理串流資料，Dataflow 是不可或缺的服務，用於執行 Apache Beam 撰寫的工作。Dataflow 最初是由 Google 開發的資料處理函式庫，但已經轉為開放原始碼專案，現在是和其他雲端平台共用的標準函式庫。

Apache Beam 的運作環境是建立虛擬機器（virtual machine，簡稱 VM），在上面安裝 Apache Beam SDK，設定為只要有資料封包進入就會執行程式碼來操作封包內的資料。內建自動擴展規模的功能，如果機器資源開始吃緊（也就是到達 CPU 和／或記憶體的臨界值），就會啟用其他機器，將部分流量導向該機器。Apache Beam 的成本取決於我們發送的資料量，至少需要一台虛擬機。

Apache Beam 內建的樣板能協助我們加快處理一些常見的資料工作，例如：無須撰寫任何程式碼，就能將串流資料從 Pub/Sub 傳送到 BigQuery，請參見圖 4-13 的範例截圖。

如果要使用 Apache Beam 樣板，必須先建立 Bucket 空間和 BigQuery 資料表來接收 Pub/Sub 訊息；BigQuery 資料表必須設定正確的架構，跟 Pub/Sub 資料架構一致。

Create Dataflow job

Job name *
```
ps-to-bq-gtm-ss-ga4
```
Must be unique among running jobs

Regional endpoint *
```
europe-north1 (Finland)                              ▼   ❓
```
Choose a Dataflow regional endpoint to deploy worker instances and store job metadata. You can optionally deploy worker instances to any available Google Cloud region or zone by using the worker region or worker zone parameters. Job metadata is always stored in the Dataflow regional endpoint. Learn more

Dataflow template *
```
Pub/Sub Topic to BigQuery                            ▼   ❓
```

Streaming pipeline. Ingests JSON-encoded messages from a Pub/Sub topic, transforms them using a JavaScript user-defined function (UDF), and writes them to a pre-existing BigQuery table as BigQuery elements.

Required parameters

Input Pub/Sub topic *
```
projects/learning-ga4/topics/gtm-ss-ga4
```
The Pub/Sub topic to read the input from. Ex: projects/your-project-id/topics/your-topic-name

BigQuery output table *
```
learning-ga4:pubsub_dataflow.gtm-ss-ga4
```
The location of the BigQuery table to write the output to. If you reuse an existing table, it will be overwritten. The table's schema must match the input JSON objects. Ex: your-project:your-dataset.your-table

Temporary location *
```
gs://learning-ga4-bucket/temp
```
Path and filename prefix for writing temporary files. E.g.: gs://your-bucket/temp

Encryption

◉ Google-managed encryption key
   No configuration required

○ Customer-managed encryption key (CMEK)
   Manage via Google Cloud Key Management Service

JavaScript UDF path in Cloud Storage
```
gs://learning-ga4-bucket/dataflow-udf/dataflow-udf-ga4.js
```
The Cloud Storage path pattern for the JavaScript code containing your user-defined functions. Ex: gs://your-bucket/your-transforms/*.js

JavaScript UDF name
```
transform
```
The name of the function to call from your JavaScript file. Use only letters, digits, and underscores. Ex: transform_udf1

```
Table for messages failed to reach the output table(aka. Deadletter table)
```
Messages failed to reach the output table for all kind of reasons (e.g., mismatched

圖 4-13　在 Google Cloud 控制台，利用預先定義的樣板設定 Dataflow 工作，將 Pub/Sub 主題的資料傳送到 BigQuery

以我個人的情況為例，我從自己的部落格取得 GA4 事件之後，會透過 GTM SS，以串流方式將事件資料傳送到 Pub/Sub（請參見第 240 頁的「利用 GTM SS 將 GA4 事件串流發送到 Pub/Sub」小節的說明）。在預設情況下，Pub/Sub 收到串流傳輸的事件資料後，會嘗試將資料中的每個欄位寫入 BigQuery 資料表，事件資料的架構必須跟 BigQuery 完全一樣才能成功寫入。若 Pub/Sub 寫入的資料包含 BigQuery 不支援的欄位，就會發生問題，請見範例 4-16，部分欄位帶有連字號（-）。

範例 4-16　從 GTM SS 發送到 Pub/Sub 的 GA4 追蹤代碼，使用 JSON 格式，其中某些欄位開頭是 x-ga

```
{"x-ga-protocol_version":"2",
 "x-ga-measurement_id":"G-43MXXXX",
 "x-ga-gtm_version":"2reba1",
 "x-ga-page_id":1015778133,
 "screen_resolution":"1536x864",
 "language":"ru-ru",
 "client_id":"68920138.12345678",
 "x-ga-request_count":1,
 "page_location":"https://code.markedmondson.me/data-privacy-gtm/",
 "page_referrer":"https://www.google.com/",
 "page_title":"Data Privacy Engineering with Google Tag Manager Server Side and ...",
 "ga_session_id":"12343456",
 "ga_session_number":1,
 "x-ga-mp2-seg":"0",
 "event_name":"page_view",
 "x-ga-system_properties":{"fv":"2","ss":"1"},
 "debug_mode":"true",
 "ip_override":"78.140.192.76",
 "user_agent":"Mozilla/5.0 (Windows NT 10.0; Win64; x64) AppleWebKit/537.36 ...",
 "x-ga-gcs-origin":"not-specified",
 "user_id":"123445678"}
```

為了滿足自訂需求，我們可以提供轉換函式，在串流資料傳送到 BigQuery 之前，先將串流資料的內容修改為符合 BigQuery 架構。例如：我們可以篩選出開頭是 x-ga 的欄位。

範例 4-17 是在 Dataflow 定義的使用者自訂函式（user-defined function，簡稱 UDF），用於篩選事件資料，將範本資料中其餘有效資料傳送到 BigQuery；UDF 函式必須先上傳到 Bucket 空間，提供給 Dataflow 工作人員下載使用。

範例 *4-17* 　在 *Dataflow* 定義的使用者自訂函式，用於篩選 *Pub/Sub* 主題中開頭是
　　　　　x-ga 的欄位，其餘欄位則可以寫入 *BigQuery*

```
/**
 * 轉換函式：篩選出開頭是 x-ga 的欄位
 * @param {string} inJSON
 * @return {string} outJSON
 */
function transform(inJSON) {
 var obj = JSON.parse(inJSON);
 var keys = Object.keys(obj);
 var outJSON = {};

 // 開頭是 x-ga 的欄位不要輸出鍵值
 var outJSON = keys.filter(function(key) {
   return !key.startsWith('x-ga');
 }).reduce(function(acc, key) {
   acc[key] = obj[key];
   return acc;
 }, {});

 return JSON.stringify(outJSON);
}
```

Dataflow 的工作設定完成後會產生 DAG 圖，跟 Cloud Composer/Airflow 產生的非常類
似，差異在於 Dataflow 系統是即時處理事件資料流，而非批次處理。圖 4-14 顯示我們
應該會在網頁後台看到的 Dataflow 工作。

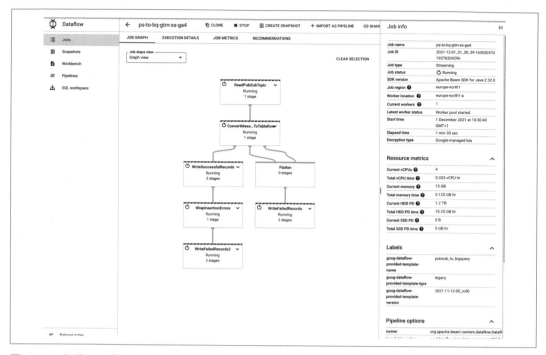

圖 4-14　啟動一項會持續執行的工作，將 Pub/Sub 訊息即時匯入 BigQuery

Dataflow 的成本

基於 Dataflow 的運作方式，讀者必須慎防啟用過多的虛擬機，萬一發生錯誤，會發送大量的命中資料給管道，很快就會累積昂貴的費用。了解工作負載的情況之後，聰明的做法是針對資料處理的高峰，設定虛擬機器的上限，萬一真的發生意外情況，也不至於讓成本失控。即使有這些預防措施，這項解決方案的成本仍舊會高於批次工作流程，預計每天的成本會落在 10 到 30 美元，或是每個月 300 到 900 美元的範圍內。

BigQuery 的資料架構必須符合 Pub/Sub 設定的架構，所以我們必須建立符合這項條件的資料表，圖 4-15 中的資料表設定是根據時間分區。

gtm-ss-ga4

Field name	Type	Mode	Policy tags
event_name	STRING	NULLABLE	
engagement_time_msec	INTEGER	NULLABLE	
debug_mode	STRING	NULLABLE	
author	STRING	NULLABLE	
category	STRING	NULLABLE	
published	STRING	NULLABLE	
words	STRING	NULLABLE	
read_time	STRING	NULLABLE	
screen_resolution	STRING	NULLABLE	
language	STRING	NULLABLE	
client_id	STRING	NULLABLE	
page_location	STRING	NULLABLE	
page_referrer	STRING	NULLABLE	
page_title	STRING	NULLABLE	
ga_session_id	STRING	NULLABLE	
ga_session_number	INTEGER	NULLABLE	
user_id	STRING	NULLABLE	
ip_override	STRING	NULLABLE	
user_agent	STRING	NULLABLE	

圖 4-15　BigQuery 資料架構，用於接收 Pub/Sub 發送的 JSON 格式資料

如果 Dataflow 工作在執行過程中發生任何錯誤，就會以串流傳輸方式將原始資料傳送到另一個資料表（位於同一個資料集內），讓我們進行檢查和修正，如圖 4-16 所示。

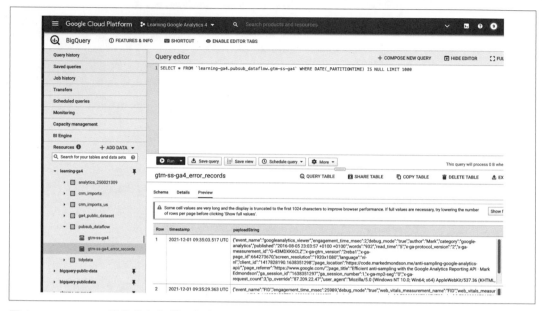

圖 4-16　Dataflow 發生的任何錯誤都會出現在 BigQuery 資料表裡，我們可以從中檢查工作負載

若一切進行順利，讀者應該會看到 BigQuery 開始出現 Pub/Sub 資料，如果看到類似圖 4-17 的畫面，請給自己一點掌聲。

利用 GA4 原生的 BigQuery Export 功能，我們現在已經能使用免費的標準功能將資料匯入 BigQuery，其他使用案例也能採用這項流程，將資料匯入不同的端點或是進行不同的轉換。例如：我們只要修改部分 GA4 事件中的命中資料，就能提高隱私意識；或是透過其他即時串流傳輸產品的詮釋資料，以豐富 GA4 事件的資料內容。

注意：Dataflow 運行虛擬機是以資料流計費，如果不需要，記得要關閉這個服務。如果資料量沒有大到需要負擔這樣的費用，還可以改用 Cloud Functions，一樣可以透過串流傳輸資料。

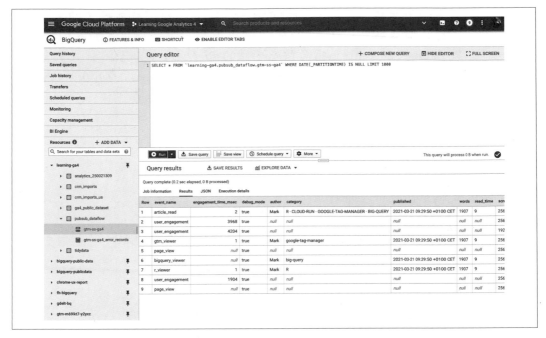

圖 4-17　成功以串流傳輸方式，將 GA4 資料匯入 GTM SS，再經由 Pub/Sub 到 BigQuery

透過 Cloud Functions 使用串流

如果資料量在 Cloud Functions 的使用額度內，Pub/Sub 主題也能設定成使用 Cloud Functions，以串流傳輸方式，將資料發送到不同位置。範例 4-5 示範的一些程式碼，不僅能處理零星的事件（例如：BigQuery 資料流），也適用頻率更高的資料串流；雲端函式能根據需求動態調整規模，例如：每次呼叫 Pub/Sub 事件，就會產生一個雲端函式實體，跟其他函式平行執行。

第一代 Cloud Functions 的限制包括：單次執行函式的最大時間只有 540 秒（9 分鐘），同時呼叫的所有函式的總執行時間上限為 3,000 秒；例如：假設某個函式的執行時間要花 100，則一次最多可以呼叫 30 個函式。也就是說，我們應該要讓雲端函式盡可能輕量和高效。

範例 4-18 示範的雲端函式應該已經夠小，每秒能處理約 300 個請求。這個函式接收 Pub/Sub 訊息之後，會將訊息存成字串，連同時間戳記一起加到 BigQuery 的原始資料欄。讀者可以根據需求修改程式碼，解析出更特定的架構，或是使用 BigQuery SQL 指令來處理原始的 JSON 字串，整理成更乾淨俐落的資料。

範例 *4-18* 　讀者如果想建立更客製化的資料表，請修改以下程式碼中的變數 pb
　　　　　（資料型態為 *dict*），從 *JSON* 字串中解析出更多欄位。加入環境引
　　　　　數 dataset 和 table，指向預先建立的 *BigQuery* 資料表。程式碼靈感
　　　　　來自 *Milosevic* 在 *Medium* 平台上的貼文（*https://oreil.ly/Zuy4u*），內容
　　　　　是關於如何將 *Pub/Sub* 資料複製到 *BigQuery*。

```python
# python 3.7
# pip google-cloud-bigquery==2.23.2
from google.cloud import bigquery
import base64, JSON, sys, os, time

def Pub/Sub_to_bigq(event, context):
  Pub/Sub_message = base64.b64decode(event['data']).decode('utf-8')
  print(Pub/Sub_message)
  pb = JSON.loads(Pub/Sub_message)
  raw = JSON.dumps(pb)

  pb['timestamp'] = time.time()
  pb['raw'] = raw
  to_bigquery(os.getenv['dataset'], os.getenv['table'], pb)

def to_bigquery(dataset, table, document):
  bigquery_client = bigquery.Client()
  dataset_ref = bigquery_client.dataset(dataset)
  table_ref = dataset_ref.table(table)
  table = bigquery_client.get_table(table_ref)
  errors = bigquery_client.insert_rows(table, [document], ignore_unknown_values=True)
  if errors != [] :
   print(errors, file=sys.stderr)
```

範例中的函式以環境引數指定資料的位置，如圖 4-18 所示，所以能針對不同的串流，部
署多個函式。

這個預先建立的 BigQuery 資料表只有兩個欄位：raw 和 timestamp；前者內含 JSON 字
串，後者則是在雲端函式執行時產生。利用 BigQuery SQL 指令搭配 JSON 函式（*https://
oreil.ly/AXxOL*），解析原始的 JSON 字串，請參見範例 4-19 的程式碼。

圖 4-18　設定雲端函式（範例 4-18）要用的環境引數

範例 4-19　*BigQuery SQL 指令，用於解析原始的 JSON 字串*

```
SELECT
  JSON_VALUE(raw, "$.event_name") AS event_name,
  JSON_VALUE(raw, "$.client_id") AS client_id,
  JSON_VALUE(raw, "$.page_location") AS page_location,
  timestamp,
  raw
FROM
  `learning-ga4.ga4_Pub/Sub_cf.ga4_Pub/Sub`
```

```
WHERE
  DATE(_PARTITIONTIME) IS NULL
LIMIT
  1000
```

範例 4-19 的程式碼執行結果，如圖 4-19 所示，後續可以利用排程或 BigQuery 檢視表來設定這個 BigQuery SQL 指令。

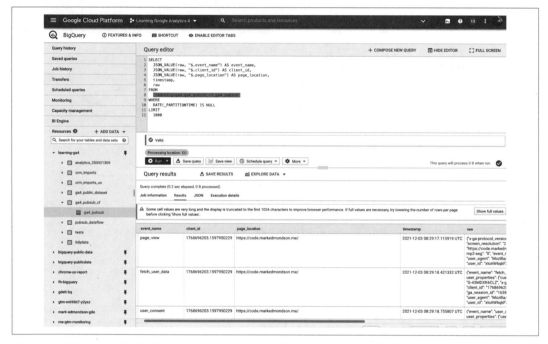

圖 4-19　原始資料表是透過 GTM SS 接收 GA4 發送出來的 Pub/Sub 串流資料，再利用 BigQuery 函式（例如：`JSON_VALUE()`）解析資料表的 JSON 字串

串流傳輸資料服務的做法，為 GA4 的配置環境提供了最靈活且現代的資料堆疊，但相對也帶來財務和技術方面的成本，因此，需要有一個很棒的商業案例來證明投入成本的合理性。然而，讀者如果手上剛好有這樣的案例，採用這些工具應該可以幫助你快速啟動和執行一個應用程式，這在十年前很難實現。

當我們想為個別使用者量身訂做個人化體驗時，像 GA4 這樣的數位分析資料串流通常是最有用的工具，但是當我們使用的資料牽涉到個人時，就必須格外注意法律和道德方面可能會帶來什麼後果，下一節會深入探討這個主題。

保護使用者隱私

第 43 頁的「使用者隱私」小節已經大致介紹過使用者隱私方面的幾個議題，本節會更深入探討，並且提供一些技術資源。

現今這個資料掛帥的時代，不只是使用資料的人，連同提供資料的人本身也已經意識到資料的價值。如果未經許可就蒐集個人資料，現在可是會被視為不道德的偷竊行為，因此，若想成為永續經營的企業，獲得使用者的信任變得越來越重要。最令人值得信賴的品牌，清楚知道自己正在蒐集什麼資料以及如何使用資料，讓使用者輕易存取自己的資料，在知情的狀況下做出選擇，而且有權收回自己的資料和資料使用權限。隨著資料道德面不斷進展，各地區的法律也開始越趨嚴格，逐漸提高影響力，如果沒有遵守相關法規，可能會被處以巨額罰款。

當我們儲存的資料能回追到個人，就有責任保護個人資料免於遭到公司內部濫用，以及外部行為者嘗試惡意竊取個資。

本節會將焦點放在設計資料儲存模式，協助讀者簡化處理資料隱私的流程。某些發生違反規範的情況並非有意，而是肇因自設計不良的系統，這是我們想要避免的情況。

設計資料隱私

要避免發生資料隱私問題，最簡單的做法就是不要儲存個人資料。除非對個人資料有特殊需求，否則最簡單的控制方法是在蒐集資料的當下就移除個資，或是在資料進入儲存空間之前就先刪除這類相關資料。這聽起來很草率，但確實需要特別聲明這一點，因為很多公司只是在無意間蒐集到個資，真的完全沒有思考到後果，其實是相當常見的情況。舉一個網頁分析時發生的典型案例，就是不小心將網頁表單網址或是搜尋框內的使用者電子郵件儲存下來。即使我們不是故意的，這仍然違反了 Google Analytics 的服務條款，致使 GA 帳號有被關閉的風險。因此，在蒐集到資料的當下就清理一些資料，能幫助我們保持資料乾淨俐落。

如果讀者確實需要某種程度的個人化，也不需要蒐集一些會造成隱私風險的資料。此時就輪到偽匿名資料登場，這是蒐集資料時的預設做法，包括 GA4 在內。此處會指定偽匿名 ID 給使用者，會共享 ID 而非使用者的個人資料。例如：假設我們要從隨機 ID 或使用者的電話號碼之間，擇一作為使用者 ID，若攻擊者拿到意外洩露的隨機 ID，其實發揮不了作用，除非他們能存取系統，將隨機 ID 映射到其他個人資訊。如果不小心洩露的 ID 其實是個人的電話號碼，這就是攻擊者能立即使用的資料。

使用偽匿名資料是妥善保護使用者個人資料的第一道防線。再次強調，切勿使用電子郵件或電話號碼作為 ID，因為這樣會遭遇隱私外洩的問題，曾經發生這類問題的公司都有被罰款。

偽匿名 ID 可能就已經能滿足使用案例的所有需求，以 GA4 為例，其系統預設蒐集的資料就屬於這個層級。唯有當我們開始將這個 ID 與個人資訊建立連結（例如：將 GA4 的 `client_id` 連結使用者的電子郵件位址），才需要開始思考更嚴格的隱私考量。通常是發生在偽匿名 ID 連結到後端系統（像是 CRM 資料庫）。

如果我們的使用案例必須用到個人資料、電子郵件、使用者名字或其他隱私相關資料，就要遵守一些隱私法規提倡的原則，例如：歐盟的《GDPR》規範。以下這些步驟是讓我們在保護使用者尊嚴的同時，還是能利用資料產生一些商業影響力：

以最少數量的位置來存放個人資料（*PII 資料*）

盡可能以最少數量的資料庫來存放個人資料，透過偽匿名 ID（資料表的鍵值）跟其他系統進行合併或建立連結。依照這樣的做法，如果需要刪除或取出個人資料，應該只要看一個地方，也不需要從後續才複製或合併的地方刪除資料。這一點補充了我們接著要談的使用者資料加密，因為我們只需要對使用者資料庫執行這項操作。

加密使用者資料：在 *hash* 內容裡加入「鹽值」和「胡椒值」

雜湊流程是一種單向加密資料的方法，所以在不知道加密用了什麼「成分」的情況下，就無法重新產生原始資料，例如：以時下最熱門的雜湊演算法 sha256 加密「Mark Edmondson」，則「hash」值為：

```
3e7e793f2b41a8f9c703898c5c0d4e08ab2f22aa1603f8d0f6e4872a8f542335
```

不過，這個「hash」值永遠不變，而且應該是全域唯一，所以能用來作為可靠的金鑰。在 hash 內容加入「鹽值」和「胡椒值」，表示我們還可以在資料裡多加一個獨特的關鍵字，提高資料加密的安全性，以防日後萬一某個人破解雜湊演算法或是獲得相同的雜湊值而得以建立連結。例如：假設我以「baboons」作為「鹽值」，然後加在資料「Mark Edmondson」的前面，變成「baboonsMark Edmondson」，則「hash」值為：

```
a776b81a2a6b1c2fc787ea0a21932047b080b1f08e7bc6d6a2ccd1fb6443df48
```

上面這個「hash」值已經跟前者完全不同。「鹽值」可以放在全域，或是跟使用者一起儲存，讓每個使用者的鹽值都具有唯一性。在「hash」值加入「胡椒值」或「密鹽值」，兩者是類似的概念，不過，這次關鍵字和要加密的資料沒有存放在一起，而是放在另一個安全的位置。現在我們將資料放在兩個不同的位置，可以防止資料庫外洩可能造成的危害。

在此處範例中，我們從另一個位置取得的「胡椒值」是「averylongSECRETthatnoonecanknow?」，最後的 hash 內容是「baboonsMark EdmondsonaverylongSECRETthatnoonecanknow?」，所以最終產生的「hash」值為：

```
c9299fe251319ffa7ec66137acfe81c75ee115ceaa89b3e74b521a0b5e12d138
```

即使是動機不良的駭客，應該也很難以這個 hash 值重新辨識出使用者。

對個人資料設定資料到期時間

有時我們也沒有選擇的餘地，只能複製個人資料，例如：當我們需要從不同的雲端平台或系統匯入資料。遇到這樣的情況，我們可以針對所有的隱私保護措施，將資料來源指定為真實狀態來源，對於任何從這個來源複製過來的資料，強制設定資料到期日。通常會設定為 30 天，也就是說至少要每隔 30 天匯入一次完整的資料（甚至有可能要每天匯入），所以資料量會隨之增加。讀者應該牢記一點，當我們更新主資料庫的使用者權限和資料值，任何資料副本的時效性都很短暫，而且一旦停止匯入資料，就不能再繼續出現在資料庫裡。

加入隱私原則確實會為我們增加額外的工作，但回報給我們的是心靈上的平靜，還有對自己系統的信心，這是我們能傳達給顧客的理念。本章先前已經介紹過一些儲存系統，下一節的範例會示範如何設定上述最後一點提到的資料到期日。

在 BigQuery 設定資料到期日

設定資料集、資料表和 Bucket 空間的同時，還可以為進來的資料設定資料到期日。先前第三章已經介紹過如何設定 GCS，請參見第 85 頁的「Google Cloud Storage」小節的說明。

BigQuery 是在資料集層級設定到期日，所以會影響資料集內的所有資料表，請見圖 4-20 所示的測試範例資料集。

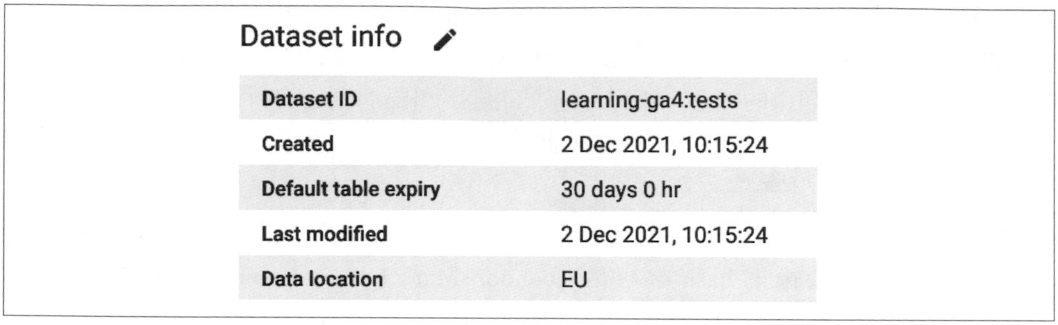

Dataset info

Dataset ID	learning-ga4:tests
Created	2 Dec 2021, 10:15:24
Default table expiry	30 days 0 hr
Last modified	2 Dec 2021, 10:15:24
Data location	EU

圖 4-20　建立資料集的同時，可以為資料表設定到期時間

BigQuery 分區資料表設定到期日的做法有些不同，因為資料表一定會存在，我們希望是各個分區本身的資料會隨著時間陸續到期，只留下時間最近的資料。因此，此處的做法是呼叫 gcloud 或使用 BigQuery SQL 指令，改變資料表屬性，請參見範例 4-20。

範例 4-20　為 BigQuery 分區資料表中的分區資料設定到期日

透過本機的 Bash 程式後台或雲端後台，執行 gcloud 指令：

```
bq update --time_partitioning_field=event_date \
  --time_partitioning_expiration 604800 [PROJECT-ID]:[DATASET].partitioned_table
```

或是透過 BigQuery DML：

```
ALTER TABLE `project-name`.dataset_name.table_name
SET OPTIONS (partition_expiration_days=7);
```

下一節會介紹如何為被動資料設定到期日，透過資料遺失防護 API，主動掃描隱私行為資料。

資料遺失防護 API

資料遺失防護（Data Loss Prevention，簡稱 DLP）API 是用於自動偵測和遮蓋敏感性資料（例如：電子郵件、手機號碼和信用卡卡號），可以在 Cloud Storage 或 BigQuery 呼叫和執行資料遺失防護 API。

讀者若需要處理大量串流資料，還可以使用 Dataflow 範本，從 GCS 讀取 CSV 資料，將遮蓋過的資料放進 BigQuery（*https://oreil.ly/dFlye*）。

在使用 GA4 的情況下，最輕鬆的用法是掃描 GA4 匯出到 BigQuery 的資料，檢查是否在無意間蒐集到任何個人資料。DLP API 一次只會掃描一個資料表，因此，最適合的用法是每天掃描進來的資料表。如果有大量資料需要處理，本書推薦讀者只要掃描一個樣本和 / 或限制只掃描可能含有敏感性資料的欄位。尤其是 GA4 匯出給 BigQuery 的資料，很有可能只有 `event_params.value.string_value` 欄位需要掃描，因為其他所有欄位的內容多少都已經在設定過程中固定下來（例如：`event_name` 等等）。

重點回顧與小結

我們蒐集到的資料有各種表格和用途，可以使用許多不同的系統來加以保存。本章廣泛討論了結構化和非結構化的資料類別，並且在這些資料之間，比較排程和串流管道。我們還需要良好的組織結構，思考在使用者歷程中，誰應該有權限存取每一塊資料，因為最終還是人類使用資料，所以降低磨合程度，讓適合的人看到適合的資料，是組織邁向資料成熟度的一大步。此外，當需要的資料超出 GA4 的範圍，就必須了解如何與這些系統互動，我們需要啟用 GA4 的 BigQuery Export 功能作為良好的起點，這項功能被極力推崇為 GA4 優於通用 Analytics 的關鍵功能之一。

現在我們已經介紹過如何擷取和儲存資料，下一章會帶讀者進一步了解如何美化、轉換和模擬本章這些資料，以及通常會如何表示管道中增值最大的地方。

## 第五章

資料建模

資料建模可能是專案裡最需要技術能力的面向，因為我們通常會在這裡看到機器學習或是以進階統計學處理資料，也可能是一些簡單的技巧，像是合併兩個資料集。此處是資料專案施展魔法的地方，將原始資料轉換成資訊，進而轉換成我們需要的見解。然而，資料建模不是最終的目標，當我們將見解匯出到資料活化管道時，模擬結果會保留在當次產生的報表裡，或是推送到資料活化管道。資料建模是為了實現最終目標的手段，而非我們實作這些方法的最終目的。我們的目標應該是如何從資料中萃取出價值，從來都不是為了使用最新的技術；想要萃取出最高的價值，我們的工作可能只是單純合併資料，不需要動用到複雜的神經網路。我還會把資料建模視為建立獨特商業邏輯的地方，用於定義自身的競爭優勢。總之，這個階段是讓我們發揮創意、帶出自身競爭優勢和經驗的地方，量身訂做出一套方法，利用資料幫助顧客和自身業務達成最終目標。

除了本章即將深入了解的 GA4，其實還有許多方法可以用來模擬資料，不過，就讓我們先從 GA4 自家平台提供的原生方法看起。

GA4 的資料建模功能

只要利用 GA4 內建在產品裡的資料建模功能，無須建立或自訂模型也能進行模擬。資料建模是 GA4 長久以來不斷進化的一組功能，採用以事件為基礎的最新資料架構，是讓我們更容易實現這些應用的理由之一。

撰寫本書之際，GA4 提供了數種資料建模的選擇。

標準報表和「探索」技巧

GA4 蒐集的原始資料很難用於日常工作之中，讀者只要將 GA4 資料直接匯出到 BigQuery，就能證實這一點。多數人如果沒有看到一些資訊（例如：每個管道有多少使用者），都不想輸入 SQL 指令，此時就需要預先產生預設報表和利用自訂「探索」報表。GA4 使用報表資源庫來定義每位使用者登入時能看到哪些報表，本書會建議讀者在設定存取權限時朝向「極簡主義：少即是多」的心態，不需要讓終端使用者看到所有報表，從而造成資訊過量的情況。我們還希望將這些報表延伸到典型的使用案例情境中，例如：電子商務、出版商、部落格分析等等，後續第 215 頁的「資料視覺化」小節會討論如何將這些報表的內容轉換成有用的資訊。

歸因模式

在任何分析系統內，如何分派促成轉換的貢獻度，取決於歸因模式。就算我們沒有主動查看歸因報表，其實也已經為分析系統間接選擇 GA4 預設的配置。通用 Analytics 早就採用這項做法，即便使用者沒有查看專用的多接觸點或歸因報表也會暗中設定歸因模式——其餘報表採用的模式為「最終非直接管道」（請參見下一頁「GA4 歸因模式的選項」的說明）。

GA4 提供更多設定選項，使用帳戶資料指定轉換貢獻度的分派方式。在 GA4 設定介面底下的歸因分析設定（Attribution Settings），可以選擇不同的歸因模式，例如：「跨管道最終點擊」或「優先計入 Google Ads 最終點擊」，以及指定回溯期（分派未來轉換貢獻度給某個管道時，要往回檢視多長的時間），請參見圖 5-1。

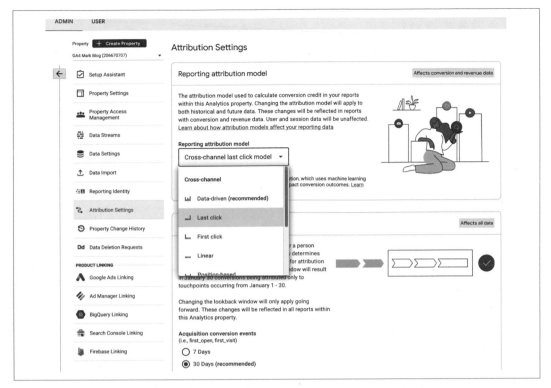

圖 5-1　設定歸因模式，指定轉換貢獻度分派給管道的方式，選擇回溯期要設定為 30、60 或 90 天

GA4 歸因模式的選項

GA4 透過各種報表提供數種分派轉換貢獻度的方法。這些設定隨時可以更改，而且能溯及和套用在以往的歷史資料。歸因模式總覽：

以資料為準

運用 GA4 自身的機器學習演算法來產生模型，學習不同的 GA4 事件如何影響轉換結果；也就是說這種模型會納入所有對轉換有無貢獻的事件，比較在該事件存在與否的情況下各會產生什麼結果，藉此模擬該事件對新轉換的歸因權重。

最終非直接造訪點擊（*Last Non-Direct Click*）

這種模式是將貢獻度分派給完成轉換前最後一次點擊的管道，而且僅限於非直接點擊的流量，例如：假設使用者歷程是自然管道→付費管道→直接管道，則會歸因給付費管道，通用 Analytics 的標準報表就是採用這項模式。（任何無法歸類為某個已知管道來源的造訪流量，都會視為「直接召回」的流量，例如：未標記的廣告活動、書籤或直接瀏覽網站。）

最初點擊

這個模式會將貢獻度分派給使用者看到而且點擊的第一個管道。例如：假設使用者歷程是自然管道→付費管道→直接管道，則會歸因給自然管道。

線性

這個模式會依照每個目標的比例，分派貢獻度給所有促進轉換率的管道。例如：假設使用者歷程是自然管道→付費管道，則分派自然管道和付費管道各佔 50% 的貢獻度。

根據排名

這個模型會分派各 40% 的貢獻度給最初和最終的互動管道，剩餘 20% 的貢獻度則會依照線性模式分配給中間的互動管道。例如：假設使用者歷程是自然管道→付費管道→自然管道→電子郵件，則自然管道會分配到 40% + 10%，電子郵件分配到 40%，付費管道則分配到 10%。

時間衰減

這個模式分派轉換貢獻度時有預設「半衰期」為 7 天，也就是說轉換前 8 天的貢獻度，會比轉換前 1 天的貢獻度少 50%。

優先計入 *Google Ads*

這個模式會忽略所有不屬於 Google Ads 的管道，將 100% 的轉換價值都貢獻給 Google Ads，除非不存在 Google Ads 點擊流量，遇到這種情況，轉換貢獻度會分派給最終非直接造訪點擊。

請謹慎考量 GA4 的使用情況，這會對選擇模式的決定造成影響：電子商務的網路商店和豪華房車品牌的官網，兩者在選擇模式上會有不同的需求；前者的使用者多半會在第一或第二個工作階段就購買產品，後者可能要考慮好幾個月才會購買。

解析使用者和工作階段

解析出哪些命中屬於同一個使用者是相當複雜的作業程序，尤其是在 Cookie 生命週期不可靠的現代環境中更難識別使用者。在 GA4 設定介面下的「報表識別」設定裡，可以決定 GA4 要採用什麼方式來模擬使用者及其工作階段——以使用者 ID 加上裝置 ID，或是只用裝置 ID，請參見圖 5-2。

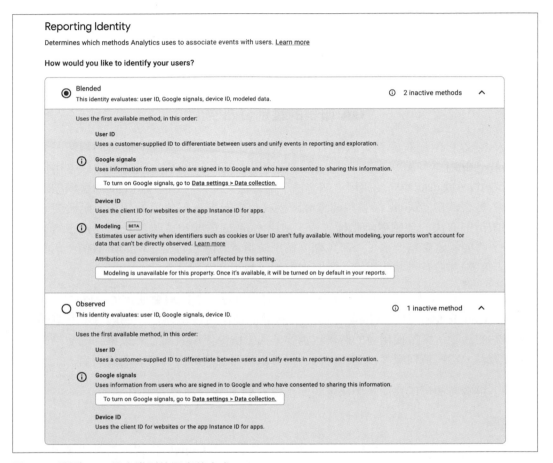

圖 5-2　選擇 GA4 報表識別使用者的方式

如果同時還有發送 userId 或 Google 信號來識別使用者，可能會大幅改變使用者指標，詳細設定請參見第 70 頁的「Google 信號」小節的說明。在徵得這些使用者同意的前提下，即使他們是來自於不同的裝置（桌機和行動設備）或 Cookie，利用使用者 ID 可以更可靠地識別出這些使用者。

模擬同意聲明模式

同意聲明模式（*https://oreil.ly/D0aK7*）是 Google 推出的一項新技術，導入 Cookie 管理系統，有助於尊重使用者隱私，選擇是否要刪除 Cookie 檔案。如果使用者選擇不同意，就不能將 cookieId（cid）指定給該名使用者，所以要為每一筆 GA 命中資料產生一個新的 cid。若 GA4 預設環境允許這些命中資料出現在報表裡，則使用者指標的值會有過度誇大之嫌，因此，這些命中資料不會出現在 GA4 帳號裡。不過，透過比較同意和不同意這兩種使用者的流量型態，GA4 可以給我們一個大概的想法，在每個人都同意使用 Cookie 的情況下，歸因會是什麼；例如：假設有 50% 的同意使用者歸因為付費搜尋，我們就有充分的理由可以推論出，50% 的不同意使用者也能歸因為付費搜尋。

GA 報表的識別資訊空間

GA4 可以自由配置識別資訊空間，納入解析使用者和同意聲明模式的規範，允許我們針對自身網站的需求來決定識別使用者的方法。某些網站永遠只會用使用者 ID，就可能傾向於只用這個方法，避免跟先前介紹過的 Google 內建模型混淆。是否啟用 Google 信號和同意聲明模式也會影響資料建模的做法，至於要不要啟用則取決於使用者隱私權政策。啟用 Google 信號也意味著我們在檢視資料時，需要設定資料門檻，以避免曝光個別使用者的隱私資料，例如：假使我們建立的區隔裡只有一名使用者，就必須放大成檢視一群顧客。

通用 Analytics 的預設環境是採用依據裝置的方法，所以只會使用 Cookie 的 cid 值。Google 信號則是依賴登入 Google 帳號的使用者，徵得他們的同意，共享跨網站的活動。模擬使用者的時候也需要納入未徵得使用者同意而蒐集到的命中串流資料，這些資料雖然沒有識別碼，但可以猜測他們是否為同一名使用者。

以下這些方法可以協助我們決定如何挑選 GA4 設定介面裡的選項：

混和

> 若已蒐集到 User-ID 就會優先使用，其次是使用 Google 信號，若無法使用，則採用裝置 ID（例如：GA4 的 Cookie[cid] 值），萬一沒有任何 ID 可用，就會採用模擬功能。

> **已列為觀察項目**
>
> 先挑選使用者 ID、Google 信號，再來才是裝置 ID；也就是說，如果已經蒐集到使用者 ID 就會優先使用；如果沒有蒐集到但有啟用 Google 信號，GA4 就會使用 Google 信號提供的資訊；如果找不到使用者 ID 也不能使用 Google 信號的資訊，GA4 就會採用裝置 ID。
>
> **依據裝置**
>
> 只用裝置 ID，忽略已經蒐集到的其他 ID。

建立目標對象

GA4 以「目標對象」取代通用 Analytics 原先使用的「區隔」概念，來自於我們自訂或根據 GA4 定義產生的流量。不過，GA4 的目標對象不像通用 Analytics 的區隔可以回溯歷史流量，所以讀者若打算之後要活用這些資料，儘早定義目標對象非常重要。我們為 GA4 資料擷取設定的自訂維度和事件，可以作為建立這些區隔的條件，事實上，目標對象有可能就是我們首次自訂特定欄位的原因。GA4 的目標對象是整個 GMP 平台活用資料的途徑，因此，尋找資料活化管道時，通常第一個就會想到目標對象，請參見第 207 頁的「GA4 目標對象與 GMP 平台」小節所介紹的範例。

預測指標

GA4 現成可用的預測指標有三個：購買機率、流失機率和收益預測。針對每位造訪網站的使用者，產生預測結果。唯有當網站符合某些必要條件時（像是流量），才會出現可以使用的預測指標。和通用 Analytics 相比，GA4 在資料內使用預測指標，代表功能上的重大突破。有了預測指標之後，接下來就可以結合 GA4 目標對象，預測可能會進行交易或是流失的使用者，然後匯出這些使用者資訊，採取相應的行動。後續第七章會詳細檢視這個使用案例。

「深入分析」功能

GA4 提供的「深入分析」功能會持續運行各種機器學習模型（例如：異常偵測），幫助我們挖掘出隱藏在資料中的資訊。此外，結合自然語言處理器介面，所以我們可以在功能頁面上方的搜尋列輸入像這樣的內容「哪一個管道的轉換率最低？」GA4 收到問題之後，就會為我們找出最適合的報表，請參見圖 5-3 的範例截圖。

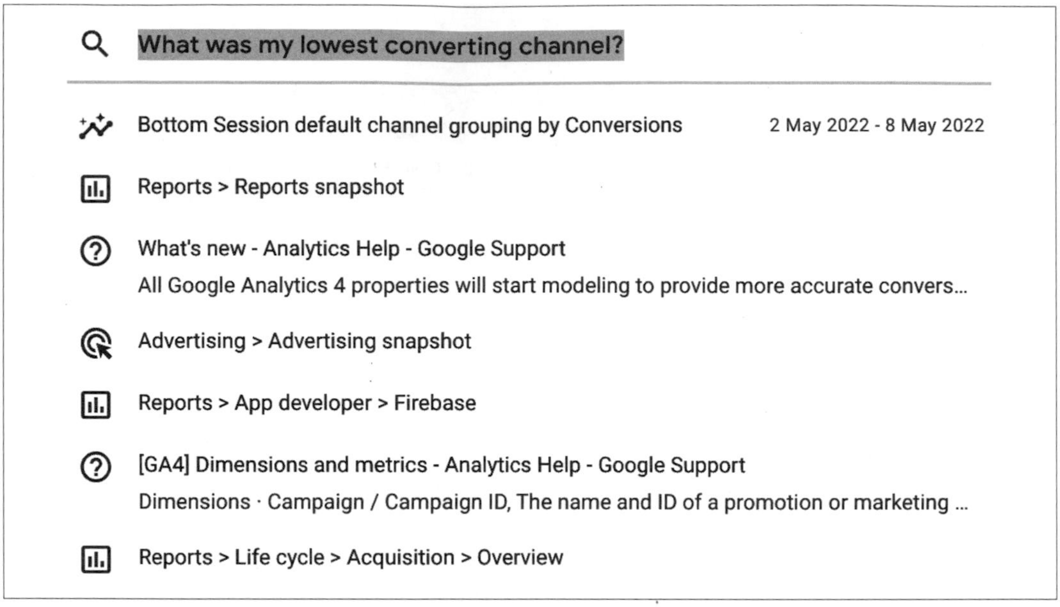

What was my lowest converting channel?

Bottom Session default channel grouping by Conversions		2 May 2022 - 8 May 2022
Reports > Reports snapshot		
What's new - Analytics Help - Google Support		
All Google Analytics 4 properties will start modeling to provide more accurate convers...		
Advertising > Advertising snapshot		
Reports > App developer > Firebase		
[GA4] Dimensions and metrics - Analytics Help - Google Support		
Dimensions · Campaign / Campaign ID, The name and ID of a promotion or marketing ...		
Reports > Life cycle > Acquisition > Overview		

圖 5-3　在圖中的搜尋列輸入問題，GA4 會自行解讀問題，嘗試為我們找出最適合的 GA4 報表

「深入分析」功能會在 GA4 首頁顯示分析之後的結果，並且標出其中最重要的發現，也能直接從功能頁面的側邊欄使用分析結果。在圖 5-4 的範例截圖中，「深入分析」功能顯示分析之後的預測結果，並且對照實際趨勢、表現最佳的項目和指標中急遽上升的情況；也可能幫助我們意外發現當天的分析結果與目標一致，但是一般而言，我們會需要更具體的目標。透過 GA4 搭配的自然語言介面，以問答方式探索資料，從而獲取資料中的價值，而非將精力花在建立報表上，加快使用者在 GA4 介面中查詢資訊的速度，減少查詢需要耗費的精力。

GA4 的模擬功能已經涵蓋一些數位分析師工作時最常處理的使用案例，然而各種需求族繁不及備載，GA4 不可能將其全部納入。讀者如果確認手上的使用案例超出 GA4 預設支援的需求，就要開始思考是不是要從 GA4 取出資料，然後建立自己的模型，下一節即將討論這個部分。

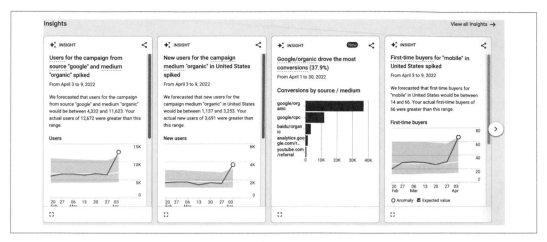

圖 5-4　「深入分析」功能會標出使用者登入當天最重要的發現

將資料轉換成見解

請大家將業務目標看成是躺在藏寶圖上那個大大的「X」記號下的埋藏物,不同的地圖位置就是我們儲存資料的地方,資料建模的作用是將地圖上各個點連接在一起,引導我們完成旅程。讀者如果有依循第二章概述的流程,現在應該已經界定好業務目標的範圍,並且儲存所有需要的資料,但我們希望將資料轉換成某些有用的資訊,而資料建模正是負責這項轉換工作,所以現在我們要來討論如何塑造這個流程。

本節會介紹資料屬性,思考資料建模需要:深入了解用來評估成效和誤差率的精確指標、不同的資料類型需要使用不同的模擬技巧,以及考慮一些常見的情境(例如:合併不同的資料集),作為獲得見解的方法。

界定資料輸出結果的範圍

思考資料建模時,若能越準確定義輸出內容,就越清楚我們必須達成的路線。因此,這裡會深入了解我們需要輸出多少結果、如何呈現輸出結果的資料型態(數值、類別等等)、資料的確實定義,以及資料記錄的內容。從資料建模技巧的角度來看,某些類型的資料搭配某些建模技巧時,會產生更好或更差的模擬效果。以下介紹其中一些情況:

準確率 vs. 精確率 vs. 召回率

我們總是天真地以為模型越準確越好，但這不是我們說一句「夠精確」就能讓所有模型達到成效。為模型的關鍵成效指標界定範圍時，不同的指標會產生巨大的差異。例如：假設網站的轉換率是 1%，我們想建立模型來預測使用者的轉換率。如果毫不考慮就使用準確率作為指標，最終可能會得到準確率 99% 的模型，預測所有使用者都不會轉換。嚴格來說，模型的準確度很高，但對預測沒有幫助！在這種情況下，我們需要更好的指標，可能是採用精確率或召回率。

型 I 誤差 vs. 型 II 誤差

此處要說明的重要觀念是，除非我們擁有 100% 的準確率（這永遠不可能發生），否則一定會出現兩種類型的誤差：一種是偽陽性，模型預測使用者會轉換，但實際上沒有轉換；另一種是偽陰性，模型預測使用者不會轉換，但實際上有轉換。分別定義為型 I 誤差和型 II 誤差，前者出現的誤差是，預測會轉換但實際上沒有；後者的誤差是，預測不會轉換但實際上有，請參見表 5-1。

我最喜歡用來記憶這個觀念的例子，是一位醫生分別對一名男子和一名孕婦說的話，醫生對男子說：「你懷孕了！」（型 I 誤差），對孕婦說：「妳沒有懷孕！」（型 II 誤差）。各位讀者可以想像得到，在這個情況下，相較於縮小型 I 誤差，降低型 II 誤差更為重要，但或許換副新眼鏡也會有所幫助啦。

前面提到的準確率、精確率和召回率，其確切定義請參見範例 5-1。

範例 5-1　準確率、精確率和召回率的定義

準確率 = （真陽樣本數 + 真陰本數） / 所有結果樣本數

精確率 = 真陽樣本數 / （真陽樣本數 + 偽陽樣本數）

召回率 = 真陽樣本數 / （真陽樣本數 + 偽陰樣本數）

在前面的範例中，預測轉換率為 1%，模型回傳的預測結果是「沒有使用者願意轉換」。此處情況假設網站共有 1,000 名訪客，實際有 100 名訪客轉換成功：

- 準確率 = (0 + 990) / 1000 = 99%
- 精確率 = 0
- 召回率 = 0

這是一個準確但無用的模型。

以混淆矩陣繪製模型預測的結果（請參見表 5-1），幫助我們決定應該使用哪個衡量指標。

表 5-1　混淆矩陣

	預測結果為真	預測結果為假
實際情況為真	正確！（真陽性）	型 II 誤差（偽陰性）
實際情況為假	型 I 誤差（偽陽性）	正確！（真陰性）

為了讓範例更貼近現實，我們要在表 5-2 填入一些數字，假設這是模型產生的混淆矩陣。

表 5-2　更符合現實情況的混淆矩陣

	預測結果為真	預測結果為假
實際情況為真	9	1
實際情況為假	90	900

從這個矩陣裡我們可以看到，模型幾乎捕捉到大部分的實際轉換率，但也有很多預測會轉換的使用者，實際上卻沒有轉換。將上表中的數字帶入範例 5-1 的公式，會得到以下結果：

- 準確率 = (9 + 900) / 1000 = 90.9%

- 精確率 = 9 / (9 + 90) = 0.09

- 召回率 = 9 / (9 + 900) = 0.9

注意：相較於前面預測出「沒有使用者願意轉換」的模型，這個模型的準確率雖然下降了，但召回率和精確率的值不再為「0」，顯然更適合作為指標。

究竟要使用哪個指標，取決使用案例最重視的目標是什麼。如果目標是將正確的結果盡可能全都納入，而且不在意是否有樣本被誤標為正確，或許適合使用召回率作為指標。若想確保標記為轉換的樣本數能縮到最小，或許適合採用精確率。如果希望在兩者間取得平衡，則可以使用 F_1 評分作為指標（*https://oreil.ly/lafOP*）。

分類 *vs.* 迴歸

兩者之間的主要差異，類似使用維度或指標。若使用分類（classification）預測使用者會到達哪一個管道，可以想成是取得八個值中的哪一個；迴歸（regression）則是用於處理連續的變數，例如：網頁瀏覽次數。兩者之間的中間地帶是邏輯迴歸，預測值可能是 0 或 1，或者是 TRUE 對比 FALSE，例如：用於表示使用者是否進行交易。我們希望在專案啟動時就定義預測方法的主要理由在於，這會大幅取決於我們使用的統計方法或機器學習的技術。假使我們在處理迴歸問題時，不小心用了分類模型，預測結果就會出錯。

百分率 *vs.* 計數 *vs.* 排名

另一個重要的資料類型是我們要讓模型評估的內容屬於哪一種類型，因為，像分類和迴歸就會大幅影響我們要使用的模型。轉換率和跳出率這類的百分率，通常會落在 0% 到 100% 的標準範圍內，計數可以是任何正負實數；排名（例如：搜尋位置）則通常會從 1 開始，而且嚴格限制為正數。清楚了解這些數字之間存在的差異，有時也會帶來一些幫助，例如：將迴歸問題重新定義為排名問題，有可能實際上更適合使用案例，因而影響我們使用的建模技術。

以上簡短介紹資料建模時需要考量的統計要素，目的只是希望讀者能注意到這些要素，如果以前沒有考慮過，可以將這些資訊放在手邊，以備不時之需。讀者若想進一步了解這方面的資訊，請透過各個部落格和線上書籍了解 R 社群，RWeekly.org 網站（*https://rweekly.org*）的電子報就是很好的起點。Towards Data Science（*https://oreil.ly/MNvMK*）是以資料科學為主軸的部落格，也包含各種跟統計主題有關的文章。接下來，我們要從「想要改善哪些數值和哪些類型的數值」移動到幫助讀者定義「解決一項問題需要投入多少精力」。

準確率 vs. 效益遞增

建立模型時的另一個考量是，若希望成果能達到我們可以接受的準確度（或者說是精確度/召回率，請參見範例 5-1），我們需要投入多少資源。執行機器學習時，即使可以達成 100% 的完美準確度，但這可能不是利用時間的最佳方式，因為這個目標代表決策成本：達成 80% 的準確度或許很容易，但若想從 95% 的準確度逐漸提升到 99%，會耗費大量的資源。因此，我們應該還要考量「*效益遞增*」，也就是提升準確度之後究竟能獲得多少效益，某些情況並不值得我們投入資源來獲得這些效益。

例如：假設我們提供優惠給使用者，預測使用者下週會多花 $1,000，準確率為 80%，則該預測的平均值為 $800。所以，如果預測準確率提高到 90%，平均價值會是 $900，但如果為了多提升這 10% 的準確率，投入在每位顧客的成本會超過 $100，這個專案就會賠錢。

為了得出我們可以接受的門檻值，必須在各個準確度門檻的情境下（準確率為 80%、90% 等等），評估專案價值。例如：假設在準確率為 100% 的情況下，我們預測每個月能省下 100 萬，但在使用資源方面有成本上的考量，請參見範例 5-2。

範例 5-2　在這個範例中，商業案例的準確率不能超過 90%

```
100% 的準確率：多增加 10 萬元收入
一天的工作成本：一千元

需要投入的資源：
80% 的準確率：需要 1 天（整合 GA4 原生功能）
90% 的準確率：需要 5 天（使用 BigQuery ML）
95% 的準確率：需要 15 天（使用自訂的 TensorFlow 模型）
99% 的準確率：需要 45 天（使用專門的機器學習流程和模型）

成本 vs. 效益遞增：
80% 的準確率：8 萬元 - 1 千元 = 7 萬 9 千元
90% 的準確率：9 萬元 - 5 千元 = 8 萬 5 千元
95% 的準確率：9 萬 5 千元 - 1 萬 5 千元 = 8 萬元
99% 的準確率：9 萬 9 千元 - 4 萬 5 千元 = 5 萬 4 千元
```

以上這些專案裡的數字是本書約略估計的，很明顯是特別設計的範例，希望讀者藉由這個範例了解背後的想法，進而影響你們自身的專案。

確定資料專案的目標後，接下來就是選擇我們要使用的建模技術。

選擇模型的方法論

用於處理資料的模型有好幾種類型，我將常用的模型分為以下幾類：

叢集和區隔

　　叢集和區隔這類的流程，是指根據某種共通性，將指標分散成不同的群組。人口統計就是一個常見的例子，像是「超過 50 歲的女性」或是「低於 30 歲的男性」。讀者若想對內容進行最佳化和個人化，實務上常見的做法是將使用者 ID 分成類似的群組，根據類似的偏好將使用者分組，有助於改善使用者體驗，為他們量身訂做網站內容，降低每個人都看到同樣內容的情況，讓使用者覺得網站更加實用。此外，如果現有顧客呈現出跟過去顧客類似的行為，還能用來預測現有顧客的需求。例如：假設某些顧客偏好瀏覽 Widget 介面元件，但他們總是喜歡選擇藍色的 Widget 元件，那我們就可以提供使用這些藍色元件的捷徑，希望能因此提高轉換率。

長期和短期預測

這類模型包括的問題有「這個指標未來的發展方向是什麼？」長期預測能協助我們規劃資源，經常應用於預測季節性趨勢，像是黑五購物節或是節慶期間的購物高峰。不過，其他趨勢也會對指標產生影響，例如：每週或每月週期。了解這些週期能幫助我們更準確地評估行銷活動的影響力，或許我們覺得某個行銷活動的成效很高，但有可能只是因為在適當的週期時間推出，在這個時候進行任何行銷活動可能效果都很好，該活動本身其實沒有任何品質可言。如果沒有意識到季節性效果造成的錯誤印象，我們就會在其他銷售淡季再次推出相同的活動，這次可能會得到令人失望的結果。

迴歸與因素分析

當我們想要回答這類的問題「投入在電視頻道的花費會改變線上營收嗎？」通常會使用一些方法來評估兩個變數之間的關係。典型的做法是分析我們蒐集到的所有資料，從中找出對 KPI 影響最大的資料是什麼。這類模型能為後續的專案提供資訊：例如：下雨天對雨傘的線上銷售影響最大，此時，我們就可以利用天氣預報資料，確保存貨足以供應所有訂單。

選好我們要提升的指標、用來衡量目標是否成功的準確率以及後續要使用的模型之後，最後還有一個考量因素：模型投入實際營運環境後，該如何保持在最新狀態？下一節會介紹這個部分。

建模管道維持最新狀態

除了當次有效的報表之外，我們在建立任何資料流時，都應該用一套流程來確保手上使用的是最新的資料，所以必須安排更新時程或是根據事件觸發更新，才能讓模型在日常生活中發揮效用。針對這個議題，最常見的解決方案是在資料管道中使用 CI/CD。

比較傳統的做法跟 CI/CD 剛好相反，傳統的開發流程是先建立應用程式，等到開發週期結束之後再來部署應用程式，而且只會等到另一個開發流程進行時才導入應用程式需要修改的內容。CI/CD 的目標是致力於消除應用程式釋出到實際營運之前的時程延遲，提高小型部署的頻率，而非一次推出大型部署。這種部署方法對資料建模來說尤其重要，因為整體環境的變化非常快速；例如：新網頁建立之後，如果不加到程式碼或資料模型裡，就無法導入模型裡使用。使用 CI/CD 方法也意味著更新會盡速生效。

啟用 CI/CD 方法會進行嚴謹的自動化測試，不僅能讓我們對模型可靠度具有信心，也會相信模型將來仍持續有效。每次修改都必須進行測試，只有測試完全成功，才能將要修改的內容部署到營運環境裡並且啟用。處理資料產品時，這點尤其重要，若想持續擁有使用者對我們的信任，就一定要讓他們相信資料的可信度。GCP 平台透過各項產品來支援這項方法，例如：Cloud Build（請參見第 147 頁的「Cloud Build」小節的說明）。

部署模型的另一個環節，是模型上線後要不斷注意模型的績效。因此，必須測試和監控模型，因為資料模型會開始回傳成效不好的模擬結果，即使是使用相同的程式碼，但每次擷取的資料裡可能會含有超出預期的資料值。警告和資訊主頁的存在就是為了檢查這些結果，以降低這個情況，並且採取應變行動，幫助我們確認模型效能是否低於我們預先決定好的門檻。這裡提一個好用的想法給讀者參考，就是在部署模型之前，先定義模型的容忍度，根據我們想獲得的數字，決定什麼程度的準確率對模型來說就已經夠好，請參見第 184 頁的「準確率 vs. 效益遞增」小節的說明。

這個門檻值還有一個進階用法，就是在應用程式的執行成效低於容忍度時，利用 CI/CD 系統去觸發應用程式重新訓練或建立模型。在多數情況下，我們只需要對最新的資料重新訓練模型，而且模型應該會自主訓練。唯有在模型重新訓練之後還是無法提升成效時，才需要我們介入去更新模型真正的程式碼。

合併資料集

我們經常需要跨越資料孤島，合併不同的資料，這是因為我們發現問題的答案往往存在於兩個資料來源的組合裡，光靠一個資料來源無法解決問題。合併資料集通常能為我們帶來很高的工作價值，但若想順利進行，有時會帶點運氣成分而且需要具備判斷能力。

合併資料時，腦海中冒出的第一個想法可能是以個別使用者為合併基礎，但這個想法在實務上不太可行，或是對初次開發的專案來說根本過於複雜。考慮用一些更普遍的鍵值來合併資料，像是行銷活動 ID，或者甚至只依照事件發生的日期合併，可能更容易執行，仍舊會出現重要的見解。有時光是在同一個圖表上，檢視不同資料來源的趨勢，就能獲得大量的價值。

以下是合併資料時常見的幾個議題：

是否存在合併資料用的鍵值？

如果沒有捕捉到一定精細度的資料或是資料不能使用，根本就無法執行資料合併。以通用 Analytics 為例，除非一開始有蒐集使用者的 clientId 並且新增為自訂維度，否則在預設情況下是不能使用這項資料；也就是說必須設定這個 ID，等資料出現才能使用，或是升級到 GA360，利用 BigQuery Export 功能納入 userId。不過，GA4 的出現放寬了這項限制，因為 GA4 可以使用 BigQuery Export 功能。另一個考量是如果我們的網站沒有支援登入功能，就沒有可靠的方式產生 userId，在這種情況下，如果認為 userId 對業務來說確實很重要，我們就必須檢討網站整體策略。

合併資料用的鍵值是否可靠？

如果 clientId 是從 GA4 取得，用這個 ID 串接使用者資料，這種做法可能不太可靠。因為 clientId 儲存在 Cookie，表示這個資料很容易被刪除或是受到瀏覽器的限制而被阻擋，亦或者是無法代表個人，因為使用者有可能會使用多個瀏覽器（行動版和桌機版），另一個原因是某一個使用者實際上是跟大量的使用者共用同一個瀏覽器。因此，比較可靠的做法是使用 userId，這是某個使用者實際登入時才會產生的 ID；不過，這也表示我們必須在 GA4 設定 userId 的屬性，等相關資料產生之後才能啟動專案。

在已經建立連結的使用者互動中，是否會產生合併資料用的鍵值？

如果我們手上已經有 GA4 設定的 userId，還必須將這個 ID 跟我們想要合併的資料集建立連結。也就是說，只有 GA4 產生 userId，其實是不夠的，還必須產生可以跟內部資料建立連結的 userId。通常是指網站或行動應用程式的後端伺服器必須產生 userId，然後將這個 ID 發送到 GA4。另一個替代方案是將 GA4 的 clientId 或 userId 發送到伺服器。利用 HTML 表單的隱藏欄位，要求使用者提交表單時填入合併用的資料。某些 CMS 系統有提供這個標準功能，讓我們連結工作階段資訊（例如：活動推薦資料），提供某種程度上可以使用的資料，無須進行大規模連結 userId 的操作。

需要合併多少使用者資料？

網頁分析資料的本質就是含有大量雜亂的資料，這些資料在不穩定的 HTTP 連線之間飛來飛去，可能會導致資料遺失或毀壞，所以網頁資料永遠不可能百分之一百完全可靠。網頁資料量通常很大，因為每個使用者的互動行為都會被記錄下來，全球性網站每天產生的資料量可能會高達數 GB。如果讀者手上的使用案例是在 userId 層級建立連結，但後續會再做進一步彙整（例如：在歸因分析專案整合活動層級的資料），則每天應該都會執行大型又昂貴的合併操作。然而，如果讀者手上的使用案例只是要檢視哪些行銷活動貢獻了 CRM 系統裡的銷售額，雖然 BigQuery 也能處理這個情況，可是未免大材小用。遇到這樣的情況，讀者可以蒐集 campaignId，就這個欄位進行合併，也就是說，只需要執行更小型的合併操作，所以更容易獲得結果。

如何處理重複、一對多和多對一的連結？

即使我們用了後端系統來協助我們進行更可靠的合併操作，但人畢竟是人，都會發生忘記登入、共享登入等等情況。這表示我們可能需要處理重複資料、多個使用者跟一個鍵值建立關係，或是一名真實使用者擁有大量 ID。如果這些情況對資料集很重要，就需要制定策略來處理，通常會透過適合使用案例的業務規則來控制。

將資料集連結到其他來源，藉此為資料集加入背景資料之後，就算是完成最終目標，但我們通常還必須從資料本身梳理出見解，例如：平均值、最大值或計次資料。當簡單的統計方法無法滿足分析需求，我們開始尋求迴歸、叢集和關聯分析時，就需要更進階的統計技巧和機器學習介入。BigQuery 為了降低使用者獲得見解的門檻，增加功能讓使用者在資料集內使用 SQL 程式碼，對資料進行運算。新增的功能就是 BigQuery ML，也是我們下一節要討論的主題。

BigQuery ML

BigQuery ML（*https://oreil.ly/78tdS*）是讓我們在 BigQuery 執行機器學習模型，而且只需要用 SQL 語法，也就是說我們不必從 BigQuery 取出資料，在 BigQuery ML 出現之前，必須在其他環境（例如：Jupyter 筆記本或 R 資料架構）先為模型下載資料，才能執行機器學習。BigQuery ML 具有幾個優點：簡化管道，提供在所有資料上執行模型的能力，沒有真正接受機器學習訓練的資料分析師也能應用簡單的模型。

由於 GA4 資料可以匯出到 BigQuery，所以 BigQuery ML 能直接對 GA4 資料套用機器學習，無須再設定其他系統。模型結果會出現在另一個轉換過的 BigQuery 資料表，隨後可以將這個資料表匯出到資料活化管道（後續第六章會介紹）。

下一節會介紹幾個 BigQuery ML 可以執行的特定模型，有助於分析資料集。

比較 BigQuery ML 的模型

BigQuery ML 支援數種模型，而且一直不斷增加新的模型，此處舉一些跟 GA4 資料有關的模型範例：

線性迴歸（*Linear regression*）

線性迴歸是一種模擬兩個變數之間關係的方法，基本形式是用來畫出一條穿過一群資料點的趨勢線。我們只要使用最簡單的線性迴歸模型，就能預測 GA4 時間序列資料。讀者不要看到「簡單」兩個字，就以為簡單模型的準確度會比更複雜的技術低：根據經驗法則，蒐集到的資料品質越好，越簡單的模型就能達成良好的結果。優質資料搭配簡單的模型，勝過複雜模型和劣質資料的組合。例如：使用線性迴歸模型來預測指定日期的商品銷售量。

邏輯迴歸（*Logistic regression*）

邏輯迴歸跟線性迴歸有關，但只允許兩種結果，例如：使用者是否已經交易（是或否），可以用來預測使用者是否會轉換。

K-Means 叢集（*K-means clustering*）

K-Means 叢集這種機器學習模型，會嘗試在資料裡找出具有相似性的群體，叢集技術是用來將相似的資料彙整在同一個群組裡。在 GA4 的背景環境，叢集技術能幫我們辨識具有相似購買行為的使用者區隔。K-Means 叢集屬於非監督式的機器學習技術，所以會從資料中自然辨識出區隔；監督式技術則會預先定義好哪些資料要分配到哪些群組。也就是說我們可以利用 K-Means 叢集來確認有多少種不同類型的顧客行為，例如：血拚狂、一次性消費的訪客以及消費金額低的常客。

AutoML 資料表

BigQuery 還能跟一些自動化機器學習產品進行整合，例如：AutoML。整合之後就能借助預先建立好的模型，根據我們想要達成的目標來掃描資料，為我們選擇最好的方法，不需要手動檢視和比較各個模型的成效。這類模型通常能快速提供建議模型，效能勝過我們手動產生的模型。

匯入 *Tensorflow* 模型

如果讀者已經建立機器學習領域的科學家團隊，手上正在使用的模型比 AutoML 或 BigQuery ML 內建的模型效果更好，還是可以透過自訂的 TensorFlow 模型來使用資料庫內的方法，TensorFlow 是目前引領世界潮流的機器學習函式庫。

圖 5-5 顯示的決策樹，目的是協助讀者選出最適合自身資料的 BigQuery ML 模型。

此處討論的模型也適用於其他多個機器學習平台，不過，既然 GA4 資料幾乎一定會從 BigQuery 啟用，以手上的資料訓練機器學習模型時，使用 BigQuery ML 會是最直覺的途徑。不過，讀者也可能會想保留現有的資料科學工作流程，不想依賴從 BigQuery 匯出模擬結果。

讀者還可以使用其他支援企業功能的機器學習平台，下一節會介紹如何在實際營運環境中部署 BigQuery ML 模型，強調關鍵需求和支援的解決方案。

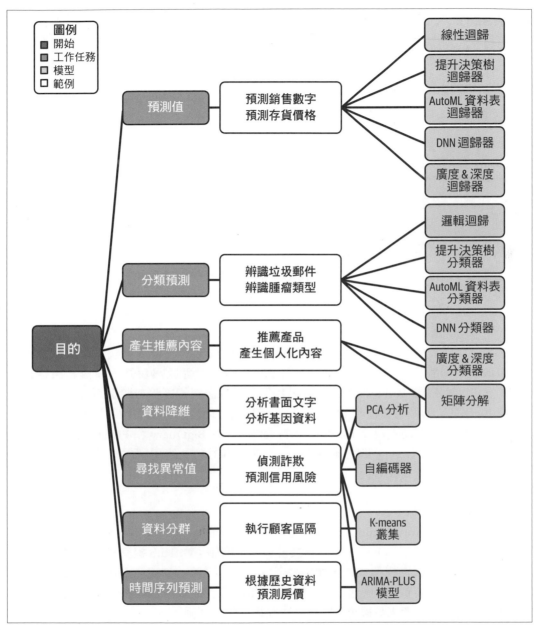

圖 5-5　這份速查表是取自 BigQuery 線上文件（https://oreil.ly/e1B8G），顯示哪些使用案例可能最適合搭配哪一個 BigQuery ML 模型

讓模型投入實際運作

利用 GA4 和其他資料打造出模型之後，我們手上或許會有一個靜態模型，符合我們到目前為止看到的資料準則。然而，當模型投入實際運作，開始協助我們的業務，就必須考慮資料環境如何與時俱進，模型如何適應這些變化來維持執行成效。

利用商業使用案例進行決策，此處就是真正產生影響的地方，例如：若我們需要即時資料串流或批次預測，因為這個決定，我們考慮日後要持續使用的技術也會有所不同。如同先第 37 頁的「資料建模」小節的說明，讀者應該也有一些概念，什麼樣的門檻才能表示我們的模型具有「良好」的成效，以及制定模型何時開始衰退的計畫。從使用案例來看，我們應該還要了解模型會結束在資料活化管道中的哪個位置，後續第六章會討論這個部分。

這些考量意味著，即使模型成效良好，我們仍舊有其他工作要做。GCP 平台提供許多工具，協助我們完成這一步。以下列出我從過去到現在長久以來使用的工具，希望能幫助讀者完成專案：

Firestore

先前第 127 頁的「Firestore」小節已經介紹過這項工具，特別強調 Firestore 的即時讀取能力。我們通常會希望使用者在瀏覽網站時，可以跟我們的模擬結果進行互動，例如：假設使用者是忠實顧客，我們已經為他們的區隔或購買偏好建立模型。將 BigQuery 的結果移植到 Firestore，表示我們可以針對使用者取得即時回應，但還不到需要完全即時資料流的程度，因為我們可以在 BigQuery 和 Firestore 之間進行批次更新（例如：每日或每小時更新）。還能透過 HTTP 應用程式來使用 Firestore 資料，例如雲端函式或 GTM。

Cloud Build

第 147 頁的「Cloud Build」小節已經介紹過這項工具，Cloud Build 能協助我們部署模型的程式碼，透過 Pub/Sub 回應其他事件，例如：GitHub 提交和檔案更新。讓我們建立管道來檢查模型成效，如果發現成效低於門檻，會觸發重新訓練模型。在許多情況下，以新資料訓練模型，可以重新提高模型成效，但如果無效，就得發電子郵件，請相關負責人員檢查是否需要更新模型的程式碼。

Cloud Composer

Cloud Composer 支援的批次排程能力，適用於大型管道（通常有包含建模步驟），請見第 139 頁的「Cloud Composer」小節的說明。Cloud Composer 也經常用於擷取資料，將資料模擬結果發送給活用資料的地方。

GCP 平台的目標之一是簡化機器學習的實作流程，讀者若有這方面的需要，這正是 GCP 擅長的領域。為了讓部署流程更加容易，在許多情況下，我們甚至不需要真的建立任何模型，只要透過 Google 提供的 API，使用其預先建立好的模型，這些模型是由更豐富的資料集訓練而成，這就是下一節要介紹的內容。

機器學習 API

機器學習專家已經為我們解決許多問題，所以自己重新發明輪子（此處指重新建立模型），可能不是利用資源的最佳方式，尤其是如果我們手上用來製造輪胎的設備還不如輪胎工廠那般先進，根本就是浪費資源，花了大把金錢，最終可能還獲得劣質產品。因此，非常值得我們先投入時間確認是否有已經建立好的模型可以使用，而且適合我們的使用案例。

這個領域的發展相當快速，本節會剖析許多跟 GA4 和數位行銷工作流程最相關的 AI 產品（*https://oreil.ly/x769N*）。對於難以用活化方式處理的資料特別好用，像是將 PDF 檔案、影片、紙本記錄或照片，轉換成更容易處理的格式（例如：BigQuery 資料表）：

自然語言 *AI*

　　用於將社群媒體、電子郵件和產品評論中任意形式的文字轉換成結構化的文字，挑出其中跟情緒、主題、類別、人和地點有關的內容文字。不需要閱讀每個單字，也能針對這些文字內容建立趨勢。尤其是結合 API，從其他來源取出文字時（例如：影片、聲音、圖像和翻譯），效果更好。

翻譯 *API*

　　這是比網頁版 Google 翻譯更進階的版本，能透過 API 呼叫來翻譯各種語言。

視覺與光學字元辨識

　　公司內部經常會有大量尚未數位化的資料，例如：紙本紀錄。第一步是將未數位化的資料掃瞄成圖片，再利用光學字元辨識（optical character recognition，簡稱 OCR），從這些圖像中取出文字，然後轉換成結構化資料。

智慧影片（*Video Intelligence*）

　　智慧影片的格式很難處理，利用智慧影片 API，從影片檔案中取出類別和語音之後，再將非結構化性質的資料轉換成結構化資料。

語音轉文字

將語音原始檔案轉換成文字格式，就能將聲音用在資料管道裡。語音轉文字這類即時能力提供另一個活用資料的途徑，讓使用者透過語音提出請求，類似 Google 助理或 Siri。

時間序列深入分析 *API*

這是近期才釋出的 API，目的是要解決一個常見的使用情況 —— 找出時間序列資料（例如：GA4 工作階段或網頁瀏覽次數）的異常值。將時間序列資料傳進這個 API，API 會回傳歷史趨勢以外的異常事件，有助於追蹤錯誤或異常使用者活動。

下一節會介紹這些 API 如何運用在日常生活之中。

讓機器學習 API 投入實際運作

讀者若想在資料流應用程式中加入機器學習，最快的做法就是利用 API，而且需要的資源或技能最少。基本上只要確定匯入資料的格式符合 API 文件的規定，然後準備一個儲存結果的地方——在多數情況下，BigQuery 就已經夠用。

我曾經用過的案例是將非結構化文字轉換成結構化資料，例如：將格式自由的文字欄位轉換成可以放進資料庫的欄位、辨識出句子中的重要字元實體或單字、分析文字中的情緒以及分類單字。另一個案例是將電子郵件支援的文字轉換成結構化格式，對產品列表的評論內容進行標記，分類為投訴或稱讚，或是批次給予每篇評論情緒評分，從而及早發現技術問題上升的情況。

文字分析領域稱為自然語言處理，Google 旗下產品提供的 Natural Language AI，可以根據我們上傳的文字來回傳結果。我是透過 R 語言套件 googleLanguageR 處理（*https://oreil.ly/6mR8U*），但讀者也能使用其他幾個程式語言的 SDK，包括 Python、Go、Node.js 和 Java。本書建議的工作流程是建立以事件為基礎的系統，對新增到 GCS Bucket 空間的檔案做出反應，檔案內含我們想要分析的文字。代管服務系統接收到使用者評論、電子郵件或任何我們想要處理的內容之後，就會將檔案新增到 GCS。圖 5-6 示範的管道是利用雲端函式，將結果寫入 BigQuery 資料表，讀者可以進一步延伸應用到自己的管道裡。請注意：此處範例是將非結構化資料轉換成結構化資料，幫助我們將手上正在處理的資料標準化。

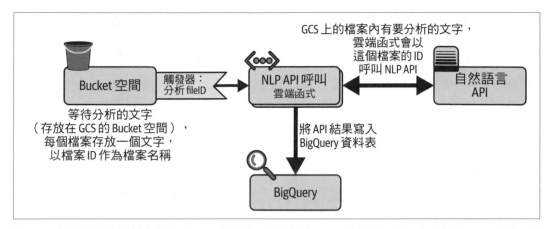

圖 5-6　這個管道會根據事件來處理文字檔案，檔案抵達 GCS 之後就會交給自然語言 API 處理，然後將處理結果傳送到 BigQuery 資料表

GCP 平台針對熱門的使用案例提供一個廣義的 AI/ 機器學習平台，機器學習 API 只是其中一部分。如果這些 API 無法滿足我們的需求，就得開始考慮建立自訂模型，下一節即將探討支援這方面需求的 Vertex AI 平台。

Google Cloud 平台上的 AI 產品——Vertex AI

GCP 平台為機器學習建立專用的基礎設施，用於部署 Vertex AI 模型。Vertex AI 讓我們部署機器學習模型來回應 HTTP 請求，例如：將 GA4 的 `userId` 跟某個資料庫進行比較，確認該名使用者是否具有某些特徵。在 Vertex AI 使用自訂模型，通常需要以 Python、R 或其他程式語言撰寫模型使用的程式碼，再將模型放進 Docker 容器，然後發送給 Vertex AI 伺服器；如果是常見的工作任務，也可以使用 Vertex AI 預先封裝好的模型，例如：迴歸、分類和預測。

使用 Vertex AI 算是進入資料建模的進階領域，這部分的內容雖然超出本書範圍，但本節會做一些簡單的介紹，讓讀者了解有哪些功能可以使用。請記住：在多數情況下，我們還是會先將 GA4 資料匯出到 BigQuery：

請注意：Vertex AI 目前只能在 GCP 平台提供的某些區域使用，請檢查資料所在位置是否跟可以使用的區域相同。請參見 Vertex AI 提供的線上文件（ *https://oreil.ly/vZ4A4* ），了解如何為每個功能指定目前所在的位置。

AutoML 資料表

AutoML 資料表使用的實體內容，必須先將原始資料整頓成矩形資料集，例如：經過處理的 GA4 資料集。未經編輯的原始資料經過轉換之後（或許能使用範例 3-6 特別標示出來的一些查詢），就能作為 GA4 資料使用。擁有表格資料後，就能執行迴歸、分類或預測模型。圖 5-7 的範例是在 Vertex AI 建立 BigQuery 資料集。

圖 5-7　在 Vertex AI 建立 BigQuery 資料集

AutoML 圖像 / 影片

AutoML 的機器學習模型也適用於圖像和影片，能根據我們的需求，對有附加標籤的圖像 / 影片進行分類，因此，當有新的圖像或影片輸入模型時，模型就會嘗試預測出最接近訓練資料集的標籤。GA4 現階段的功能不支援蒐集圖像或影片資料，所以無法直接使用 GA4 的功能，可是我們的網站上有成千上萬個圖像和影片需要分類，但沒有資源手動分類，解決方法之一是將這些圖像上傳到這個服務。

Workbench

Jupyter 筆記本是開發機器學習模型時常用的平台。Vertex AI Workbench 的功能之一是讓我們在 Jupyter 筆記本執行程式碼,由於這些 Jupyter 筆記本是在 Google 監管的系統內運行,所以很方便就能透過 GCP 服務進行認證,也就是說,只要有電腦和瀏覽,我們就可以在任何地方開發自己的模型,不需要在本機上安裝高性能的圖形處理器。使用這個平台的人大多是從事進階資料科學的業界人士。

管道(*Pipelines*)

管道是用於排程和監控的工具,跟 Cloud Composer 的功能非常類似(請參見第 139 頁的「Cloud Composer」小節的說明),但專門用在機器學習模型上。「管道」這項功能是在 Kubernetes 叢集內執行程式碼,能因應我們的需求,以無形伺服器的方式擴充規模。使用這個平台的人大多是從事進階資料科學的業界人士。

端點(*Endpoints*)

「端點」這項功能是將機器學習模型應用到我們自訂或是現成的應用程式裡,透過 API 端點使用這些模型,所以要建立自己的 API(請參見第 238 頁的「建立行銷API」小節的說明)。後續能作為擴充模型規模的途徑,讓其他程式語言和服務透過HTTP 來使用模型。

標籤工作(*Labeling tasks*)

我們可能會想為資料模型中的大量資料加上標籤,但又缺乏資源自己手動完成。如果想為模型擴充新資料,這是關鍵的第一步,就像是利用 AutoML 服務來為圖像或影片分類。Google 也有針對標籤工作提供付費服務,我們只要將資料發送給Google,Google 就會提供人力,依照我們在網頁介面中設定的指示,為我們的資料加上標籤。

讓 Vertex API 投入實際運作

由於 Vertex AI 是專門面向機器學習的資料活化產品,所以平台本身已經內建 Vertex AI 管道。使用 Vertex AI 的時候,通常會需要一些資料科學家或工程師等人力資源,負責設計與管控流程,不過,若是對 GA4 資料具有一定程度了解的數位行銷人員,或許也能使用 AutoML 模型發現足夠的價值。讓 Vertex AI 參與工作流程的一般做法:先讓Vertex 的資料集套件取得 GA4 和其他資料集,接著在 Workbench 上運行的筆記本內使用預先封裝或自訂的模型來處理這些資料集,利用管道調度已排定的工作流,然後透過端點來進行預測。讀者若想進一步探討這項主題,建議參考《*Data Science on the Google Cloud Platform*》一書的說明。

整合 R 語言

這一節的內容對我來說別具意義，因為在我的職業生涯裡，主要是利用 R 語言來活用資料，因此我在這方面具有豐富的使用經驗。各位讀者不一定要使用 GA4 資料來建立模型，其他程式語言（Julia 或 Python）也能達成這個目的，不過，R 語言確實是專為資料建模而設計的程式語言，所以它提供的工具能協助我們快速實現資料科學領域的使用案例。回到我最初開始使用 R 語言時遇到的最大問題，就是如何將資料匯入 Google Analytics，這是我開發 googleAnalyticsR 套件的原因。data.frame() 物件在 R 語言裡的應用相當普遍，只要將資料放入這個物件，就能使用 R 語言生態系統支援的數千個資料套件，包括統計、機器學習、繪製圖表和呈現資料，下一節會介紹幾項 R 語言擅長的能力。

R 語言能力簡介

R 語言為我建立了資料科學專案的思考方式，因為這項程式語言的用法和語法都是在鼓勵使用者投入某些資料實務。例如：vector（向量）在 R 語言是預設結構，但在其他非分析領域用的程式語言裡卻是純量值（長度為 1 的向量），也就是說，在 R 語言裡執行一些基本的程式設計標準（例如：以迴圈處理 vector），其本質意義會跟其他程式語言不同。我們可以很自然地將 R 語言的 vector 想成是 data.frame 的資料欄，所以 R 語言內建的概念是資料之間互有關聯，而非各自獨立。

其他程式語言當然也能複製出這樣的方法，像是 Python 語言的熱門函式庫 pandas，但是 R 社群在這方面持續創新，嶄新的資料分析最佳實務往往都出自於此。雖然在深度學習的應用上，Python 的接受度確實超越 R 語言（例如：TensorFlow 和 PyTorch），但我認為 R 生態系統在這方面的表現也很不錯，除非讀者想深入研究這些 Python 提供的工具。R 語言還有一個會讓人大大加分的優勢，就是它擁有出色的社群，這項特色跟語言本身提供的能力同樣重要。

資料專案的分析步驟會遵照某個順序，R 套件能依照順序處理所有步驟。此處精選出幾個跟數位行銷和 GA4 相關的能力，介紹如下：

匯入資料

R 語言內建了各種匯入資料的函式，例如：read.csv()；也支援許多能從其他來源匯入資料的套件，以我自己開發的 googleAnalyticsR 套件為例，就是用來處理 GA4 資料。R 語言還有提供專門的網頁技術工作視圖（*https://oreil.ly/Vqzp5*），列出一些套件，協助我們從熱門網站匯入資料，例如：Facebook、Search Console 和 Twitter。

此外，也支援許多資料庫連線函式庫，具有通用的資料庫介面架構（Database Interface/DBI，*https://oreil.ly/hkbFI*），讓我們能根據需求，連線到 BigQuery、MySQL 或其他資料庫。

轉換資料

tidyverse 函式庫這組套件給予我非常多的開發靈感，是實務工作上實作乾淨俐落資料的好幫手（請參見第 108 頁的「整頓資料」小節的說明）。例如：dplyr 套件提供易於讀取和傳送的資料流，不管資料來自哪個平台，都能將資料的 R 語法轉換成 SQL 指令。tidyr 套件則是搭載各種工具，讓我們能輕鬆將資料轉換成乾淨的版本；purrr 套件提供一些用於迭代的向量式迴圈函式，更容易處理巢狀資料欄或其他流程的工作。此處要特別感謝 Hadley Wickham 創造出「RStudio」這個整合開發環境。

資料視覺化

R 語言內建許多便利的函式，能快速將資料繪製成圖表，這是分析資料過程中不可或缺的一塊，透過 plot() 函式，我們能快速理解手上正在進行的工作。不過，plot() 函式產生的視覺化圖表，勉強還能給一般大眾使用，但如果需要更強大、更有彈性的視覺化功能，目前公認的專業標準是 ggplot2 繪圖套件。ggplot2 套件是實作「圖形語法」（grammar of graphics），這套方法改變了我對資料視覺化和資料型態的想法。

呈現資料

資料管道的關鍵目的之一是產出其他人也能閱讀和理解的結果。互動性也是很受歡迎的做法，在某種程度上鼓勵使用者自行探索資料。R 語言支援兩個非常有用的應用程式：Shiny（*https://oreil.ly/8TscS*）和 R Markdown（*https://oreil.ly/o7PSM*）。Shiny 是一種用來建立線上資料應用程式的語法，當使用者透過下拉式選單或輸入欄來改變應用程式的設定時，就會執行 R 程式碼；這項產品的功能十分完善，不僅能快速開發應用程式，還能透過自訂功能，讓應用程式介面看起來就像網頁。R Markdown 衍生自 Markdown 語言，可以執行程式碼區塊，以及根據我們選擇的格式，顯示程式碼或執行的結果；基本上會將 R 程式碼轉換成看起來更專業的 PDF 檔、HTML 或 Word 文件，如果是從展示資料科學工作的角度來看，我個人認為 R Markdown 比熱門的 Python Jupyter 筆記本格式更好用，因為 R Markdown 能套用 HTML 格式，而且支援 JavaScript 程式碼，即使沒有執行 R 程式碼也能維持某種程度的互動性，還可以用來建立網站，像我就是利用以 R Markdown 為基礎的 blogdown 套件來建立自己的部落格（*https://oreil.ly/zRok0*）。自從 Quarto 套件推出之後（*https://quarto.org*），現在我們甚至不需要執行 R 語言也能使用 R Markdown；Quarto 吸取了 R 語言的經驗，透過獨立運作的專用工具，適用於所有程式語言。

資料基礎設施

會使用資料科學語言的工作任務，表示對重現性和規模性等品質相當重視，R 社群提供了一系列的套件組，協助我們處理統合分析工作（meta work），產出高品質的資料工作流程。以 targets 套件為例，利用這個套件，我們能根據需求來決定是否要重複執行或跳過資料管道中的步驟。也就是說，如果程式碼只做了輕微的變動，targets 套件能協助我們避免在分析資料時執行大量不必要的步驟，因為這個套件理解在反覆分析的過程中，資料分析工作經常會包含輕微的變動和修正。這裡我還是要提一下自己開發的兩個套件：googleCloudRunner 和 googleComputeEngineR，由套件提供的工具將 R 程式碼封裝成 Docker 映像檔，再透過虛擬機或 Google Cloud 的無形伺服器環境來執行 Docker 映像檔。

資料建模

這項能力和本章主題一致，R 語言在統計和機器學習方面提供了大量的套件，協助我們從原始資料中萃取出資訊。這是 R 語言的主要強項，即使只用預設安裝的選項，還是包含許多程式語言本身內建的預測和叢集模型以及語法。多數人選擇 R 語言的首要考量，通常是看上 R 語言的統計能力。

儘管 R 語言有這麼多優勢和能力，卻不是所有資料分析工作的第一首選，為什麼？原因在於這項程式語言並不是針對專業開發人員設計，而是提供給統計學家和終端使用者，因此，其他程式語言的開發人員會覺得 R 語言的某些做法很詭異，難以接受。R 語言被視為統計方面的特定領域語言（domain specific language，簡稱 DSL），這一點有好有壞，通用性更高的程式語言（例如：Python）意味著開發人員不太需要切換開發的背景環境。此外，由於 R 語言屬於開放原始碼專案，所以難以確定套件及其相依性的版本。不過，我認為 R 語言的 CRAN 套件系統跟其他程式語言的模組系統相比，已經算是相當健全了，因為 R 語言的每個套件在發布之前，都至少會由一個人進行審查。然而，前述提到的許多理由，讓某些人推出一個結論：R 語言不適合用在實際營運環境，我知道這是錯誤的結論，因為我已經在實際營運環境中執行過許多 R 程式腳本。若要破除這個迷思，我認為最簡單的做法是利用 Docker 容器，這是我們下一節要討論的主題。

Docker 容器

本書在第 47 頁的「容器（包含 Docker）」小節裡已經介紹過 Docker 容器，在一般情況下，我認為 Docker 容器是相當好用的資料分析工具。本節專門討論 R 語言搭配 Docker 容器的用法，因為我認為借助 Docker 容器，是將 R 語言應用在實際營運環境的最佳方式。

先前提過，有些人認為開放原始碼程式語言用在實際營運環境中會有一些弱點，我們可以借助 Docker 容器來解決這些疑慮，因為 Docker 容器能確定 R 語言實際的執行環境，無須擔心更新和套件相依性，因為我們執行程式碼的 Docker 環境是一個封閉的沙箱，不僅安全，而且跟不斷改變的最新軟體開發環境完全隔開。使用 Docker 容器還有一個意義，表示我們可以跟非 R 語言的使用者共享 R 程式碼的執行結果，這些使用者不需要了解 R 語言本身如何使用，也能從 R 程式碼輸出的結果中獲益。

Docker 容器廣泛應用在 GCP 平台上，作為提供自訂程式碼解決方案的機制。以 Google 旗下的 Vertex AI 為例，我們可以選擇使用產品預先封裝好的解決方案，也可以透過 Docker 容器提供我們自訂的程式碼（可以執行 R、Python、Visual Basic 或任何適用於 Docker 容器的程式語言）。適用 R 語言的方法也適用任何資料分析語言，所以投注精力學習 Docker 容器絕對不會浪費。

Rocker 專案是開放原始碼計畫（*https://www.rockerproject.org*），提供多個好用的映像檔，裡面已經預先安裝好 R 程式碼，多虧有這個專案的大力協助，我們才得以在 Docker 容器中使用 R 程式碼。這些映像檔包含一個特定版本的 R 語言，裡面的映像檔有：預先安裝目前最熱門的 R 語言整合開發環境「RStudio」、tidyverse 套件（請參見第 108 頁的「整頓資料」小節的說明），還有支援 GPU 的映像檔，搭配機器學習函式庫（例如：TensorFlow 和 PyTorch）。

在實際營運環境中使用 R 程式碼，Docker 容器是不可或缺的元件，請參見下一節介紹的範例。

範例 5-3 的 Docker 檔案是用於執行 R 程式腳本。假設我們手上有一個獨立運作的 R 程式腳本，跟報表腳本一起放在「`scripts/runreport.R`」目錄下執行。所有的函式庫和系統相依性都已經安裝，同一個資料夾下的程式腳本和所有其他檔案則載入到一個獨立的容器映像檔。容器運行時，`ENTRYPOINT` 會執行預設的命令 —— 範例中是執行 R 程式腳本。

範例 5-3 使用 Docker 容器執行 R 程式腳本

```
FROM rocker/tidyverse:4.1.0
RUN apt-get -y update \
 && apt-get install -y git-core \
        libssl1.1 \
        libssh-dev \
        openssh-client

## 從 CRAN 安裝套件
RUN install2.r --error \
```

```
-r 'http://cran.rstudio.com' \
remotes \
gargle \
googleAuthR \
googleAnalyticsR \
## 安裝 Github 套件
&& installGithub.r cloudyr/bigQueryR \
## 清理檔案
&& rm -rf /tmp/downloaded_packages/ /tmp/*.rds

COPY [".", "/usr/local/src/myscripts"]

WORKDIR /usr/local/src/myscripts

ENTRYPOINT ["Rscript", "scripts/run-report.R"]
```

建構完成的 Docker 映像檔通常會推送到 Google 推出的 Artifact Registry，後續提供給資料流下游的應用程式使用，可能是用於 Cloud Build 步驟或是 Cloud Composer 的 DAG。例如：假設我們想在 Cloud Run 執行 R 程式腳本來回應 HTTP 請求，就必須找出方法撰寫 R 程式碼，以回應 HTTP 請求。通常會利用 R 語言套件 plumber 來完成這項需求，這個套件包含的語法是讓 R 程式碼回應和請求 HTTP 資料。

在營運環境中應用 R 語言

在 GCP 平台的營運環境中使用 R 程式碼，有好幾種做法。本節舉的例子是利用範例 5-3 的 Docker 映像檔，在 Cloud Composer 批次排程中使用 R 程式碼。

範例中的 DAG 是以 Python 語言撰寫，用於呼叫 Docker 映像檔，以 Airflow 的運算子 KubernetesPodOperator 啟動 Docker 映像檔並且執行。範例 5-4 示範的 R 程式碼包含一個程式腳本，用於下載 GA4 資料，然後將資料上傳到 BigQuery。此處以安全的方式將認證檔案保存在 Kubernetes 應用程式的 Secret 物件，因為如果將認證檔案內嵌在 Docker 容器裡，會變成任何執行容器的人都可以使用，這樣的做法並不安全。

範例 5-4　利用 Airflow 上的 DAG，呼叫 Docker 映像檔來執行 R 程式碼

```
import datetime
import os
import logging
from airflow import DAG
from airflow.providers.cncf.kubernetes.operators.kubernetes_pod import(
    KubernetesPodOperator)
from airflow.kubernetes.secret import Secret
from airflow.providers.google.cloud.operators.bigquery import BigQueryCheckOperator
```

```
from airflow.utils.dates import days_ago

start = days_ago(2)

default_args = {
 'start_date': start,
 'email': 'me@email.com',
 'email_on_failure': True,
 'email_on_retry': False,
 # 如果工作任務失敗，至少要等待 50 分鐘之後再重試
 'retries': 3,
 'retry_delay': datetime.timedelta(minutes=50),
 'project_id': 'ga4-upload'
}

schedule_interval = '17 04 * * *'

dag = DAG('ga4-datalake',
    default_args=default_args,
    schedule_interval=schedule_interval)

# 利用 Kubernetes 應用程式的 Secret 物件來儲存認證檔案
secret_file = Secret(
 'volume',
 '/var/secrets/google',
 'arjo-ga-auth',
 'ga4-import.json'
)

# https://cloud.google.com/composer/docs/how-to/using/using-kubernetes-pod-operator
arjoga = KubernetesPodOperator(
 task_id='ga4import',
 name='gaimport',
 image='gcr.io/your-project/ga4-import:main',
 arguments=['{{ ds }}'],
 startup_timeout_seconds=600,
 image_pull_policy='Always',
 secrets=[secret_file],
 env_vars={'GA_AUTH':'/var/secrets/google/ga4-import.json'},
 dag=dag
)
```

請注意：以上範例中的 Docker 映像檔也能用於其他系統（例如：Cloud Build），此處是示範 R 程式腳本應用在 Docker 容器中最強大的幾個面向，讀者很容易就能切換到其他系統，甚至是其他雲端平台。

重點回顧與小結

本書利用短短一章的篇幅，實在無法深入探討資料建模的所有可能性，所以本章盡可能為讀者示範，如何以手上的 GA4 資料起步，以此作為進一步分析的起點。資料管道這個環節包含各種豐富多樣的可能性，光是持續完善我們想使用的模型、工具和框架，就足以發展整個職業生涯。本章選擇了幾個技術介紹給讀者，啟用之後能快速獲得 GA4 資料的模擬結果，因為將 GA4 資料匯入 BigQuery，是透過 BigQuery ML 獲得結果的捷徑。若 BigQuery ML 無法滿足需求，機器學習 API 能為我們開啟豐富、嶄新的可能性。此外，本章還簡短介紹了 Google 旗下的 Vertex AI，展現資料建模的極限就是所有資料科學家都很樂意使用的超級複雜模型。下一章，我們會深入探討資料活化。

## 第六章

資料活化

資料活化屬於專案的業務端，我們希望這個階段能產生投資報酬、影響力和價值。本章會納入許多不同的應用程式，藉此討論資料活化，但最常見的定義是使用自身擁有的資料，從中萃取出資訊，作為業務決策的依據或是改變使用者行為。資料專案若沒有能力改變任何情況，同樣也無法帶來任何影響力，或許就沒有存在的必要。資料專案可以透過許多方法來創造影響力：公司執行長在分配預算時，當下心中的獨特見解；資料分析師利用每日追蹤的指標，決定下一步的方向；或是具有自動更新功能的網站，會自動調整價格或內容。以上這些做法都能視為資料活化，只是有些做法比較難以衡量成效，或是影響力不足。

因此，讀者如果希望資料專案不只是用於教育訓練或是證明某個概念，就必須將資料活化視為重要的考量因素。至少在界定專案範圍時，概略說明資料活化的做法，下一節即將討論如何將資料活化列為優先考慮的項目。

和其他分析領域裡的解決方案相比，本書推薦使用 GA4 的最主要理由在於，GA4 支援的資料活化整合環境，尤其是線上業務正在使用 Google 其他數位行銷服務的讀者（例如：Google Ads）。這是 GA4 和其他產品形成差異的關鍵因素，也是 Google Analytics 免費提供服務的主要原因之一：Google 清楚知道，企業如果越能評估數位行銷活動帶來的成效，就越有可能在他們提供的服務 Google Ads 上增加廣告預算。大部分的資料活化功能是透過目標對象啟用，運用區隔從目標對象中劃分出使用者，放入 GCS 的 bucket 空間，然後匯出這些使用者屬性給其他服務使用，例如：Google Optimize、Search Ads 或 Google Ads。

資料活化的重要性

資料活化這個階段有時會被忽視,認為沒有資料建模那麼重要,但我覺得這個階段是資料專案裡最重要的一環;模擬效果差但資料活化良好的專案,會優於模擬效果好但資料活化差的專案。專案如果是在資料建模階段結束後才開始考慮進行資料活化,或是不加思索就認為專案最終的結果就是建立資訊主頁,可能會無法正確思考資料活化的價值。希望本節介紹的一些概念,能協助讀者決定該怎麼做,才能為專案帶來最佳效益。

如同本書第二章所強調的,規劃資料專案時,應該清楚了解專案達成後,理論上能帶來多少效益,通常結論就是評估額外投入資料活化階段,能為業務增加多少價值。一般是衡量能省下多少成本或是提供多少額外的收入,我們可以利用以下技巧來評估這些數字:

透過提高效率來節省時間

常見的目標是透過自動化服務,協助同事自動進行操作,並且達成最佳化。例如:將所有指標都拉到同一個地方,使用者只要登入一處就能取得他們需要的所有資訊,無須每週花費數小時登入每個不同的服務下載資料,還要自己費力將資料彙整在電子試算表裡。估算出這些使用者每個月省下的工作時數,再乘上他們的時薪,就能得出每個月可以省下多少成本的數字。

投入行銷成本後,投資報酬率提升的績效

由於 GA4 的焦點是擺在數位行銷上,所以常見的需求是提高轉換率或點閱率,通常是藉由改善使用者的相關體驗,提供更好的網站或廣告內容來達成。如果因為專案成功而真的提高轉換率或點閱率,就可以根據每個月的平均流量,計算出逐步增加的收益。

減少行銷成本

類似的活化策略可能是針對相同數量的顧客,採取更有效率的方式,如此一來就能以更低的成本,吸引相同數量的顧客。常用的技巧是透過付費搜尋,量身訂做目標關鍵字,或是根據顧客所在的地理位置,排除我們認為永遠不會購買的顧客(或許他們已經是我們的顧客了?)。然後將每個月逐步減少的成本,歸功於資料專案。

降低現有顧客的流失率

某些資料專案是以提高顧客滿意度來判斷專案是否成功,所以要提升回頭客的數量和降低顧客流失率。為了達成這個目的,我們可以透過個人化的內容,或是讓惱人的銷售模式排除現有的顧客。據說獲得一位新顧客的成本是留下現有顧客的十倍,

所以我們可以將留下現有顧客而省下的成本，或是回頭客帶來逐步增加的收入，歸功於我們的資料專案。

吸引新顧客

大部分的公司還必須定期吸納新顧客，在現有客群之外探索新的顧客區隔，以帶來更高的價值，對成長中的新創公司尤其如此。所以，資料專案的動機可能是為了找出潛在顧客，根據現有顧客或是透過關鍵字研究正在尋找類似產品的顧客，建立相似的目標對象，針對競爭對手的研究也可能在此處擔任重要角色。此後若新顧客的註冊率有任何提升，就能歸功於我們的資料專案。

進行資料活化能帶來多少價值，在許多情況下我們可以根據經驗估算，但約略估計的數字還是很重要，讓我們得以比較理想和現實的差距，當然，也可以作為批准專案預算的依據，還能協助我們鎖定需要哪些資源和必要的資料。各位讀者以後就會發現，資料活化是公司業務和技術兩者最常互動的階段。

現階段我們可能會決定資訊主頁是最佳的資料活化管道，但後續在第 215 頁的「資料視覺化」小節裡，我們會就這個假設提出警語，確保資訊主頁的表現能如我們所預期。

GA4 目標對象與 GMP 平台

許多公司偏好以 Google Analytics 作為解決方案的主要理由是，Google Analytics 能緊密結合 Google Ads 和 GMP 平台的其他服務（Google Marketing Platform，*https://oreil.ly/Q8MJj*）。GA4 具有獨特的地位，因為相較於其他分析平台，其整合能力更為出色，而且對許多公司來說，Google Ads 是最重要的數位行銷管道。

GMP 平台包含以下這些解決方案和角色：

GA4

本書的主題就是 GA4，用於評估與分析網站和行動應用程式。

Data Studio

這是一套將資料視覺化的免費線上工具，能整合許多 Google 服務，包括 Google Analytics 和 BigQuery，通常是用於呈現 GA4 結合其他來源資料的情況。

Optimize

Google Optimize 是在網站上進行 A/B 測試和個人化的工具，可以改變網站瀏覽器呈現的內容並且記錄瀏覽器活動，然後透過統計方法模擬，判斷我們設定的目標（例如：轉換率）是否已經提升。

Surveys 360

建立線上市調的工具，能在網站上跳出問卷，蒐集使用者提供的定性資料，和分析工具蒐集的定量資料形成互補。

Tag Manager（代碼管理工具）

請參見本書第 55 頁的「利用 GTM 獲取 GA4 事件」小節的說明。請將 GTM 視為放在網站上的 JavaScript 容器，所有其他用 JavaScript 寫的追蹤代碼都集中放在此處管控，無須每次更新網站，包含好用的觸發條件和變數，常用於分析追蹤事件，例如：追蹤網頁捲動和點擊。

Campaign Manager 360

廣告客戶和代理商專用的集中式數位媒體管理工具，便於掌控數位廣告的投放時機和刊登位置。

Display & Video 360

這項服務是提供給想在網路上以影片打廣告的企業使用，協助使用者設計廣告素材、購買廣告空間，以及將廣告活動的成效最佳化。

Search Ads 360

這項服務是提供給想在搜尋引擎（包含 Google Ads、Bing 和 MSN）以關鍵字打廣告的企業使用。

上述這些平台裡，除了偏向資料擷取管道的 GA4 和 Surveys 360，其餘都被視為資料活化管道。GMP 平台的主要賣點是可以在 GA4 建立目標對象，然後匯出給其他服務使用（若有徵得使用者同意）。

這表示我們利用 GA4 蒐集的資料（例如：使用者偏好），可以用來影響使用者在其他管道（像是影像或搜尋）看到的媒體，下一節會介紹如何在 GA4 設定目標對象。

目標對象是 GA4 的一項功能，可以將我們蒐集的指標、使用者屬性和維度，整合到經過分類的雲端空間或是具有相似資料值的區隔。目標對象的第一個用途是幫助我們分析，例如：從所有人之中找出曾經購買或檢視過特定內容的人。我們可以加入許多條件，創造出非常特定的目標對象，將這些目標對象擴大使用在其他服務，會發揮巨大的力量，因為目標對象可以用來為部分特定使用者提供量身訂做的內容或網站行為。

GA4 示範帳號（*https://oreil.ly/fpQiY*）的資料是來自於 Google 商品網路商店（Google Merchandise Store），透過示範帳號可以檢視一些範例現有的目標對象；進入示範帳號後，透過介面選單上的設定／目標對象，會看到右側介面中列出各種條件的目標對象，請參見圖 6-1。從這個範例中，我們可以快速瀏覽各種類型的目標對象。

Audience name	Description	Users ⑦	% change	Created on ↓
✨ I/O 22	Users who are predicted to generate the most rev...	1,803	-	Apr 18, 2022
✨ I/O 2022	Users who are predicted to generate the most rev...	3,101	-	Apr 11, 2022
Test Audience		1,969	-	Apr 8, 2022
Session Start and more than ...		34,768	↑238.8%	Mar 21, 2022
Session Start >>> Viewed App...		5,150	↑15.0%	Feb 1, 2022
testaudtrigger		< 10 Users	-	Jan 19, 2022
✨ Predicted 28-day top spenders	Users who are predicted to generate the most rev...	4,729	↑36.0%	Jan 12, 2022
Untitled audience		< 10 Users	-	Oct 21, 2021
(Session Start >>> Viewed Ap...		18,552	↑9.6%	Sep 30, 2021
Add to Cart		8,777	↑31.8%	Sep 15, 2021
✨ Likely 7-day purchasers	Users who are likely to make a purchase in the ne...	7,268	↑8.8%	Aug 24, 2021
✨ Likely 7-day churning users	Active users who are likely to not visit your proper...	799	↓38.3%	Aug 20, 2021
Android Viewers	Those that have viewed Android products	1,592	↑18.8%	Nov 4, 2020
Campus Collection Category ...	Those that have viewed the campus collection ca...	1,263	↑20.3%	Nov 4, 2020
Engaged Users	Users that have viewed > 5 pages	19,853	↑22.1%	Oct 5, 2020
Added to cart & no purchase	Added an item to the cart but did not purchase	8,527	↑31.3%	Sep 17, 2020
Purchasers	Users that have made a purchase	1,960	↑9.1%	Sep 17, 2020
Users in San Francisco	Users in San Francisco	1,204	↑28.8%	Jul 31, 2020
Recently active users	Users that have been active in the past 7 days	66,593	↑16.0%	Jul 31, 2020
All Users	All users	88,631	↑15.1%	Oct 19, 2019

圖 6-1　GA4 示範帳號的目標對象清單來自於 Google 商品網路商店

圖 6-1 有幾個不同類型的目標對象，本章會將焦點放在：

啟動新的工作階段而且瀏覽超過兩個頁面（*Session Start and more than two page views*）

在這個範例中，目標對象的建立條件是計算事件的參數個數。利用「建立自訂目標對象」功能，納入具有 session_start 事件（例如：進入網站）而且 page_view 事件數大於 2（Event count > 2）。某種程度來說，這個目標對象就像是升級版的參與度區隔。圖 6-2 顯示這個目標對象的設定方式。此處簡單地將條件設定為三個以上的 page_views 事件，所以只要改變條件式「Event count」的判斷值。讀者也可以使用 page_view 以外的任何事件，例如：購買事件或自訂事件。

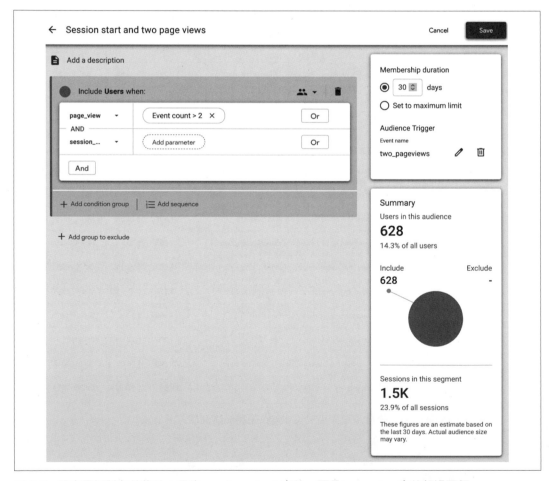

圖 6-2　設定目標對象的條件：發生 session_start 事件，而且 page_view 事件超過兩個

注意：使用者成為目標對象的成員之後，還可以觸發其他事件，能用於其他區隔或評估目的。

加入購物車但沒有購買（*Added to cart and no purchase*）

這個範例中的區隔會納入一組使用者，排除其他使用者。Google 商品網路商店有興趣的區隔，是那些想要購買但最後卻沒有購買的使用者，這些使用者或許會是不錯的廣告目標嗎？為了達成這個目的，目標對象會包含所有已經加入購物車的使用者，但排除其中已經購買的使用者。再舉一個這種類型的範例（請參見圖 6-3），這次目標對象設定的使用者，是那些有收到行動版網頁通知，卻沒有打開訊息來看的使用者。我們可以決定目標對象是否要納入或排除任何我們蒐集到的事件，還可以設定時間窗口限制，例如：若使用者沒有在五分鐘內或 30 天內閱讀訊息。

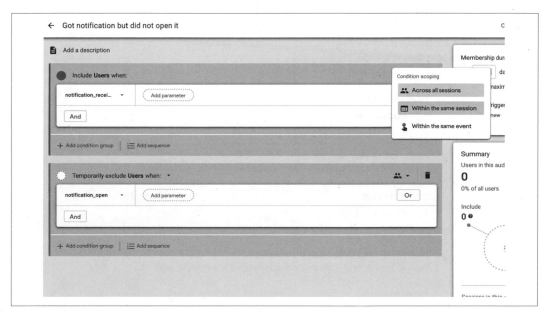

圖 6-3　設定目標對象是那些有收到通知卻沒有打開的使用者

預測顧客（*Predicted customer*）

GA4 的新功能不只有擷取資料，還能根據我們蒐集到的資料預測趨勢，協助我們採取行動。GA4 是透過預測指標來啟用這項新功能，根據以前顧客資料所預測出來的趨勢，評估未來會有多少顧客轉換或購買。這項強大的功能，可以協助我們影響顧客的購買決策。不過，只有當我們有足夠的資料可以準確預測時，才能使用這些預測指標；利用這項功能後，GA4「目標對象」選單介面的「預測」選項下方，會出現建議目標對象，請參見圖 6-4。利用「目標對象」提供的這些預測指標，區隔出會執行該項行動的使用者，數位行銷活動可以利用這些資訊，決定是否要針對或排除這些使用者。圖 6-4 顯示預先產生的範本可以使用的幾個目標對象。

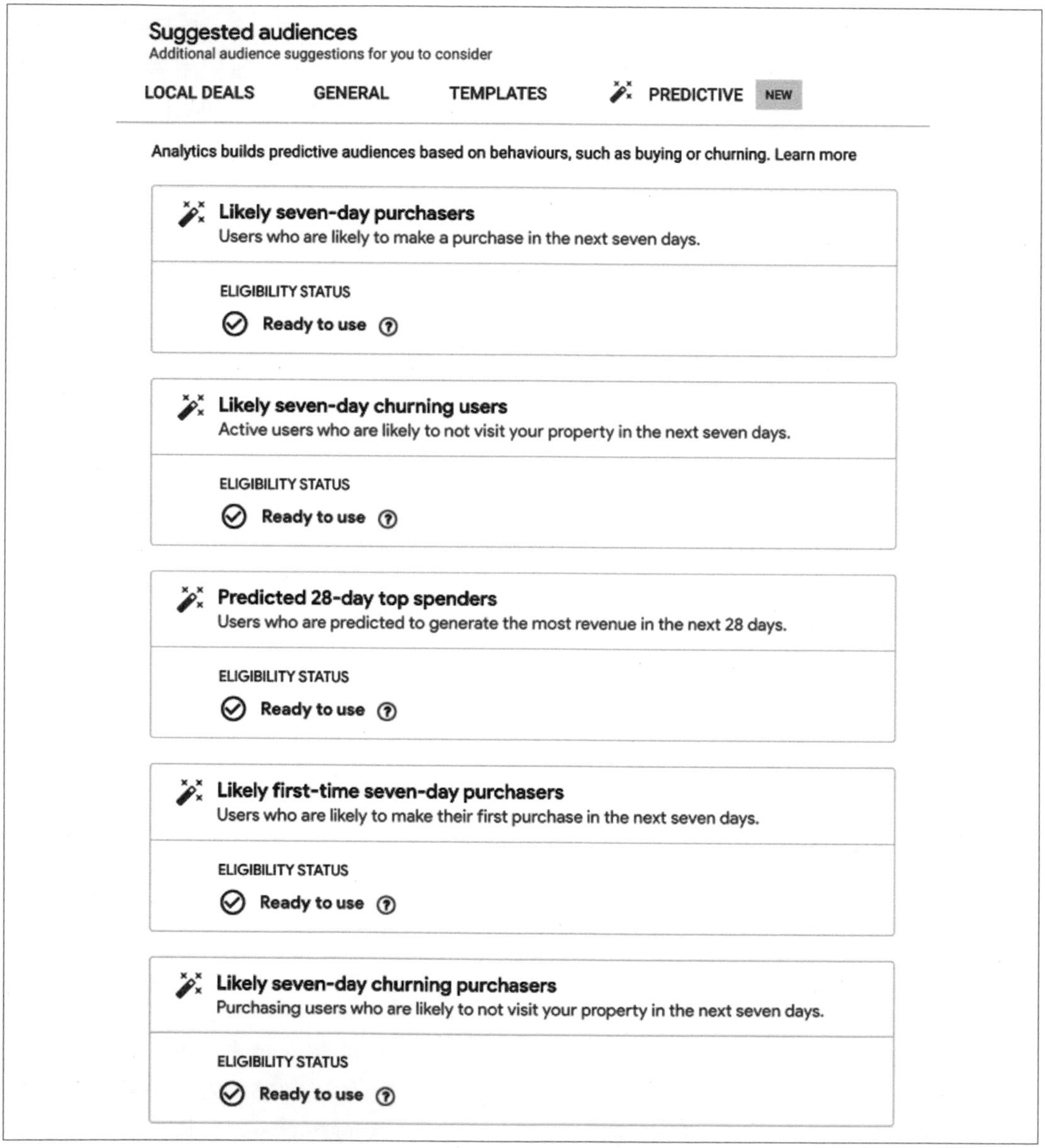

Suggested audiences
Additional audience suggestions for you to consider

LOCAL DEALS   GENERAL   TEMPLATES   ✨ PREDICTIVE   `NEW`

Analytics builds predictive audiences based on behaviours, such as buying or churning. Learn more

✨ **Likely seven-day purchasers**
Users who are likely to make a purchase in the next seven days.

ELIGIBILITY STATUS
⊘ Ready to use ⑦

✨ **Likely seven-day churning users**
Active users who are likely to not visit your property in the next seven days.

ELIGIBILITY STATUS
⊘ Ready to use ⑦

✨ **Predicted 28-day top spenders**
Users who are predicted to generate the most revenue in the next 28 days.

ELIGIBILITY STATUS
⊘ Ready to use ⑦

✨ **Likely first-time seven-day purchasers**
Users who are likely to make their first purchase in the next seven days.

ELIGIBILITY STATUS
⊘ Ready to use ⑦

✨ **Likely seven-day churning purchasers**
Purchasing users who are likely to not visit your property in the next seven days.

ELIGIBILITY STATUS
⊘ Ready to use ⑦

圖 6-4　只要符合條件，就能使用 GA4 配置的功能「預測目標對象」

在 GA4 建立目標對象並且匯出到我們選擇的 GMP 平台服務，就能活用資料，下一節要介紹的 Google Optimize 就是其中一項服務。

Google Optimize

Google Optimize 是網站測試工具，提供不同版本的內容給使用者，從而判斷哪一個版本的執行效果最好。Google Optimize 允許使用者測試網站採用哪種假定的做法才能獲得更好的成效。例如，假設我們懷疑網站上「加入購物車」這個按鈕會讓顧客感到困惑，因為他們不習慣這種功能按鈕會是這種顏色。於是，我們想將按鈕改成綠色，或許會帶來更高的轉換率，但是萬一假設錯誤，也不希望因此而不小心降低營收。利用像 Google Optimize 提供的 A/B 測試工具，就能同時對這兩個變化版本進行測試：為某些顧客提供其中一個變化版（A），對某些顧客則提供另外一個變化版（B）。比較兩個版本的成效，應該能提供資料依據，讓我們判斷哪一個版本才是最好的選擇。Google Optimize 還允許我們暫時改變網站的外觀，測試這些變化版本，而且確保某位網站訪客一定只會看到同一個變化版。我們還可以進一步擴展這些功能，將特定內容提供給某些特定目標對象或區隔（包含 GA4 定義的 GA 目標對象）。

以往只有購買 Optimize 360 的付費客戶，才能使用通用 Analytics 匯出 Google Analytics 設定的區隔。GA4 消除了這項障礙，開放每個使用者都能根據 GA4 定義的目標對象，對網站進行個人化、實驗和即時改變網站內容。

將 Google Optimize 和 GA4 帳號建立關聯之後，還必須安裝另一段 JavaScript 程式碼（*https://oreil.ly/kWNlz*），透過 Google Optimize 控制網站顯示的內容，然後連結 GA4 帳號。

完成安裝和連結設定之後，GA4 目標對象的資料就會開始出現在 Google Optimize 的介面裡。網站內容產生之後，接下來就是選擇誰應該看到這個網站內容，也就是選擇 GA4 目標對象，請參見圖 6-5。

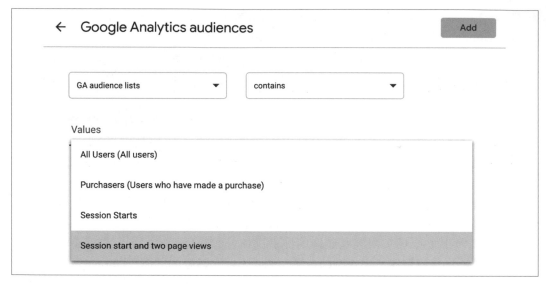

圖 6-5　在 Google Optimize 選擇 GA4 定義的目標對象

此處只應用了其中一種做法，但各位讀者活用 Google Optimize 時有很多選擇，包含執行 A/B 測試、改變內容以及將使用者重新導向另一個頁面，但我選擇的做法是在網站最上方顯示橫幅廣告，目的是示範區隔，讀者日後造訪我的部落格時（這是提示），就會看到這項做法確實可行。造訪我的網站後，應該會看到類似圖 6-6 的內容。

在我撰寫本書之際，Google Optimize 還是 Beta 版，讀者可能需要花一、兩天的時間，才能在自己的網站上看到變化。

我證明這項觀念的目的，是想啟發讀者利用 Google Optimize 整合 GA4，為網站提供更多相關的使用案例。希望以相當簡單的方式，透過 GA4 事件直接改變網站內容，鼓勵讀者在網站上對使用者歷程進行實驗，這是很好的資料活化例子：資料會改變使用者行為。

下一節會介紹一些資料視覺化工具，這是踏上資料活化之路的第一站。

圖 6-6　設定網站訪客符合 GA4 目標對象區隔時，就會觸發網站橫幅廣告

資料視覺化

資料視覺化流程是將資料繪製成圖表或是從資料中萃取出資訊，提供給資訊主頁使用者參考，幫助他們進行決策、監控或預測趨勢。這個領域很大，市面上已有許多優秀的教科書介紹這方面的基礎知識，所以本節內容會聚焦在如何啟用 GA4 提供的視覺化工具，以及視覺化流程中會用到的一些工具。

我剛進入職場時，非常熱衷於建立資訊主頁，但隨著我對資訊主頁的熱情逐漸冷卻，後來我都告訴大家資訊主頁其實發揮不了作用。讓我如此垂頭喪氣的主因是因為我監控了資訊主頁的使用情況，發現自己投入大把時間、精心打造的工具，剛開始每天都有人使用，但很快就發生令人沮喪的情況，使用人數直線下降，甚至變成無人使用，但許多資料工作者卻仍然得付出心力去產生這些指標。

不過，現在的我對資訊主頁其實已經有些改觀，不再給大家這種建議——資料活化時不要用資訊主頁，我認為如果處理得當，這項工具會是很好的起點。但我還是會挑戰資訊主頁的用法，而非接受預設的做法，幾乎所有公司普遍都存在這樣的情況，尤其是在討論如何活用資料。下一節我會介紹一些跟資訊主頁相關的議題，希望各位讀者能從我的錯誤中汲取教訓。

讓資訊主頁發揮作用

資訊主頁需要搭配一項基本的假設條件：在資訊主頁檢視資料的人會從中獲得見解，然後將他們看到的這些資訊提供給公司，幫助公司以資料導向的方式進行決策。然而，要實現這項假設並不容易，不應該隨意揣測，必須滿足以下幾項準則：

將正確的資料傳送給資訊主頁

首先，讓資料進入資訊主頁是一項技術性工作流程。這項流程可以非常簡單也可能非常複雜，要看我們從資料來源中拉出來的資料量有多少。許多人天真地以為主要工作任務就只有資料活化，但是各位讀者只要繼續看下去，就會知道還有其他考量。

檢視當下能看到有意義的資料

資訊主頁專案一開始通常是先界定使用者範圍，也就是打算提供給哪些人使用，以及這些人使用資訊主頁的目的是什麼。然而，多數公司不是靜止不動的狀態，所以等到專案開發完成時，可能都跟最初界定的使用者相去甚遠。通常只要從資訊主頁的登入人次隨時間急遽下降，就能看出這個情況。可能的解決方案會是讓資訊主頁提高互動性或是成為分析工具，終端使用者可以透過一些服務，自主維持資料間的相關性。

以簡潔明瞭且淺顯易懂的方式來呈現資料

這是一個深入而且複雜的領域，牽涉到設計、UX 和資料解讀心理學。不同的兩個人看同一份資料，然後提出相反的結論，這是相當常見的情況，因為他們是在各自的背景環境下檢視資料而獲得資訊。保持資訊主頁聚焦而且精簡是我們最大的動力，但這與本書之前提出的觀點有所衝突，因為我們想在資訊主頁畫面上一口氣呈現大量的資料，讓使用者同時看到所有使用案例的相關資料。

讓使用者信任資料

即使從技術觀點來看，所有一切是如此完美，但終端使用者沒多久就不會再信任手上的資料。只要經歷過幾次逾時、資料處理錯誤或是輸入錯誤的資料，整個專案在使用者眼中就一文不值。某些情況則是使用者不滿意資料提出的答案。這些問題都只能透過大量的溝通，盡量讓資料管道保持健全，才能真正獲得解決。

使用者有足夠的能力可以推動資料分析，並且根據資料採取行動

就算資料分析師手上有完美的資訊主頁，但如果不能對老闆或其他利益關係人做出的結論造成影響，終究無法對業務利潤發揮影響力。因此，界定使用者範圍時，關鍵要求之一便是挑選出適合的利益關係人，再來開發資料產品。

讀者若能確實滿足以上這些準則，或許就能建立可靠的資訊主頁，但關鍵仍是定期檢視，維持所有資料的相關性。針對資料視覺化的需求，除了考慮 GA4 本身提供的選項，我們還會介紹一些更進階的選擇方案，包括 Google Data Studio、Looker 和其他服務供應商。

GA4 資訊主頁的選項

登入 GA4 之後會看到它有搭配自己的視覺化工具，對某些使用者來說，這是他們以互動方式呈現資料的唯一管道。我通常會花費約 20% 的工作時間處理 GA4 報表資料，多半只是用來驗證我蒐集的資料是否已經進入 GA4；不然就是透過 API、BigQuery 或 GA4 的各種整合服務，處理 GA4 的資料串流。

我認為那些不太願意轉換到 GA4 的使用者，是拿他們習慣依賴通用 Analytics 的傳統網頁介面作為藉口，因為許多 GA 使用者在不知不覺中學到了某些比較繁複的方法來取得他們需要的資料。當全新的 GA4 出現後，這些使用者必須重新學習使用方法，而且 GA4 剛推出的時候，還不能使用某些報表（我指的就是「到達網頁報表」！謝天謝地，現在可以執行這個報表了）。一方面要學習全新的 GA4 報表介面，另一方面又得使用這些不熟悉的方法，致使一些通用 Analytics 的使用者在剛開始使用 GA4 時就感到挫敗，覺得兩者根本不是同一套系統。在不熟悉 GA4 的情況下，使用者面對新業務的變通方案就是乾脆換成 Data Studio 或是其他視覺化工具來匯入 GA4 資料，因而變成只有比較熟悉技術面的使用者會利用 GA4 WebUI。然而，這表示其他使用者會錯失許多 GA4 網頁介面提供的創新功能，這些都是以往通用 Analytics 做不到的事。

GA4 網頁介面提供兩種不同的報表模式，若將兩者相互比較，有時可能會產生混淆，建議讀者可以將這兩種報表當成以不同規則闡述和呈現資料的方式。使用「標準報表」時要點選 GA4 左側導覽面板的「報表」，「探索」報表則是點選導覽面板的「探索」。標準報表是將簡單報表彙整為總體報表，但缺乏區隔也沒有篩選資料；「探索」報表具有更多分析功能，例如：區隔、篩選、漏斗和路徑，但可能會受到取樣資料的影響。讀者若想進一步了解這兩種報表的差異，請參見 Google 文件「報表和探索的資料差異」（GA4 Data Differences Between Reports and Explorations，*https://oreil.ly/Jm73b*）。

GA4 報表

GA4 的「報表」和「探索」報表不同，是提供最上層的總覽資訊，將我們發送給 GA4 的事件資料彙整成每日趨勢線，請參見圖 6-7。

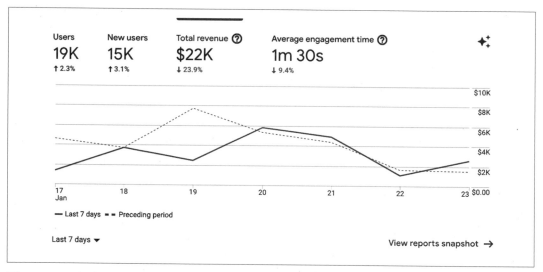

圖 6-7　GA4 標準報表，顯示 GA4 事件的即時更新資料和趨勢

GA4「報表」功能選單中，最下方的功能是「媒體庫」（Library），提供各種自訂報表的設定選項，為登入 GA4 的終端使用者逐步產生新的自訂報表。用於實務工作上，可以幫助我們限制登入的使用者裡只有相關人員才能看到報表。以往對通用 Analytics 的批評裡，有一項確實比較合理，就是新的使用者初次登入後會看到海量的報表，這樣的體驗讓使用者感到眼花撩亂。因此，我們可以限制使用者只能看到部分報表，包括某些功能性跟通用 Analytics「資料檢視」（Views）相同的報表，限制使用者只能存取某些資料報表。以下是 GA4 提供的預設報表，我們可以從中選擇並且提供給使用者：

即時報表

這組資料適合用於評估當天採取的行動，例如：假設我們想看最近 30 分鐘內，當日行動對網站的影響力，可能是社群媒體貼文、推出的行銷活動或是追蹤部署的程式碼。相較於通用 Analytics，GA4 提供的即時資料集更為豐富，我們可以即時比較行銷活動是否有針對特定族群，或是點擊「使用者快照」（user snapshot），檢視特定使用者的行為。Data API 也能即時取得這項資料。

客戶開發報表

這組資料是顯示使用者透過哪些管道抵達我們的網站。GA4 和通用 Analytics 兩者之間的主要差異在於，GA4 有同時提供「獲取新客」報表和「流量開發」報表，分別對應首次接觸和最後一次接觸的使用者是來自哪一個管道。這組報表還可以加入第二個維度，包括「到達頁面」（這是工作階段看到的第一個頁面），請參見圖 6-8。

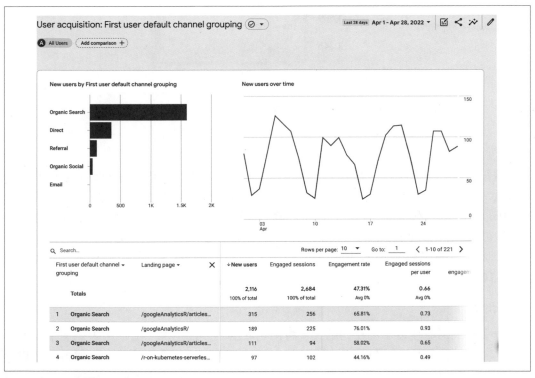

圖 6-8 這份報表顯示使用者初次來到我的部落格時，是利用哪些管道；顯然，自然搜尋對我最有用！

GA4 還能讓我們選擇檢視某個特定工作階段促成的轉換貢獻度，操作方式是從「事件計數」或「轉換」欄提供的下拉式選單改變，請參見圖 6-9。

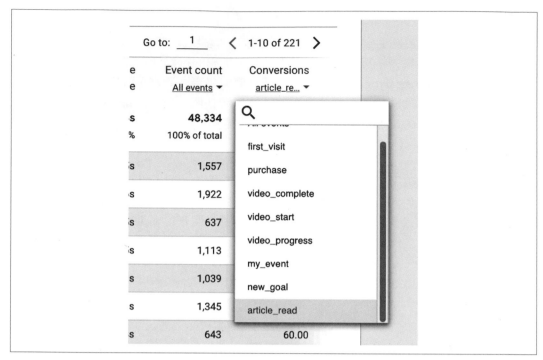

圖 6-9　選擇檢視該管道促成哪些事件或目標轉換

參與報表

這組報表內容顯示網站觸發了哪些事件。可以個別檢視我們發送的單一事件及其參數。此處還可以檢視網頁指標，類似通用 Analytics 提供的「所有網頁」報表（All Pages）。依照跟圖 6-9 相同的程序，還可以檢視某個網頁對目標的貢獻度，GA4 中最細的資料項目是事件。好用的報表包含針對檢視某個事件的使用者進行比較，例如：我對那些來看我的部落格的人執行 googleanalytics_viewers 事件，請參見圖 6-10。

營利報表

讀者如果是處理電子商務網站，就會用到收益和其他指標。這組報表提供了產品分析需要的各項比率，例如：加入購物車、檢視購物車和購買等等，但讀者可能更想使用「探索」模組提供的報表來分析產品，像是漏斗和使用者歷程路徑，將這組報表留做總體次數和比率使用。此外，若讀者是廣告發布商，也能在這組報表裡找到每個網頁的廣告收入數字。此處還能看到一些新的指標，例如：終身價值。

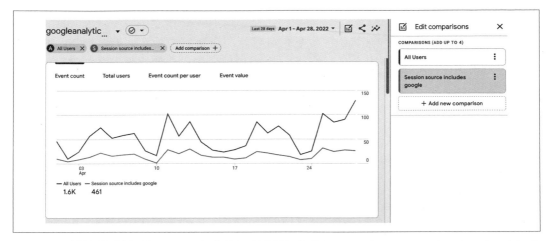

圖 6-10 比較目標對象「All Users」（所有使用者）和「Session Source includes Google」（包含 Google 在內的工作階段來源），利用指標計算每個目標對象存在多少 googleanalytics_viewers 事件

回訪率報表

回訪率報表是依同類群組劃分的分析指標，例如：新使用者和回訪者以及 7 天、14 內回訪的使用者等等。圖 6-11 的範例截圖是來自 Google 提供的 GA4 測試帳號，可以看到圖中有標記出流量的高峰，有助於指出我們會想執行深入分析的地方。

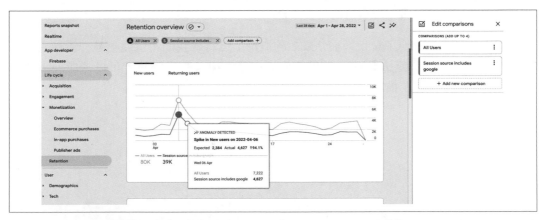

圖 6-11 在 GA4 示範帳號提供的商品資料裡，發現資料急遽上升的異常情況（資料來自 Google 商品網路商店）

「客層」報表

這組報表帶有使用者詳細資訊，像是來自哪個國籍和語言設定。若選擇加入 Search Ads 360 提供的更進階的人口特徵資料，此處還能看到包含使用者年齡、興趣和性別的預估結果。

「科技」報表

這組報表包含的詳細技術資訊跟使用者瀏覽網站或應用程式時利用的裝置有關，例如：使用桌機或行動裝置、瀏覽器以及螢幕解析度。

Firebase 報表

Firebase 提供各種報表，有助於監控行動應用程式，例如：使用者當機率和應用程式版本。

利用 GA4 報表提供的媒體庫集合功能，我們可以將最常檢視的報表整合在一起，自訂一份報表清單。以我自身經營的部落格為例，我最感興趣的部分有：每個到達頁面的流量來自哪裡、透過搜尋控制台整合的搜尋查詢以及參與度指標。

利用媒體庫的功能，我在 GA4 報表底下自訂一個名稱為「My Blog」的報表集合，請參見圖 6-12，範例截圖右側列出我們可以使用的報表，只要將登入 GA 時想看到的報表拖曳到左側。此處有各種類型的報表，例如：包含統計資料摘要的總覽資訊或列出更多維度的詳細資訊。選擇想要看到的報表以及為報表及和命名之後，GA4 主網頁介面左側的「報表」功能底下就會出現自訂的報表集合。

標準報表非常適合初步了解目前網站成效的概況，但有時我們希望能更進一步深入分析和處理資料。當我們無法從 GA4 的標準報表中獲得深入的見解時，可以考慮利用下一小節要介紹的「探索」模組。

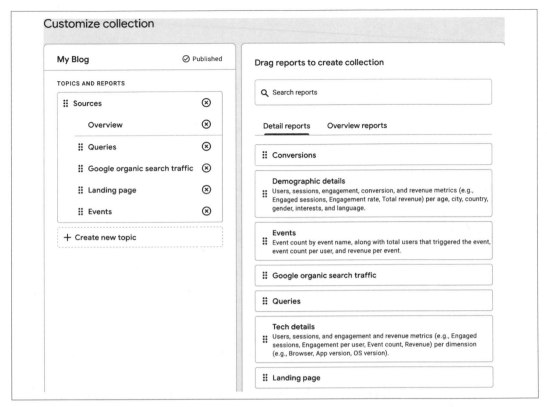

圖 6-12　我為自己的部落格自訂一組 GA4 報表

GA4 的「探索」技巧

讀者登入 GA4 帳號之後，透過左側選單中的「探索」，就能使用出現在右上方介面中的各項 GA4「探索」技巧。這些技巧更適合需要臨時查詢資料的探索報表，以及用於作為排序、深入分析、篩選和區隔工具。我們還可以利用這些技巧來建立 GA4 的目標對象，然後用在 GMP 平台提供的其他服務上（請參見第 207 頁的「GA4 目標對象與 GMP 平台」小節的說明）。打算利用「探索」技巧的讀者，請使用類似以下的流程：

1. 建立「探索」：使用範本建立新的「探索」或是選擇現有的「探索」報表，例如：GA4 提供的預設報表，這是本書後續要分析的使用案例的背景資料。請參見圖 6-13 的起始畫面截圖。

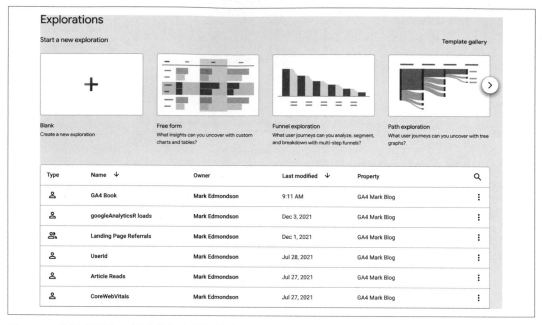

圖 6-13　啟用「探索」的流程包含從起始畫面選擇或建立一個「探索」

2. 選擇變數：從「變數」面板中按下「＋」按鈕，可以新增或移除我們需要的相關區
   隔、維度和指標。允許我們專注於眼前需要的變數，避免資訊過量，請參見圖 6-14。
   日後若有需要，我們隨時都能回來更改這些欄位。

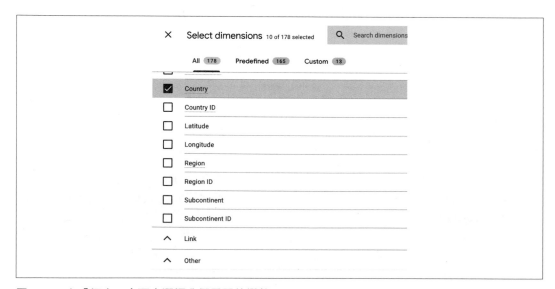

圖 6-14　在「探索」介面中選擇我們需要的變數

3. 選擇技巧：在下一個分頁的欄位裡選擇分析技巧，設定範圍有表格、漏斗探索、路徑圖和區隔重疊圖，這些技巧都具有不同的功能。請參見圖 6-15 的範例截圖，對「區隔重疊」按右鍵，可以深入分析這些區隔或聯集內的使用者，也可以從這些區隔建立目標對象和子區隔。

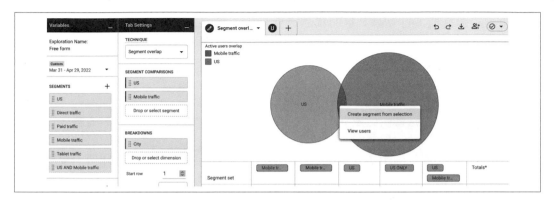

圖 6-15　「探索」模組包含各種不同功能的報表，範例截圖中使用的技巧是區隔重疊，目的是找出哪些使用者是來自美國，而且是使用行動裝置

4. 套用資料欄位：為「探索」報表套用區隔、篩選器和欄位。考量使用案例的分析需求，為適合的維度和指標導入視覺化技巧，請參見圖 6-16。

圖 6-16　選擇「探索」報表要套用的變數欄位

5. 迭代和分析：重複前面的步驟，加入更多欄位、區隔和篩選器，以獲取我們需要的資訊。一切準備就緒後，可以選擇與其他 GA4 使用者共享資料，也可以將資料匯出成 PDF 檔或 Google 試算表。

資料分析內容取決於各種「探索」技巧，我們希望這份工具清單不斷增長，所有工具都能透過按右鍵就能進行互動，幫助我們進行分析「流程」。從 GA4 資料進行深入分析時，這些技巧是最大的因素，此處會簡短介紹這些技巧（截至本文撰寫的當下）和可能會用到的功能：

任意形式探索

初次使用的人通常會由此處開始，因為這項「探索」技巧包含傳統的資料表和繪製圖表的選項，例如：折線圖、散布圖、長條圖和地理區域地圖。使用折線圖會啟用時間序列的功能，例如：當進行評估時發現不尋常的活動，會特別標示出異常偵測的情況，請參見先前圖 6-16 的範例截圖。

使用者多層檢視

這項技巧產生的報表是讓我們深入分析各個 cookieId，提供非常細項的詳細資訊，範例請見圖 6-17。利用這份報表探索特定區隔的使用者，查看使用者觸發了哪些事件，若有必要，還能從這個報表刪除使用者資料。有個非常適合的使用案例，就是針對我們想分析的一組特定行為，建立使用者區隔，例如：使用者點擊某個內部橫幅廣告卻沒有購買。找出所有行為相似的使用者，針對他們建立目標對象，或許是透過 Google Optimize 進行 A/B 測試（請參見第 213 頁的「Google Optimize」小節的說明）。

區隔產生器

這項技巧是讓我們以視覺化的文氏圖來呈現區隔，幫助我們產生子區隔，請參見圖 6-15 顯示的範例。

圖 6-17　選擇事件，就能針對行為類似的使用者，快速建立相似的區隔和目標對象

路徑探索

這項技巧是讓我們回答跟使用者流程相關的問題，例如：「使用者檢視這個頁面之後，最終去了哪裡？」由於 GA4 是以事件為基礎，所以這個問題可以延伸成「這個點擊 / 檢視 / 購買等等動作觸發之後，發生了什麼事件？」「前後」事件可以發生在相同的工作階段內，也可以跨多個工作階段，事件名稱和網頁標題以圖 6-6 使用的橫幅廣告為例，這個橫幅廣告會連結到一篇關於我撰寫本書的貼文，但訪客有點擊這個廣告嗎？我只要檢查流量，就可以知道這個頁面被檢視了幾次，請參見圖 6-18。

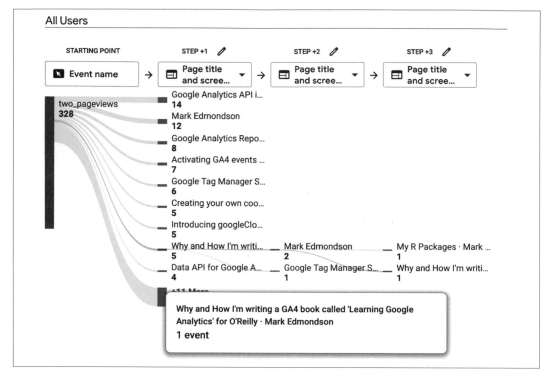

圖 6-18　利用路徑分析技巧，查看 `two_pageviews` 事件觸發之後，訪客造訪了哪些頁面

漏斗探索

漏斗探索是數位行銷領域裡常見的分析技巧，其概念是想像使用者從某一個頁面前往另外一個頁面，例如：在產品頁面加入購物車，然後前往付款頁面完成付款。假設使用者進入這個漏斗的頂部（或者說是起始頁面），依照我們預測的步驟到達漏斗的底部。專注於將這段使用者歷程最佳化，以降低使用者流失率（或者不前往下一步），是改善轉換率時常用的最佳化技巧。這項技巧跟路徑分析相關，但更關心使用者進入事先定義好的漏斗中的比率和途中就放棄離開的流失率。這份報表通常會作為最佳化的資料來源，例如：用於提高點擊率或是電子商務轉換率，也是幫助我們了解日後資料專案應該聚焦於何處的重要起點。事件或網頁瀏覽也能作為漏斗步驟。在這個以漏斗呈現的視覺圖中，我們還可以按右鍵取得「使用者多層檢視」報表（請參見圖 6-17），了解是哪些使用者中途離開，這點在通用 Analytics 版本裡就比較不容易達成，請參見圖 6-19 顯示的範例。

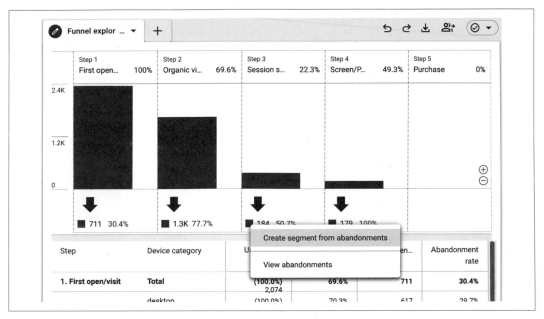

圖 6-19　檢視使用者退出漏斗的歷程中，可以利用選項深入分析是哪些使用者沒有進入漏斗的下一步

同類群組探索

相較於使用者造訪或回訪網站的頻率，同類群組探索更重視使用者分組。這項技巧有助於衡量網站的「黏著度」，如果是營運發行商網站，網站營收依賴廣告收入時，這份報表還能作為 KPI。我們可以根據區隔和其他維度來細分同類群組，決定使用者須符合哪些初始條件才能視為訪客。例如：我為檢視 Google Analytics 內容的使用者設定了一個觸發事件，然後利用同類群組，比較這些使用者回訪的頻率是否跟檢視 BigQuery 內容的使用者一樣，請參見圖 6-20。

這一小節我們介紹了許多可以在 GA4 介面中選用的視覺化技巧。不過，各位讀者有可能手上已經有其他視覺化工具和工作流程，所以不想使用 GA4 報表；或者是不想授權資料給 GA4 使用，亦或者是偏好商務使用者處於自己更能掌控的環境中。接下來我們要針對這些視覺化需求，介紹 GA4 以外可供使用的其他視覺化工具，首先登場的是 Google Data Studio。

	MONTH 0	MONTH 1	MONTH 2	MONTH 3	MONTH 4	MONTH 5	MONTH 6
All Users Active users	5,469	334	98	62	23	15	6
Oct 1 - Oct 31, 2021 1,052 users	1,052	71	20	23	13	8	6
Nov 1 - Nov 30, 2021 911 users	911	63	30	20	13	9	
Dec 1 - Dec 31, 2021 565 users	565	63	19	11	3		
Jan 1 - Jan 31, 2022 1,516 users	1,516	97	40	22			
Feb 1 - Feb 28, 2022 607 users	607	61	16				
Mar 1 - Mar 31, 2022 586 users	586	51					
Apr 1 - Apr 29, 2022 554 users	554						

圖 6-20　觸發 googleanalytics_viewer 事件的使用者裡，數個月之後還有多少人會回來造訪網站？

Data Studio

有人可能會提出這種論點，認為過去在通用 Analytics 沒有太多經驗的使用者，現在應該改用 Data Studio 來跟 GA4 連結。我認為需要進階功能的使用者應該繼續使用 GA4 介面進行配置和進階分析，但多數輕量級的業務分析，或許用 Data Studio 分析的效果更好。

Data Studio 無所不能嗎？

我們確實有可能只用 Data Studio 的功能就完成整個資料專案：將 Data Studio 連結資料來源，把擷取到的資料儲存在 Data Studio 的資料表裡，利用內建的合併能力或計算出來的指標來進行模擬。針對小型專案，這是目前最快的方式。然而，我要提出一項警告：千萬不要只靠 Data Studio 來執行複雜的專案。在某些情況，我們手上用來處理資料工作（例如：資料建模）的工具未必是最佳選擇，改用其他工具（像是 BigQuery SQL）來執行相同的工作，可能效果更好，否則最終也只是浪費時間和資源。根據經驗法則：Data Studio 最適合擔任的角色是「視覺化」工具，至於轉換、合併資料等等其他工作，最好還是留給其他工具去執行。

以 GA4 作為 Data Studio 的資料來源，有兩個選項：利用 Data API，或是在 GA4 匯出原始資料然後串接 BigQuery。透過 Data API 建置的速度較快，而且可以存取標準報表使用的相同資料，但很難產生進階報表，例如：漏斗和區隔；使用 BigQuery 則能存取任何我們需要的資料，但會牽涉到複雜的 SQL 指令才能解決問題。

我認為 Data Studio 的最佳用途是作為分析工具，因為使用方式夠簡單，分析師自己就能操作，無須為他們建立事先定義好的資訊主頁。或許可以讓分析師先從範本開始使用，但我認為 Data Studio 設計時的主要目的，應該是希望大部分的人只要花點時間，就能相當快速地繪製出折線圖或圖表，不過，前提是這些人至少要具備使用像微軟 Office 套件這樣技能。為了簡化工作，分析師必須串接資料內容漂亮、乾淨俐落、有用而且是彙整過的資料表，我強調過產出這樣的資料表是資料工程師的工作重點。與其為每位使用者建立完美的資訊主頁，不如盡力讓這些資料表為他人產生用處，以這些資料表為基礎建立個人化分析，帶來更好的價值。

Data Studio 串接資料表有兩種方式可以選擇：利用 Google Analytics 連接器使用 Data API 直接串接 GA4 資料表，或是利用 BigQuery 連接器串接從 GA4 匯出的原始資料。進入 Data Studio，點擊「Resource」（資源）選單底下的「Add data to report」（將資料加入報表），Data Studio 會拉出一份我們可以使用的資料來源清單並且顯示在介面裡，請參見圖 6-21。

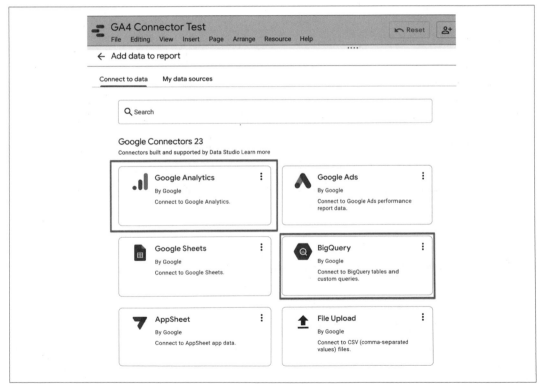

圖 6-21　利用 Google Analytics 連接器（左上），透過 API 串接資料表；若已將 GA4 資料匯出到 BigQuery（強烈推薦這個做法！），也可以透過 BigQuery 連接器（中右）串接資料表

Data Studio 支援的兩種串接做法，都能輕鬆顯示我們需要的指標，而且前面出現的結果一樣。為了驗證這一點，我拿「Event name」（事件名稱）和「Event count」（事件計數）這兩個資料表來比較兩種串接方法，即使其中一個方式的資料表是直接來自 Google Analytics 連接器，但另一個是來自 BigQuery，兩者提供的結果數字相同，請參見圖 6-22。

GA4 Connector

	Event name	Event count ▼
1.	page_view	7,269
2.	fetch_user_data	4,856
3.	user_consent	4,713
4.	article_read	4,250
5.	session_start	3,934
6.	r_viewer	3,567
7.	user_engagement	3,131
8.	CLS	2,905
9.	LCP	2,822
10.	first_visit	2,176
11.	scroll	1,853
12.	gtm_viewer	1,736
13.	googleanalytics_viewer	1,613
14.	docker_viewer	1,557
15.	FID	1,524
16.	bigquery_viewer	1,039
17.	click	595
18.	two_pageviews	339
19.	optimize_personalization_impression	116
20.	r_package_loaded	111

1 - 20 / 20   〈　〉

GA4 BigQuery

	Event Name	Event Count ▼
1.	page_view	7,269
2.	fetch_user_data	4,847
3.	user_consent	4,714
4.	article_read	4,250
5.	session_start	3,934
6.	r_viewer	3,567
7.	user_engagement	3,132
8.	CLS	2,906
9.	LCP	2,823
10.	first_visit	2,176
11.	scroll	1,853
12.	gtm_viewer	1,736
13.	googleanalytics_viewer	1,613
14.	docker_viewer	1,557
15.	FID	1,526
16.	bigquery_viewer	1,039
17.	two_pageviews	809
18.	click	595
19.	optimize_personalization_impression	116
20.	r_package_loaded	111

1 - 20 / 20   〈　〉

圖 6-22　Data Studio 利用 Google Analytics 連接器和 BigQuery 串接資料表的比較結果

Data Studio 十分受到歡迎，其內建的範本庫裡已經支援許多串接 GA4 的範本，讀者可以直接使用或是作為自訂設計的基礎。此處從資料範本網站「Data Bloo」隨意挑選一個資訊主頁的例子來介紹（如圖 6-23 所示），這個範本能在 GA4 和通用 Analytics 之間切換，顯示 Google 商品網路商店的範例資料。

圖 6-23　Data Studio 串接 GA4 資料表的範例：使用 Data Bloo 網站提供的範本

Data Studio 是許多人的首選，原因在於這項工具不僅免費、功能強大，而且提供大量的原生整合，能串接 GA4 和其他 Google 套件內外的連接器。不過，一旦想尋求更複雜的資料轉換、使用者管理或是跟其他資料服務有更多互動性，就會開始感受到 Data Studio 在功能上的侷限性。遇到這些情況，可能就需要其他解決方案來處理資料分析漏斗，下一節討論的 Looker 就是其中一個選項。

Looker

Looker 不只是一項視覺化工具，可說是更通用的商業智慧工具（business intelligence，簡稱 BI）。Looker 可以整合所有資料集的資料定義，統一放在單一真實狀態來源裡，將我們的商業邏輯套用在資料上。實現這一切全靠 Looker 本身搭配的一套類似 SQL 的程式語言「LookML」。資料工程師使用 LookML 語言，統整資料集、整頓資料，建立一致的命名慣例，透過 Looker 建立的各種應用，資料流下游便能使用這些處理過的資料，包括應用程式、視覺化、匯入資料到 Data Studio 等等。

相對於 Data Studio，Looker 確實投入相當大的力道在資料活用方面，可以將原始資料或模型轉換成企業使用者可以直接利用的資料集。Looker 可以「檢視」現有的資料集（例如：BigQuery），並且跟其他服務整合，即使這些服務是在 Google 以外的其他雲端供應商平台上或是公司內部的資料庫內，一樣適用。Looker 能代替我們在這些服務上執行 SQL 指令，加入一個地方來集中管理所有的商業邏輯。Looker 使用的 SQL 指令不會曝光在終端使用者面前，他們只要透過 Looker 介面進行拖曳操作，就能執行複雜的查詢，例如：彙整和合併數個資料集。然而，相較於免費的 Data Studio，這一切需要付出成本，所以 Looker 算是企業等級的工具。

Data Studio 和 Looker 整合之後，Data Studio 就能連接到 Looker 已經套用商業邏輯的資料集。好處是可以維護 Looker 提供的資料治理，還能讓使用者自行分析資料，透過 Data Studio 整合未受治理的資料。這真的是兩全其美，不僅能維持資料分析的民主性，透過 Data Studio 提供的自助服務輕鬆使用資料，同時還能維持資料的標準性，避免不正確的結論影響業務成效。

Looker 整合 GA4 之後，能提供許多跟通用 Analytics 相同、甚至是更好的功能性。利用 Looker 提供的商業邏輯語言 LookML，若有需要，有時可以建立複雜的 SQL 指令，從 GA4 匯出給 BigQuery 使用的原始資料中，產生漏斗分析、工作階段和趨勢報表。圖 6-24 顯示 Looker 產生的部分報表，讀者若想了解 Looker 整合 GA4 的詳細資訊，請閱讀 Looker Marketplace（*https://oreil.ly/1aqNQ*）。

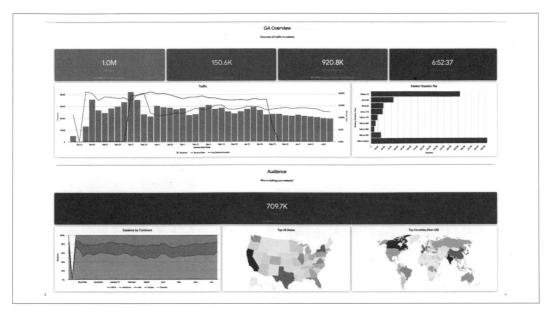

圖 6-24 Looker 串接 GA4 匯出給 BigQuery 使用的資料集，然後利用內建的 LookML 語言來產生有用的資料

讀者就算不使用 Looker 提供的視覺化工具，串接 Looker 使用現有的「Looker blocks」模型也能得到一些好處 —— 更多資訊請參見 Looker 在 GitHub 上提供的簡介資料（*https://oreil.ly/XD9rk*）。

Looker 會從 GA4 匯出的原始資料中彙總資料表，這將為我們節省大量的時間，免於一而再再而三的手動建立相同內容的資料表。例如：計算到達 / 離開頁面數以及使用者的工作階段屬於哪一個數位管道，並且利用 BigQuery ML（請參見第 189 頁的「BigQuery ML」小節的說明），建立購買傾向模型。不過，請切記一點，雖然會建立額外的表格，有效率地增加一倍量的 GA4 資料，但也會使相關成本加倍。

讀者如果正在使用 Looker，極有可能也會串接其他資料集，以 GA4 的 userId 或其他自訂欄位合併這些資料集，或許能得到一些有用的收穫。

選擇視覺化工具時，Google 旗下擁有的 Data Studio 和 Looker 絕不是我們唯一的選項，下一節即將介紹其他工具。

其他第三方視覺化工具

讀者如果喜歡，也能使用其他非 Google 推出的視覺化工具。尋找其他視覺化工具時，我會考慮以下幾點因素：

- 串接資訊主頁的方式是透過 Data API、GA4 的 BigQuery Export 功能或是手動上傳資料？如果是簡單或即時報表，我偏好用 Data API；若是比較複雜的報表，則使用 GA4 的 BigQuery Export 功能；但請切記一點，建立 SQL 指令來模擬這些報表的技術成本，可能不低。至於手動匯出資料，我幾乎想不到有什麼理由會需要依賴這種做法。

- 是否有其他業務功能已經在使用視覺化工具？選擇將資料匯入現有工具，而非堅持使用其他新工具，比較有說服力的理由之一是因為每個人都已經受過使用這項工具的訓練。

- 這項視覺化工具是否能管理 Google 使用者和發布報表？

在所有第三方視覺化工具裡，最常用的要推 Tableau 和 Power BI。這兩項工具都是十分可靠的選擇，讀者如果已經在現有的資料堆疊上，使用這些工具來處理其他視覺化工作任務，我會建議你們堅持下去；然而，如果是要重新尋找工具，最簡單的做法是將所有資料內容都存放在 Google 堆疊，因為 Google 各項服務之間的整合十分緊密，例如：我們可以從 BigQuery 介面，探索 Data Studio 串接的 BigQuery 資料表。

不論使用哪一項視覺化工具，都能串接漂亮又乾淨俐落的資料集，讓我們的使用者輕鬆十倍，這是我們下一節要討論的內容。

彙整資料表會推動資料導向決策

如同先前第四章所介紹的想法，為了成為資料導向公司，真正踏出的第一步是擁有內容乾淨而且經過彙整的資料表，方便資訊主頁的使用者串接，自行啟用更多業務分析。除了匯出原始資料，我會建議優先產生易於使用的資料來源，可以讓資料對日常工作產生更大的影響力。資料視覺化工具的夢想之一，是盡量簡化分析流程，降低進入門檻，但夢想能否成真，取決於員工使用的資料品質。

經常利用第五章介紹的某些技巧來處理原始資料，產生內容乾淨的資料表，日後資料分析漏斗在獲取見解時就越少遇到瓶頸。我認為活用資料時，成功的視覺化資料串流應該包含以下條件：

- 準備使用的資料表，不管是現有還是將來新建的，必須經過彙整、整頓、合併和篩選，才能滿足不斷增加的使用案例。

- 多數員工都接受過訓練，具備足夠的能力使用分析和視覺化工具，可以根據需求量身訂做分析內容。目標是讓所有成員具備最低程度的能力，避免負責關鍵分析的成員變成工作流程中的瓶頸。

- 定期舉行跨部門會議討論公司內部的資料需求，將現有的視覺化結果、可以使用的資料集和已經達成共識的結論，歸納成可以搜尋的檔案。

- 由一組資深的核心專家建立更一般性的視覺化資料，適合更多不同類型的目標對象檢視。

- 資料本身具有可信度，而且真實狀態來源透明。納入定期 QA、監控和檢查，避免資料發生錯誤，並且在管道中斷時發出通知。

- 在公司內部溝通過程中，定期使用工具產生視覺化資料，甚至是讓資訊主頁連結到特定檢視表，回應公司各部門的查詢需求。

想要實現成功的資料視覺化，必須在資料進入視覺化工具之前，先行做好適當的資料管理，包含處理成使用者需要的資料型態和大小，還必須考量基礎設施，像是資料暫存與成本。

資料暫存與成本管理

資料暫存和資料視覺化相關成本，兩者是息息相關的概念。在理想情況下，成功的資料視覺化會大量呼叫資料倉儲系統。這類工具絕大部分都會暫存結果，也就是說重複呼叫相同的資訊時，會讀取暫存的資料，所以不會導致資料庫的使用費上升，在執行速度和成本上具有優勢。然而，不是所有資訊主頁都適用資料暫存這種做法，例如：即時資訊主頁永遠都需要新的資訊，不應該使用暫存資料。

關於這一點，我們應該謹慎考慮資料視覺化工具呼叫的資料表類型。例如：呼叫檢視表時，以 SELECT * 指令查詢資料表中的所有資料欄，如果每個使用者每天都執行幾次，成本會非常昂貴；不過，如果將資訊主頁連結的資料表，改成每天早上以相同資料產生的資料表，就幾乎能消除這項成本。如同先前第四章討論過的，部分工作在產生資料表時會涉及到建立資料管道，某些工具能提供有用的配置選項。例如：BigQuery 支援的 BI Engine（*https://oreil.ly/5QoCA*）就會提供暫存資料，協助這些類型的查詢需求，或是考慮用具體化檢視表（Materialized View），逐步新增資料[1]。

截至目前為止，我們已經看過兩種最常見的資料活化方法：在 Google 行銷套件產品中建立和匯出目標對象，以及產生視覺化資料，但或許最具影響力（卻不是那麼常見）的資料活化方法是透過 API 發送資料給各項服務，不僅比先前介紹過的那些方法更強大，還能解鎖更多潛在的應用，下一節即將介紹如何建立這些 API。

建立行銷 API

我在此處針對資料活化提出*行銷 API*（Marketing API）一詞，用意是涵蓋所有利用程式碼消化資料的方式，截至目前為止介紹過的方法，像是視覺化和 GA4 目標對象則不在這個範圍內。若深入探究，其實這些方法的背後也是利用 API 來轉移服務之間的資料，所以我們想再深入一層，進一步掌控什麼資料可以發送以及要發送到哪裡。API 是標準的資料轉移方法，不僅能橫跨多種程式設計應用，還適用任何程式語言和許多不同類型的應用程式。思考如何建立 API 端點，以典型的 JSON 資料封包回應資料請求，跟呼叫 GA4 的 Data API 非常類似，但能根據自身業務需求自訂。

建立微服務

Google 行銷套件和 GCP 這兩個平台都提供了許多工具來協助我們建立行銷 API，讓我們能輕易開發、調整服務規模和監控這些 API。利用這些工具，就能開始針對自身業務有興趣的特定資料應用程式，開發量身訂做的資料服務，例如：將 userId 傳送給 API，讓 API 回傳訂閱數。這類服務通常被稱為*微服務*（microservice），由於能使用許多獨立的服務，所以更容易相互組合和建立出符合我們需求的服務。

1　具體化檢視表（Materialized View）的詳細資訊，請參見 BigQuery 文件（*https://oreil.ly/ypkiy*）

我們可以將 GTM SS 的框架視為數位行銷 API 開發套件，作為建立微服務的平台。利用 GTM SS 介面的客戶端建立 URL 端點，供我們使用；透過 WebUI 提供的機制，掌控觸發方式和處理哪些資料。最後，以 GTM SS 支援的樣板和追蹤代碼發送資料。乍看之下，一般會覺得 GTM SS 是處理跟 GA4 有關的資料，但其功能不限於此，我們也可以用來為自己的微服務建立 API 端點。例如：GTM SS 連接 Firestore，可以保存使用者資訊，產生客戶、觸發條件和追蹤代碼來建立微服務，發送使用者 ID 給 URL 端點，回傳使用者資訊，例如：/user-info?userid=12345。相較於其他系統，使用 GTM SS 的優勢在於我們可以更輕鬆地應用跟網頁分析資料流同一層的控制，讓數位行銷人員在更熟悉的介面中使用該資料。

Google Cloud 平台還提供幾個其他服務來協助我們開發 API：

Cloud Functions

Cloud Functions 是由 HTTP 觸發雲端函式，實際做法是執行程式碼回應 HTTP 呼叫、經過計算，然後回傳資料。讀者若想開始使用雲端函式，這通常是最簡單的入門方法，只要上傳一些程式碼（必須是系統支援的程式語言）、點擊發布就完成了。

Cloud Run

Cloud Run 的使用彈性更高，但會比 Cloud Functions 多費一點工，因為需要執行 Docker 容器。這表示 Cloud Run 幾乎可以執行任何程式碼和運行環境，不像 Cloud Functions 只能執行它有支援的程式語言。

App Engine

App Engine 比 Cloud Functions 或 Cloud Run 更複雜一點，但相對而言，可以為程式碼提供更多的伺服器資源控制權。若讀者希望就成本和自動調整服務規模方面，擁有更高的掌控程度，App Engine 會是更好的選擇，也更適合與 GCP 平台上的其他服務進行整合，因為是已經推出很久的產品。

Cloud Endpoints

Cloud Endpoints 不會執行程式碼，而是 API 前端的代理服務，有助於使用常見的 API 管理功能，例如：使用者驗證、API 金鑰、監控或記錄。

Firestore

> 將資料填入 API 時，最常見的做法是從 Firestore 的實體取得資料，而非從 BigQuery，因為 Firestore 在快速回傳資料方面的成效更好。

微服務是數位分析技術堆疊提升效能的祕密武器。微服務建立完成後，因為是使用具有獨立性的服務，所以重複使用性很高，而且可以延伸應用到許多使用案例。舉幾個我過去利用微服務的例子，包含輸出搜尋趨勢資料的預測結果、預測某個行銷活動是否能達到目標，以及回傳特定使用者屬於哪一個目標對象區隔，而且，因為是透過一般通用的 HTTP 標準來執行微服務，所以能從任何程式語言、甚至是透過電子試算表來呼叫。

本書到目前為止談過的資料活用，主要是依賴讀取資料，但要如何讓已經存在的資料對進來的資料做出反應？為此，我們需要以事件為基礎來思考觸發條件，此處就十分適合使用 GA4 提供的嶄新資料模型，請見下一節介紹的內容。

事件觸發器

GA4 是利用事件作為評估系統，所以觸發器是它的強項之一，但應用不限於評估。例如：可以根據網頁瀏覽次數、一般的點擊事件、購買和行動來觸發事件，也可以在使用者輸入目標對象時觸發，請參見先前的圖 6-2。從而啟用強大的資料活化技巧，將使用者的資料發送到許多 Google 行銷套件以外的不同平台上活用。

以下一節提供的範例來說明實作方式。

利用 GTM SS 將 GA4 事件串流發送到 Pub/Sub

這個範例是從網站發送 send_email 事件到 GTM SS，再將該事件發送到 Pub/Sub（請參見第 120 頁的「Pub/Sub」小節所介紹的事件訊息系統）。此處選擇使用 Pub/Sub，是因為它沒有跟任何特定服務牽扯在一起，所以能針對使用案例的需求快速調整；將 Pub/Sub 指向不同的應用程式，應用程式會就 Pub/Sub 接收到的訊息做出反應。

首先，我們需要使用追蹤代碼，將 GTM 事件發送給 HTTP 服務。範例 6-1 提供的通用程式碼，可用於任何我們想控制的網址。

範例 6-1　　GTM SS 追蹤代碼，用於將 GTM 事件轉換成 HTTP 請求。此處範例為簡化過後的程式碼，正式營運時用的程式碼可能會需要擴充紀錄資訊，以及／或是在 HTTP 請求加入私有金鑰。

```
const getAllEventData = require('getAllEventData');
const log = require("logToConsole");
const JSON = require("JSON");
const sendHttpRequest = require('sendHttpRequest');

log(JSON.stringify(data));

const postBody = JSON.stringify(getAllEventData());

log('postBody parsed to:', postBody);

const url = data.endpoint + '/' + data.topic_path;

log('Sending event data to:' + url);

const options = {method: 'POST',
                  headers: {'Content-Type':'application/json'}};

// 發送 POST 請求
sendHttpRequest(url, (statusCode) => {
  if (statusCode >= 200 && statusCode < 300) {
    data.gtmOnSuccess();
  } else {
    data.gtmOnFailure();
  }
}, options, postBody);
```

GTM 追蹤代碼會要求加入以下這兩個欄位：

data.endpoint

這是部署雲端函式之後提供的網址（也就是雲端函式的部署位置），類似 *https://europe-west3-project-id.cloudfunctions.net/http-to-pubsub*

data.topic_path

產生 Pub/Sub 的主題名稱。

實作成功後，應該就能從 GTM 的樣板產生追蹤代碼，實作結果類似圖 6-25。範例截圖中的追蹤代碼已經設定好觸發條件是 form_submit_trigger，只要遵守 GTM 允許的一般條件，讀者可以設定任何想要的觸發條件。

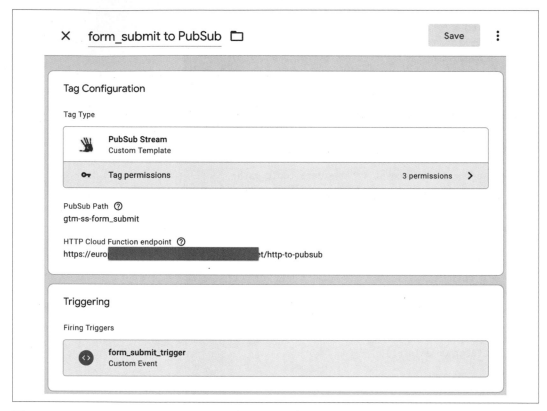

圖 6-25　GTM SS 的追蹤代碼，用於將事件轉換成 HTTP 端點

GTM 轉發的網址可以是執行程式碼的雲端函式（如範例 6-2 所示）。

範例 6-2　利用雲端函式中的 *Python* 程式碼，接收含有 *GA4* 資料的 *HTTP* 請求，再發送給 *Pub/Sub* 主題。如果資料量很大，print() 函式產生的日誌可能會造成明顯的成本，讀者可以選擇移除。

```
import os, json
from google.cloud import pubsub_v1 # google-cloud-pubsub==2.8.0

def http_to_pubsub(request):
    request_json = request.get_json()
```

```python
        print('Request json: {}'.format(request_json))

    if request_json:
        res = trigger(json.dumps(request_json).encode('utf-8'), request.path)
        return res
    else:
        return 'No data found', 204


def trigger(data, topic_name):
    publisher = pubsub_v1.PublisherClient()

    topic_name = 'projects/{project_id}/topics{topic}'.format(
        project_id=os.getenv('GCP_PROJECT'),
        topic=topic_name,
    )

    print ('Publishing message to topic {}'.format(topic_name))

    # 若有必要就產生主題
    try:
        future = publisher.publish(topic_name, data)
        future_return = future.result()
        print('Published message {}'.format(future_return))

        return future_return

    except Exception as e:
        print('Topic {} does not exist? Attempting to create it'.format(topic_name))
        print('Error: {}'.format(e))

        publisher.create_topic(name=topic_name)
        print ('Topic created ' + topic_name)

        return 'Topic Created', 201
```

利用以下指令部署程式碼：

```
gcloud functions deploy http-to-pubsub \
        --entry-point=http_to_pubsub \
        --runtime=python37 \
        --region=europe-west3 \
        --trigger-http \
        --allow-unauthenticated
```

程式碼部署之後，應該會看到已經產生出來的網址，這個網址可以放在 GTM SS 的觸發器，請參見圖 6-25。

部署這兩個通用的程式碼，可以讓我們選擇的 GA4 事件串流進入 Pub/Sub 主題，依照我們的意願處理：這種做法非常強大！程式腳本會負責將資料推送到我們需要的位置，但如果希望讓事件也讀取資料，我會建議讀者使用 Firestore，這是下一節即將介紹的主題。

整合 Firestore

從理想的角度來看，Firestore 非常適合作為行銷 API 的後端系統，因為利用鍵值儲存資料時，日後回傳資料的效能較高。Firestore 的性質通常是在我們提供 ID 之後，回傳該 ID 底下的任何資料。

至於如何讓資料進入 Firestore，則取決於資料來源。讀者可能正從自家的 CRM 系統中導入使用者 ID 層級的資料。在這種情況下，我們需要設定排程來匯入資料，將資料填入 Firestore 資料庫。匯入其他資料時，像是產品資訊可能分散儲存在不同系統裡，則需要為各個系統建立不同的資料管道。

圖 6-26 是我們要填入資料庫的範例資料。

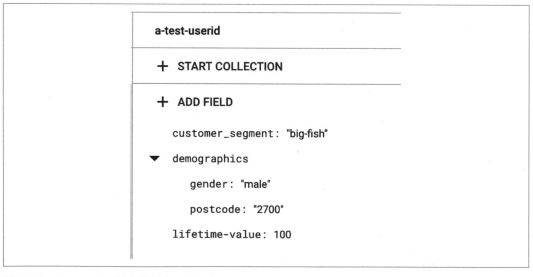

圖 6-26　Firestore 實體內的範例資料

行銷 API 的應用程式碼通常需要處理以下工作：

1. 在端點接收 HTTP 呼叫（內含 userId），例如：https:// myendpoint.com/getdata? userid=a-test-userid

2. 解析 userId 的內容，用來從 Firestore 取得文件。讀者如果使用 Python 語言，可以用這行程式碼來解析：doc_ref = db.collection(u'my-crm- data').document(u'a-test-user-id').get()

3. 回傳 HTTP 回應主體內容裡的 Firestore 資料。

在 GTM SS 設定 Firestore 查詢變數（GTM SS 會列出可以使用的預設變數），就能順利整合 Firestore。利用這個變數，可以將 Firestore 文件直接插入追蹤代碼和客戶端。GTM SS 提供的範本 API 也支援寫入 Firestore 資料庫，如圖 6-27 所示。

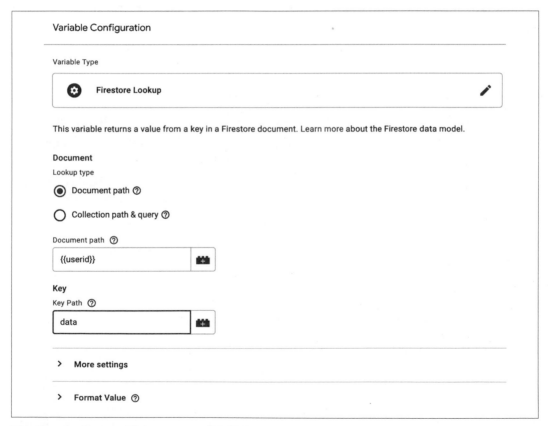

圖 6-27　在 GTM SS 設定 Firestore 查詢變數

將 Firestore 加入行銷分析工具組合裡，能啟用大量的酷炫應用程式，GTM SS 提供熟悉的途徑，讓我們利用這些應用程式。若讀者希望 BigQuery 的資料也能出現在 Firestore，請看下一節介紹的技巧，就能用來達成兩者之間的資料管道。

從 BigQuery 匯入到 Firestore

本書已經介紹了很多 BigQuery 的資料分析和建模能力，也介紹了 Firestore 存取資料的速度和處理無結構巢狀資料的能力。實務上常見的需求，是將 BigQuery 資料表的結果匯出到 Firestore。

Firestore 和 BigQuery 雖然是採用不同的資料儲存方法，但是如果能選擇 BigQuery 資料表中的哪一個資料欄要作為 Firestore 的金鑰，就可以將資料從 BigQuery 匯出到 Firestore：通常會選擇 userId 作為金鑰。範例 6-3 示範的解決方案，是利用 Cloud Composer 提供的 DAG 結構來觸發 Dataflow 工作。我們不需要了解 Dataflow 工作的具體細節，因為所有程序都是在 Docker 容器內獨立運行；相反地，我們只需要傳入適當的資料欄（也就是希望 Firestore 金鑰對應的 BigQuery 資料欄），再傳給可能是在前一步建立的 BigQuery 資料表 [2]。

範例 6-3 利用 Cloud Composer 支援的 DAG 結構來產生 BigQuery 資料表，再透過 Dataflow 將資料表發送給 Firestore。假設此處範例用來產生 BigQuery 資料表的 BigQuery SQL 指令，是放在名稱為 ./create_segment_table.sql 的檔案裡，其中一個資料欄含有 userId。

```python
import datetime
from airflow import DAG
from airflow.utils.dates import days_ago
from airflow.contrib.operators.bigquery_operator import BigQueryOperator
from airflow.contrib.operators.gcp_container_operator import GKEPodOperator

default_args = {
    'start_date': days_ago(1),
    'email_on_failure': False,
    'email_on_retry': False,
    'email': 'my@email.com',
    # 如果工作任務失敗，至少要等待五分鐘之後再重試
    'retries': 0,
    'execution_timeout': datetime.timedelta(minutes=240),
    'retry_delay': datetime.timedelta(minutes=1),
    'project_id': 'your-project'
}
```

---

2 Dataflow 程式碼源自於 Yu Ishikawa，請參見他放在 GitHub 上的個人檔案（*https://oreil.ly/GhMc4*）

```python
PROJECTID='your-project'
DATASETID='api_tests'
SOURCE_TABLEID='your-crm-data'
DESTINATION_TABLEID='your-firestore-data'
TEMP_BUCKET='gs://my-bucket/bq_to_ds/'

dag = DAG('bq-to-ds-data-name),
          default_args=default_args,
          schedule_interval='30 07 * * *')

# 在實際營運環境中，sql 指令篩選範圍應該縮小到日期分區，例如：{{ ds_nodash }}
create_segment_table = BigQueryOperator(
    task_id='create_segment_table',
    use_legacy_sql=False,
    write_disposition="WRITE_TRUNCATE",
    create_disposition='CREATE_IF_NEEDED',
    allow_large_results=True,
    destination_dataset_table='{}.{}.{}'.format(PROJECTID,
                                                DATASETID, DESTINATION_TABLEID),
    sql='./create_segment_table.sql',
    params={
        'project_id': PROJECTID,
        'dataset_id': DATASETID,
        'table_id': SOURCE_TABLEID
    },
    dag=dag
)

submit_bq_to_ds_job = GKEPodOperator(
    task_id='submit_bq_to_ds_job',
    name='bq-to-ds',
    image='gcr.io/your-project/data-activation',
    arguments=['--project=%s' % PROJECTID,
               '--inputBigQueryDataset=%s' % DATASETID,
               '--inputBigQueryTable=%s' % DESTINATION_TABLEID,
               '--keyColumn=%s' % 'userId', # must be in BigQuery ids (case sensitive)
               '--outputDatastoreNamespace=%s' % DESTINATION_TABLEID,
               '--outputDatastoreKind=DataActivation',
               '--tempLocation=%s' % TEMP_BUCKET,
               '--gcpTempLocation=%s' % TEMP_BUCKET,
               '--runner=DataflowRunner',
               '--numWorkers=1'],
    dag=dag
)

create_segment_table >> submit_bq_to_ds_job
```

由於前面這個範例僅適用付費使用的 Airflow 伺服器（例如：Cloud Composer），各位讀者將 BigQuery 資料匯入到 Firestore 時，或許更偏好用其他方法。獨立行銷顧問 · Krisjan Oldekamp 在他經營的網站 Stacktonic 上，展示了另外一個採用 Google Workflows 的方法，這個方法適合比較小型的資料，有興趣的讀者請至他的網站閱讀文章（*https://oreil.ly/gnG12*）。我相信將來一定會出現更直覺的做法，因為對數位行銷管道來說，這是一個非常有用的發展方向。

重點回顧與小結

我們在前幾章完成資料擷取、儲存和建模後，本章帶讀者看了幾個活用 GA4 資料的方法。GA4 支援許多內建功能，幫助我們快速獲得結果，其中「目標對象」功能可以匯出給 Google 行銷套件上的其他各項產品使用，也能用於 GA4 WebUI 的視覺化和分析工具。然而，GA4 厲害的地方還不止這些，其事件結構支援透過 BigQuery 或 GTM 的即時串流來發送資料，比起以往，更容易與其他系統整合，幾乎可以用來開拓任何資料活用產品。本章的主要課題是建議讀者在規劃使用案例時，就要將資料活化擺在重要的位置，而非等到其他階段都完成後才來思考。正確做好這一步，不僅能向同事展現明顯的成果，還能幫我們為將來的專案贏得更多預算。

本書截至目前為止的章節，已經介紹了讀者需要的大量理論，但唯有付諸實踐，才能從中察覺到真正的價值。下一章開始，我們會進入使用案例，以範例說明如何將前幾章討論過的技術付諸實行。

## 第七章

使用案例：
預測目標對象購買機率

本章介紹的使用案例只是一個簡單的例子，目的是讓各位讀者習慣這個結構，後續章節會看到更複雜的使用案例，同樣會使用這個結構。建立這個使用案例時，我們只會用到「GA4」這一個平台。不過，相同的資料角色之後會用在更多的使用案例中，有可能交換這些資料角色的效果更符合我們的需求，本章會介紹這個部分。

在本章的案例情境中，各位讀者是一名圖書出版商，現在你要打廣告來宣傳一本內容十分出色的 Google Analytics 新指南。你自訂了 GA4 的設定內容，裡面記錄了顧客正在瀏覽的書籍類別，還能使用來自上千筆交易的顧客購買行為。你還為每種書籍類別量身制訂搜尋廣告活動，在 Google Ads 上投放了大量的廣告，但由於行銷的主題過於廣泛，只讓那些搜尋一般資訊的顧客留下大量的印象。也就是說，你花了比預期更多的費用，但投放的廣告卻不是針對你想要的潛在顧客。你心裡還冒出另外一個理論，這次的廣告費用可能花在那些不管怎樣都一定會購買書籍的顧客上，於是，你想試試看，不要將廣告投放在這些顧客身上，轉而將更多的廣告預算放在那些你需要說服的顧客，讓他們留下印象，了解這本新書確實是為他們而生。你利用 GA4 將目標對象設定為那些購買機率超過 90% 的使用者，壓縮投放在他們身上的廣告，希望這樣的做法可以提升廣告活動的整體效率。

你帶著希望去找老闆，看看老闆是否會批准你的計畫，同意投入資源讓你付諸行動，希望以最少的資源快速致勝，好讓老闆批准你執行後續更有野心的計畫。下一節我們會介紹老闆要求你提出的商業案例。

建立商業案例

本章使用案例中預測購買機率的做法是利用我們建立的模型，預測使用者將來是否會購買，再用預測結果為這些使用者改變網站內容或是廣告策略。例如：假設某位使用者一定會購買的機率高於 90%，所以我們希望不要對這名使用者做行銷活動，因為說服這類使用者購買的工作已經完成；相反地，若預測結果表示某位使用者將在七天內流失，我們或許可以考慮放棄這些使用者，因為之後很有可能會失去他們。制訂這樣的策略，表示我們在配置行銷預算時，可以只針對猶豫要不要購買的使用者，這樣應該能增加投資報酬率，提升銷售收入。不過，這只是比較籠統的描述，就商業案例來說，我們需要實際估算相關的數字。展現使用案例的價值時，關鍵的第一步就是評估價值。

評估價值

首先來看以下這個範例，假設目前 Google Ads 的廣告能為我們帶來以下的常態性收入，如範例 7-1 所示，現在我們想要針對廣告啟用預測轉換率。

範例 7-1　使用案例假設的 Google Ads 會計數字

```
Google Ads 每月預算：$10,000
單次點擊成本：$0.50
每月點擊次數：20,000
轉換率：10%
平均訂單價值：$500
訂單筆數：2000

每月收入：2000 筆訂單 * $500 = $1,000,000
每月投資報酬率：$1,000,000 / $10.000 = 100
```

我們的提議是：對於那些轉換率超過 90% 的使用者，即使不對他們投放廣告也會得到相同的轉換率，所以我們假設這些使用者一旦決定要購買，廣告就無法改變他們的行為。我們在檢視專案結果時，應該要確認這個假設。

因此，我們希望將一萬元的預算集中在其餘轉換率低於 90% 的使用者身上，針對這些使用者投放更高的廣告預算，推估的結果是會讓他們提高 10% 的點擊率。

假設轉換率和平均訂單價值保持不變，投入相同的 Google Ads 成本，每個月的收入應該能提升九萬，每月投資報酬率增加為 109，如範例 7-2 所示。

範例 7-2　使用案例啟用預測轉換率之後預計得到的會計數字

```
Google Ads 每月預算：$10,000
單次點擊成本：$0.50
每月點擊次數：20,000
轉換率：10%
平均訂單價值：$500
訂單筆數：200 筆（前 10% 一定會購買的使用者）＋（1800 * 提高 10%）= 2180

每月收入：2180 筆訂單 * $500 = $1,090,000
每月投資報酬率：$1,090,000 / $10.000 = 109

預期提高收入：每月 $90,000
```

我們希望提高成本後可以達成上面範例中的價值，現在我們要扣掉執行成本，才能知道是否值得投入廣告預算。

估算所需資源

由於我們是使用 GA4 整合 Google 既有的行銷套件，整體所需資源會降到最低。我們會需要花點時間進行配置，設定 GA4 以及將目標對象匯出給 Google Ads，但不會用到第三方的服務，也不會產生 GCP 平台的執行成本。如果能符合使用案例的需求，以 GA4 整合 Google 既有行銷套件是最大的優勢。

GA4 需要針對電子商務追蹤進行設定，而且要先取得使用者同意，避免目標對象變成那些不同意追蹤的使用者。此處假設 GA4 一開始實作的分析工作已經完成這個部分，對於習慣處理類似專案的數位分析師來說，預測目標對象並且匯出給 Google Ads 應該是他們非常熟悉的工作範圍。

資料架構

由於這個使用案例只用到 GA4 和 Google Ads（請參見圖 7-1），所以資料流很簡單。這個流程圖雖然簡單，但很快就會變得更加複雜，因為之後會加入更多資料來源。

本章使用案例是以 GA4 整合 Google 既有的行銷套件，這是實作分析工作中最容易實現的部分。若能整合這些所有條件，就能建立良好的分析基礎，日後延伸到更進階的使用案例時也不會有太大的問題；基本條件包含為所有 Google 行銷套件（例如：Google Ads、Google Optimize 和 Search Ads 360）搭配適合的目標對象。

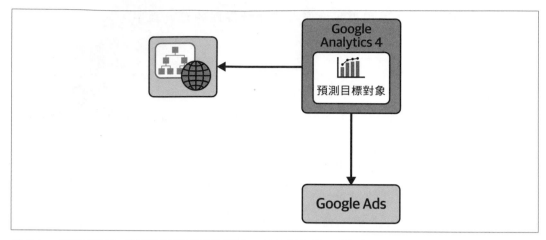

圖 7-1 「使用案例：預測目標對象購買機率」的資料架構：將網站資料發送到 GA4，由 GA4 預測
目標對象再匯出給 Google Ads

首先我們要檢查進入 GA4 的資料串流是否符合使用案例所要蒐集的資料。

資料擷取：設定 GA4

本節會參照先前第三章所列出的考量因素，探討使用案例需要什麼資料才能獲得成功的
結果。就這個簡單案例來說，我們只需要顧慮 GA4 設定的部分。接下來會針對預測目標
對象，說明幾個額外的相關條件。

為了預測目標對象，我們需要一個預測指標來處理 GA4 的資料串流。Google 提供的協
助文件會說明如何啟用這些預測指標（*https://oreil.ly/JCBRA*）。

此處列出最重要的條件：

- 為了觸發模型，必須先有足夠的購買筆數。使用者必須是回訪者，而且在過去七天
  內，完成和未完成購買轉換的回訪者至少要各有 1,000 人。

- 必須傳送電子商務「建議型事件」（請參見第 52 頁的「建議型事件」小節），包括
  purchase 事件或行動應用程式的 in_app_purchase 事件。

- 必須在 GA4 設定資料共用的基準，模型才能從共用的匯總資料和完全匿名資料中獲
  得好處；反之，就只能從完全匿名資料中獲益。

- 必須在 GA4 資源內盡量使用 GA 建議型事件，而且越多越好，因為這些事件是改善模型準確度的重要角色。

- Google Ads 必須連結 GA4 帳號，才能匯出目標對象給 Google Ads 團隊使用，啟用個人化廣告。

- 必須在 GA4 設定中啟用 Google 信號（請參見第 70 頁的「Google 信號」小節），才能讓 GA4 和 Google Ads 相互連結使用者資料。

 由於我們正在使用目標對象的資料，應該還要考量使用者隱私。如果要將使用者資料用於統計之外的用途，可能必須另外徵得使用者同意，才能將他們的資料用於再行銷的廣告活動上。遇到這種情況，我們在建立目標對象時，必須利用預測指標和其他方法來區分，究竟是哪些使用者同意將他們的資料匯出到 Google Ads。

可以透過設定 user_property，追蹤使用者目前選擇的同意狀態，設定說明請見第 63 頁的「使用者屬性」小節。

設定完成後，應該就能使用 user_consent 和 event_consent 這兩個維度，取得目標對象的同意狀態。

各位讀者必須檢查或啟用上述這些資料蒐集條件，如果你已經實作了標準的電子商務內容，也有足夠的流量，算是已經符合條件。若情況如此，那就太棒了！請移動到下一個資料角色：資料儲存。若尚未符合條件，就必須先界定我們要設定的專案範圍，才能蒐集資料。請注意：這會帶給我們一個附加的效果，讓我們利用 GA4 蒐集資料的技巧更加成熟，日後也能用在其他更多使用案例上。此外，這也證明了一件事，採用「使用案例導向」方法不表示每次就只有一個商業案例能因此受益。當我們處理過越來越多的使用案例，常常會發現有越來越多的條件都已經符合，此時就能快速檢查並且移動到其他資料角色。

資料儲存和設計使用者隱私

現在要看的是先前第四章列出的考量因素。

這個使用案例的資料是儲存在 GA4 或是透過 Google 行銷套件匯出，這是另一個整合 Google 既有行銷套件的一大優勢！若有需要，只要利用 Data API 或是在 GA4 匯出資料並且串接 BigQuery，就能將事件用在其他應用程式。不過，就算我們只有用到 GA4 的預設功能，依舊需要考量使用者隱私。

我們雖然不會將資料儲存在自己的系統裡，但還是要小心，不要將使用者的資料傳送給 Google Analytics，這點非常重要。我們所需要的資料是由使用者回傳，原因在於 Cookie，所以在某些地區至少要取得 Cookie 同意使用權。Cookie 發送出來的資料具有偽匿名的特性，會連結 cookieId。歐洲近來的裁決還會要求開發者保證不會將歐洲公民的 IP 位址或其他個人識別資料傳送到美國，美國則是制定法律要求其他隱私權，例如：確定開發者有取得使用者同意。資料隱私是持續與時俱進的議題，各位讀者將來若想避開法律風險，設計使用案例時就一定要考慮這個部分。

由於應用程式有包含特定服務的對象，可能需要取得行銷同意才能處理資料。為了確保目標對象已經提供同意，我們必須在使用者事件中取得同意，將同意型態納入目標對象的屬性內。

若有啟用資料共用的基準來改善模型，會共享完全匿名資料，但可能還要思考資料跨區是否在法律許可的範圍內，例如：當資料從歐盟移動到美國。

各位讀者若已熟悉使用者隱私設計，現在可以將手上的使用者資料傳送到資料建模階段。

資料建模──匯出目標對象給 Google Ads

本節我們要一起思考先前第五章說明過的資料處理。

範例中所有的資料建模工作都是由 GA4 的「預測指標」功能處理，而且絕大部分的流程都不透明，所以幾乎無法左右模型預測的流程。我們雖然得到方便性，卻也失去了設定控制權。

各位讀者若有更多自訂需求（例如：使用不同的資料來源或輸出到另外一個平台），就必須更換資料建模這個角色，此處通常也是第一個會讓大家冒出改善念頭的地方，開始想要修改預設功能背後的做法。

擁有偵錯用的 GA4 帳號

預測指標在傳送到 Google Ads 之前無法改變任何情況，只能在 GA4 主要資源中測試指標。就其他使用案例來說，可能需要先傳送資料給 GA4 的偵錯資源，所以針對這個目的另外準備一個帳號，作為測試和 QA 之用是不錯的主意。

本章使用案例是利用 GA4 現有的「預測目標對象」功能,這個功能可以自訂的設定項目很少。

一旦符合資格可以使用「預測目標對象」,目標對象就會開始出現在「Audiences」選單裡。選擇想要設定的目標對象後,系統會進入設定畫面,可以為目標對象新增其他條件,例如:使用者的同意狀態(請見圖 7-2)。接下來我們就以目標對象「未來 7 天內的潛在購買者」作為說明的基礎。

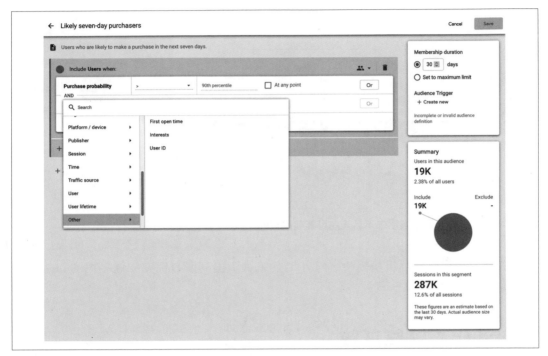

圖 7-2　自訂預測目標對象

只要點擊介面裡的配置選項,就能為目標對象設定預測指標門檻(取自我們設計的使用案例)。為了實驗出最佳結果,我們會想建立幾個具有不同門檻條件的目標對象,例如:比較購買機率超過 80% 和超過 95% 的結果。針對最近 28 天處於活躍狀態的使用者,評估共有多少使用者受到影響,有助於判斷購物轉換效益。圖 7-3 顯示的結果是,大約有 32,000 購買者落在我們不想對其投放廣告的群組裡。

我們可能還希望建立事件來區隔目標使用者,以便於在其他系統中做出反應。例如:我們可以利用 BigQuery 區隔出未來七天內可能會購買的所有使用者,匯出這份名單並且連結到 CRM 系統,然後發送電子郵件給這些使用者,進行忠誠度計畫等等。

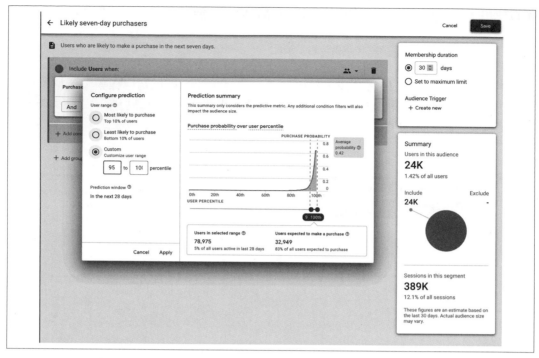

圖 7-3　設定目標對象，顯示未來七天內可能會購買的人數

各位讀者現在可以建立目標對象，24 小時內就會匯出到所有你完成連結的 Google Ads 帳號，然後準備活用這些資料。

資料活化：測試成效

現在我們要移動到專案的最後一個階段——資料活化，先前第六章已經介紹過這個部分。這個階段會將專案移交給 Google Ads 團隊，所以團隊也希望他們能參與專案界定範圍的工作，協助專案定義出對專案執行效果最好的目標對象。

預測目標對象匯出到 Google Ads 後，所有 Google Ads 專家都能使用這些目標對象並且為他們建立廣告活動；因為 Google Ads 現在能引用這些資料，也可能進行資料區隔。

專案試行階段最好對廣告活動進行 A/B 測試，評估是否提升任何相對效益。使用案例中有幾個跟顧客行為有關的假設，可以測試當顧客接觸到無效廣告時的效果。

如果沒有產生任何影響，就表示廣告活動並非完全失敗！這是非常寶貴的資訊，可以從中了解顧客跟網站的互動情況，例如：或許能證明我們在前 10% 轉換者的銷售力道，他們最後確實是因為廣告活動而購買。

現在我們要從回報的資料中，分析業務指標的影響力是否有達到我們預期的目標，在本章使用案例中，我們會看 ROI 這個指標。如果沒有，那是我們設定目標中的哪些假設無效呢？

比較專案執行結果（請見範例 7-3）和我們先前期望的目標，發現「前 10% 的顧客一定會購買」的假設並不是完全正確，因為實際轉換率低於 10%；「利用預測指標將廣告預算鎖定在購買機率 90% 以下的顧客」並未如我們所預期會提升 10% 的收入，因為實際上只提升了 5%，實際提升的收入從每月 $90,000 降到 $35,000。

範例 7-3　使用案例啟用預測目標對象之後實際得到的會計數字

```
Google Ads 每月預算：$10,000
單次點擊成本：$0.50
每月點擊次數：20,000
轉換率：10%
平均訂單價值：$500
訂單筆數：180 筆（前 9% 一定會購買的使用者）＋（1800 * 提高 5%）＝ 2070

每月收入：2070 筆訂單 * $500 = $1,035,000
每月投資報酬率：$1,035,000 / $10.000 = 103.5

實際增加收入：每月 $35,000
```

額外增加的收入每個月只有 $35,000，而非原先預期的 $90,000，雖然有可能被當成徹底的失敗，但事實是，你提出的方法現在有實際的數字可以評估，相較於競爭對手，你具有獨特的優勢，因為他們沒有做跟你一樣的事，或者更糟的是他們做了一樣的事，卻沒有進行正確的評估。擁有這些經驗，將來你在設計其他使用案例時，就能做出更好的評估，瞄準值得投入的使用案例。還有可能從這些廣告活動中發現意想不到的附加效果，或許能證明以預測目標對象建立區隔，有助於網頁開發人員針對忠實使用者，對網站副本進行 A/B 測試。

就研究結果來看，結論可能是針對排除哪些預測目標對象，改變百分比的範圍，例如：改成介於 50% 到 99% 的範圍可能比較好。結論也可能是目前取自 GA4 的資料，不足以做出準確的預測，所以需要開始建立商業案例，將其他資料匯入模型。不管結論如何，此處的重點是，各位讀者已經學到了一些為將來建立基礎的知識，相較於其他沒有進行相同實驗的公司，這就是你的競爭優勢。

重點回顧與小結

唯有達成某些門檻條件和具有 GA4 內的資料，才能使用預測目標對象和指標，還有納入更多資料（例如：第一方資料）來改善我們建立的模型。下一個使用案例（請參見第八章）會介紹這個部分。

當我們想在建模過程中擁有更多控制權，就需要開始考慮匯出資料，然後建立自己的模型（使用 BigQueryML 或其他機器學習工具），不過，我們在建立自己的模型時，資料擷取和資料活用依舊可以利用跟本章使用案例相同的做法。針對這項需求，後續使用案例在界定範圍時，需要納入資料建模和資料儲存的方式，然而，相較於從無到有，應該有比較充足的資訊。

從使用者隱私的角度來看，使用自己建立的模型會是更好的做法，例如：假使你的模型會在歐盟地區運行而且想用更多第一方資料。Google Cloud 可以指定處理資料的地方，但 GA4 不行，基於這項理由，在本機處理自己的資料是比較好的做法。

另一條替代路徑是改變資料活化的方法，改將目標對象匯出到 Google Optimize，分別針對預期會購買和不會購買的使用者，為他們修改網站內容。在這種情況下，資料蒐集、儲存和建模流程可以保持不變，只要將目標對象複製到另一個第三方服務裡，不論這些使用者是否有透過我們的網站，都能為他們提供一致的訊息。

藉由一個接一個的使用案例，經年累月下來，就能為我們的數位化成熟度留下發展的軌跡。從專案獲得的經驗裡，我認為最棒的是看到執行上有哪些落差，讓我們能在下一個專案裡去推動。當我們超越標準的實作方式，就是我們開始導入競爭優勢的時刻。

下一章會介紹更複雜的範例，以本章建立的通用工作流程為基礎，使用更多的資料來源。

## 第八章

使用案例：目標對象區隔

本章使用案例採用的格式跟第七章介紹的一樣，也是利用 GA4 的預測目標對象功能，只是會延伸成更複雜的範例。

在本章案例情境中，我們假設這家圖書出版商已經利用預測目標對象取得很棒的佳績，最終也因此而增加收入，於是，這家公司徵召我們幫忙整合預算提案，研究看看是否有更聰明的做法可以確定銷售對象，從而讓公司獲益。為了協助這項工作，我們存取了公司內部的 CRM 資料庫，其中包含大量的顧客購買歷史記錄以及顧客註冊時提供的職業資訊。我們想思考看看，是否能利用這些額外的資料，提升顧客看到書籍廣告的相關性。我們預期的情況是，假設顧客的職業是醫生，他們看到醫學類書籍的廣告會很開心，因而提升轉換率。我們想針對許多職業，重複個人化的廣告活動，預計能提升整體轉換率，因而增加出版商的收入。

就這個使用案例來說，我們會利用 CRM 資料來建立使用者區隔，然後將資料提供給 GA4 事件資料使用，作為資料串流；將資料儲存在 GCP 平台的服務，以 BigQuery 合併資料；利用 Firestore 和 GTM SS 來合併資料與 GA4 事件（若兩者之間具有關聯性），然後建立 GA4 目標對象，在 Google 行銷套件中活用資料。不過，跟前面的範例一樣，我們會先從建立商業案例開始著手，證明專案的可行性。

建立商業案例

我們整體目標是建立顧客區隔，為顧客創造更好的使用者體驗。希望 Google Ads 投入的成本能達到更高的效率，讓 Google Ads 成為資料活化的管道。未來的規劃是將相同的顧客區隔用於其他管道，例如：Google Optimize。此處的商業案例是為顧客量身訂做更貼近他們喜好的訊息，進而降低成本、增加轉換率，取得更高的銷售額。

評估價值

此處評估價值的做法類似我們先前在第 250 頁的「評估價值」小節中所做的說明，首先回顧一下第七章使用案例最後獲得的收入和投入的成本，請見範例 8-1。

範例 8-1　使用案例啟用預測目標對象之後實際得到的會計數字

```
Google Ads 每月預算：$10,000
單次點擊成本：$0.50
每月點擊次數：20,000
轉換率：10%
平均訂單價值：$500
訂單筆數：180 筆（前 9% 一定會購買的使用者）＋（1800 * 提高 5%）= 2070

每月收入：2070 筆訂單 * $500 = $1,035,000
每月投資報酬率：$1,035,000 / $10.000 = 103.5

實際增加收入：每月 $35,000
```

不過，這次我們要透過使用案例來探討跟每位顧客有切身關係的其他維度，例如：顧客終身價值及其職業之間的關聯性，然後利用這些資料來建立目標對象區隔，也就是先前第七章產生的「預測目標對象」的子集合。產生醫生、老師、建築師、作家等目標對象，針對這些顧客建立更細的目標對象區隔。

根據第七章預測目標對象的經驗，我們應該有更充足的資訊來預測可能得到的結果。先前我們預估轉換率能提升 10%，但實際上只提升了 9%。這次在預測目標對象預估能增加多少收入上，我們野心不要那麼大，針對所有目標顧客區隔，我們預估能多提升 5% 的收入，請見範例 8-2。也就是說我們預估收入會逐漸提升，達到每月 $51,500。

範例 8-2　使用案例預估啟用目標區隔之後應該能得到的會計數字

```
Google Ads 每月預算：$10,000
單次點擊成本：$0.50
每月點擊次數：20,000
轉換率：10%
平均訂單價值：$500
訂單筆數：2070* 目標區隔能提升 5% = 2173

每月收入：2173 筆訂單 * $500 = $1,086,500
每月投資報酬率：$1,035,000 / $10.000 = 108.65

預期提高收入：（預估收入 $1,086,500 - 目前收入 $1,035,000） = 每月 $51,500
```

由此計算我們評估出專案會增加的價值，接下來就是投入資源，創造我們想增加的收入——但真的值得我們這麼做嗎？若能達成預估效益，購買機率最高的預測目標對象應該能為我們帶來額外 $51,500 的收入，但我們會投入更高的雲端成本（*https://oreil.ly/YinMM*）。實際投入的成本將取決於我們訓練模型的頻率、使用的服務、擁有的資料量，以及任何後續需要執行的維護工作。

此外，我們還需要投入實作成本。判斷實作效益時，常見的做法是比較前期投入的成本和時間，看看我們是否能賺回這些投資。假設實作成本是 $200,000，預估每個月能多賺 $51,500，表示只要四個月就能賺回我們投入的成本，大家通常都非常能夠接受這樣的情況。然而，當我們實作自己的解決方案時，一定要承擔一些技術債，決定因素在於我們每個月要投入多少天數和時數去維護，還要再加上解決方案本身的執行成本。總結來說，我們必須將所有成本項目整合成一個固定成本限制，解決方案若能在三個月／半年／一年內賺回預期增加的收益，才值得我們投入。舉例來說，假設我們希望一年內獲利，啟用這個解決方案的成本就不應該超過 $618,000（$51,500 × 12 個月）。

若評估結果是不值得投入，這就是非常寶貴的資訊。或許我們隨後可以計算看看，需要提升多少百分比的收入（假設 20%）才值得投入專案，或是計算實作成本要限制在多少，這些都能幫助我們正確評估出將來要採用的使用案例。對於要花多少成本，現在我們心裡已經有大概的數字了，接著讓我們將目光轉向使用案例要使用哪些雲端資源。

估算所需資源

想知道我們需要哪些資源，必須納入不同領域的技術經驗，這也正是本書的目標之一。儘管如此，在能力與成本之間進行權衡是相當複雜的一項工作。本書會建議各位讀者在自己界定的範圍內，先執行一些設計簡單的工作，而且試著不要過早開始進行最佳化。此外，儘可能少用移動元件，也就是說維持最低限度的技術數量。一旦完成可行方案，就能將最佳化的力道著眼於成本和功能上。此處我會就本書先前列出的資源，直接提出建議的解決方案：

GA4

我們需要在 GA4 設定 userId，用以串接網頁活動，將 CRM 資料匯入 BigQuery。一般做法是透過登入畫面或表單來連結這兩項資料來源（當然要取得使用者同意）。此處範例假設使用者登入時，CRM 和 GA4 都會擷取同一個 userId，userId 是由網站內容管理系統（content management system，簡稱 CMS）產生，範例資料的格式為「CRM12345」。另一個假設是使用者必須登入，登入的使用者裡有很高的比例會購買。

GA4 userId 串接 CRM

若網站無法透過登入區域來取得 userId，可能需要全新的網站策略才能培養出這種資料集。當前這個年代，由於限制 Cookie 和使用者隱私優先，可靠的使用者個人資料一直不斷增值。現在想要從使用者那裏取得資料，必須建立令人信賴的品牌並且提供誘因，鼓勵使用者提供個人資料。

BigQuery

我們需要連結 BigQuery（請參見第 116 頁的「BigQuery」小節的說明）和 GA4 資源，包含從 GA4 匯出資料並且串接 BigQuery，以及從其他系統匯入 CRM 資料庫。這個使用案例的關鍵條件是，需要一個方法來合併 CRM 的使用者資料和 GA4 的網頁分析資料，合併這兩項資料時需要考慮的注意事項，請參見第 187 頁的「合併資料集」小節的說明。在 BigQuery 的能力範圍內，使用案例還能進一步使用 BigQuery ML，為資料加入一些機器學習指標，例如：透過模型預測得到終身價值或是流失率。

將 CRM 資料匯入 BigQuery

我們還需要一位熟悉內部 CRM 系統的人，安排匯出資料以及將資料匯入 BigQuery。為了簡化這個角色的工作，他們只要將資料匯出到 GCS（請參見第 130 頁的「GCS」小節的說明），雲端工程師則負責將資料匯入 BigQuery。我們的任務是負責讓這些角色之間溝通順暢，確保所有資料都能恰當匯出。

Cloud Composer

一旦我們有用 SQL 產生 BigQuery 表來合併 GA4 和 CRM 兩者的資料，就需要使用 Cloud Composer（請參見第 139 頁的「Cloud Composer」小節的說明）來安排每日更新的工作。這部分的工作也可以改由 BigQuery 進行排程查詢，但由於下一步還會用到 Cloud Composer 來傳送資料給 Firestore，所以將資料放在同一套系統裡會比較方便。

Firestore

為了在使用者瀏覽網站時可以即時使用 BigQuery，我們會將 BigQuery 的資料移到 Firestore，以便於立即使用資料。設定上能以日、週或小時為單位，端看我們預期資料會異動的頻率，本章範例適合設定為每日更新。

GTM SS

有了 Firestore 連接器，我們可以在使用者瀏覽網站時，利用 GTM SS 加入我們的模型資料，藉此豐富 GA4 的資料串流。此處會加入目前存在於 Firestore 內的 CRM 資料，這些資料隨後也會發送到 GA4 介面，準備透過 GA4 目標對象匯出（同第七章的做法）。

整體雲端執行成本評估如下：

- BigQuery 每日查詢工作：每月 $100（取決於資料量）。

- Firestore 讀寫與更新資料：每月 $100（取決於呼叫與更新次數）。

- GTM SS：每月 $120（假設條件是安裝 App Engine 標準環境）。

- Cloud Composer：每月 $350（可重複用於其他專案）。

就範例中的資料量來算，整體成本約為 $670。雖然成本會因每家公司而有所差異，不過每個月的預算大致上會落在 $500 到 $1,000 的範圍內。回想先前範例 8-2 的計算，我們評估收入可以提升 $51,500，這下可以安心了，就算我們增加設定費和員工來處理解決方案，應該還是能對整體專案收入產生正向的影響。

對於系統間究竟會傳遞多少資料量，我們「心裡大概有個底」，所以這個階段在估算時會盡可能無條件進入。這些雲端成本幾乎很少過高，得到評估結果後，雲端服務的討論先就此打住。我們應該有所準備，而這些數字會協助我們下決策。請注意：若需要將資料移出 GCP 平台（例如：移到 AWS），這部分的成本會變得十分顯著，還要特別注意 Cloud Logging（Google 日誌服務）的使用成本，這項服務每個月可能會產生數百美元的費用，解決方案的開發工作結束後，或許需要關閉這項服務。

關於專案的成本和價值，我們現在已經有大概的想法，接著我們要將所有部分整合在一起，這也是我最喜歡的一步。

資料架構

這一節的內容是說明幾個不同 GCP 服務之間的互動方式，協助各位讀者釐清究竟需要完成什麼工作，以及向其他利益關係人回報手上正在進行的工作。資料架構圖會作為服務文件的起點，讀者若有規劃系統將來要交由其他人維護，這是不可或缺的資訊。撰寫本章內容時，我也正在思考自己想寫的使用案例和技術，圖 8-1 的資料架構圖是當時我自己的系統正在進行第三或第四次迭代的架構。我猜想各位讀者在為自己的業務集思廣益、尋求解決方案時，應該也會有相同的經驗。

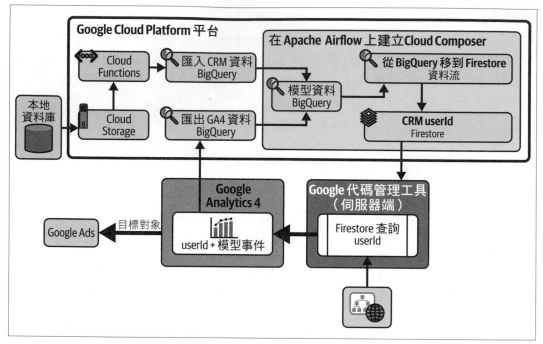

圖 8-1 「使用案例：目標使用者區隔」的資料架構

資料架構到位後，我們現在要進行的基本工作就是建立配置，啟用架構圖裡的各個部分，首要之務是資料如何透過 GA4 和 CRM 系統進入 BigQuery。

資料擷取

接下來我們要做的設定是讓 GA4 和 CRM 的資料進入 BigQuery，由 BigQuery 來幫我們合併這兩個系統的資料。現在我們要用 GA4 提供的介面，第一步是設定 GA4 蒐集資料的方式，確保 GA4 的 BigQuery Export 功能有正確資料可以使用。

GA4 資料擷取設定

使用案例接下來要處理個別使用者歷程，所以我們需要方法來串接 CRM 資料和網站使用者的活動，也就是說我們必須透過 `userId` 串接，讓 GA4 的 BigQuery Export 功能提供更詳細的資料。

我們手上正在處理的資料有偽匿名資料和使用者識別資料，所以必須確保我們的做法有符合隱私規範。為了在系統之間進行合法的串接動作以及使用個人識別資料，建議讀者最好是直接向使用者徵求同意，允許使用他們的資料，為他們提供更多相關內容。

在本章的案例情境中，我們假設使用者連進登入區域後，有相當高的比例會使用網站的進階功能，有利於使用 GA4 資料集的變數 user_id。我們可能還會用到其他欄位 user_properties 的變數，例如：透過 profession 屬性增加使用者的同意狀態，狀態結果會保存在這個使用案例，然後再匯入 GA4。關於如何使用 GA4 加入使用者屬性，請參見第 63 頁的「使用者屬性」小節的說明。

為了在 GA4 報表裡看到使用者的職業，必須將「新增自訂維度」的範圍設定為使用者層級（請見圖 8-2），這些資料在傳送到 GA4 的過程中，也會填入 GTM。

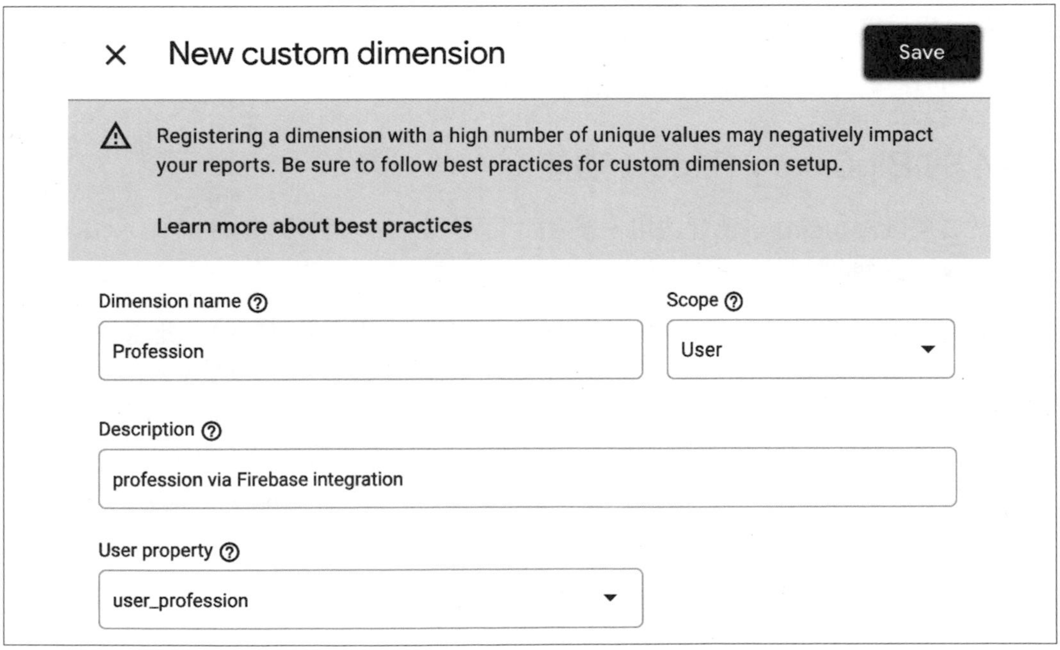

× **New custom dimension** Save

⚠ Registering a dimension with a high number of unique values may negatively impact your reports. Be sure to follow best practices for custom dimension setup.

Learn more about best practices

Dimension name ⑦

Profession

Scope ⑦

User ▼

Description ⑦

profession via Firebase integration

User property ⑦

user_profession ▼

圖 8-2　在 GA4 設定自訂欄位，用以保存使用者職業

標準 user_id 必須從網站送出,再透過 gtag.js 或 Google 代碼管理工具推送到資料層,
請見範例 8-3。這個範例是採用後者,程式碼取自 Google 說明文件(https://oreil.ly/
Lg249),作用是傳送使用者 ID,本書建議讀者在實作 GA4 追蹤時使用這種做法。

範例 8-3　一般做法是在使用者透過網頁表單登入網站時填入資料,將資料推
　　　　　送到資料層,再將含有 *CRM ID* 的資料傳送給 *GA4*

```
dataLayer.push({
 'user_id': 'USER_ID',
 'crm_id': 'USER_ID'
});
```

後續會透過 GTM SS 填入自訂的 user_profession 欄位。

針對要新增和匯入的資料,設定 userId 和自訂欄位之後,GA4 應該配置好足夠的資源
可以蒐集加強型資料。後續在專案的資料活化階段,我們會再回來設定 GA4,建立專案
需要的目標對象。

現在我們要準備將資料匯出到 BigQuery。

GA4 的 BigQuery Export 功能

GA4 的資料匯出功能應該已經啟用,讀者如果還沒設定,請參見第 79 頁的「GA4 串接
BigQuery」小節的說明。

本章使用案例取得使用者資料後,會銜接 CRM 資料,然後進行區隔。此處假設 CRM
資料會定期匯出給 GCS 使用,再利用我們建立的雲端函式(請參見第 99 頁的「透過
GCS 匯入 CRM 資料庫」小節的詳細說明),自動將可以使用的 CRM 資料檔案載入到
BigQuery。上傳的資料內容類似範例 8-4 的設定檔,目的是觸發雲端函式。此處已經產
生一份假設的 CRM 資料,搭配 GA4 提供的示範資料(取自 Google 商品網路商店),
CRM 資料的 cid 值會跟 GA4 的 BigQueryuser_pseudo_id 值重疊。

範例 8-4　*YAML* 格式設定檔,使用第三章詳細說明的雲端函式,將 *Cloud*
　　　　　Storage 儲存的檔案匯入 *BigQuery*

```
project: learning-ga4
datasetid: crm_imports_us
schema:
 fake_crm_transactions:
  fields:
    - name: name
      type: STRING
```

```
    - name: job
      type: STRING
    - name: created
      type: STRING
    - name: transactions
      type: STRING
    - name: revenue
      type: STRING
    - name: permission
      type: STRING
    - name: crm_id
      type: STRING
    - name: cid
      type: STRING
```

隨後產生的 CSV 檔案，跟實際上從 CRM 系統匯出的資料一樣，我們將這些檔案放到 Cloud Storage 的建立的 bucket 空間裡，觸發雲端函式從 bucket 空間匯入檔案。匯入資料後，就可以在 BigQuery 資料表（`learning-ga4.crm_imports_us.fake_crm_transactions`）裡使用這些資料，如圖 8-3 所示。

Row	name	job	created	transactions	revenue	permission	crm_id	cid
1	Jannette Walsh DVM	Sub	2010-11-23 00:14:58	73	9425.59	TRUE	CRM000040	54318914.1826922613
2	Esther Schmitt	Sub	2007-07-30 20:57:12	167	10036.49	TRUE	CRM000372	6473678.0978223839
3	Stevan Kertzmann	Sub	2010-10-14 17:06:29	65	9286.62	TRUE	CRM001727	45682856.7032608942
4	Mr. Hoy Rosenbaum	Sub	2009-08-17 14:17:20	71	7995.74	TRUE	CRM001920	27591007.2215776243
5	Lainey Schneider-Bailey	Sub	2018-04-23 13:28:43	103	2851.85	TRUE	CRM002273	3681170.7474480108
6	Dr. Jovany Hilll DDS	Sub	2007-04-24 08:18:01	414	5004.34	TRUE	CRM003647	59175216.1880512930
7	Adele Larkin-Murazik	Sub	2011-04-06 06:56:14	384	17003.58	TRUE	CRM004028	70205933.0713603324
8	Sal Blanda	Sub	2011-03-07 00:37:33	70	8854.83	TRUE	CRM004645	49495289.2240771945

圖 8-3　這一份假設的 CRM 資料是由 BigQuery 產生，CRM 的 cid 值會跟 Google 商品網路商店的 Cookie ID 重疊

此處假設這個資料集的 cid 值是來自這些使用者登入的網站。將 GA4 Cookie 的 cid 值讀取進來，然後以隱藏項目加入 HTML 表單，再讀進 CRM 系統裡。

若使用者清除 Cookie 或是使用不同的瀏覽器，極有可能會變成使用者跟許多 cid 值都有關聯。不幸的是，網頁資料的本質通常就是十分雜亂，這表示資料集會存在一些錯誤，但會造成多大的問題，取決於使用者登入的頻率和使用者隱私的控制情況。

在現實情況下，當這個階段結束時，BigQuery 應該已經有兩個資料集。為了幫助各位讀者就算手上沒有相同的資料，也能跟著書中內容跑一次這個使用案例，本書已經建立了公開使用的資料集，這些資料是取自於 GA4 公開的 BigQuery 範例資料集：

- 各位讀者從 GA4 資料匯出的資料集名稱會類似 `analytics_123456`，是利用 GA4 公開的資料集模擬出來的（取自 Google 商品網路商店，`bigquery-public-data.ga4_obfuscated_sample_ecommerce.events_*`）。

- 匯入 CRM 資料的資料集名稱為 `crm_data`，在本書建立的範例資料集中，某些 Cookie ID 會跟樣本資料重疊。CRM 資料內的所有名字和職業都是隨機產生（利用 R 語言的 `charlatan` 套件，*https://oreil.ly/Ojih9*），可透過資料表查詢（`learning-ga4.crm_imports_us.fake_crm_transactions`）。

假設讀者都已經準備好要使用的資料（或是準備使用本書提供的範例資料集），就可以開始思考下一階段：如何儲存資料。

資料儲存：轉換資料集

進行到這一步，GA4 原始資料和 CRM 資料集應該都已經每天匯入 BigQuery，但以這些資料目前存在的形式幾乎沒有用處。產生乾淨俐落、彙整過的資料對我們來說才有用處，這些資料日後會以「真實狀態來源」提供，進一步衍生為資料流，請參見第 116 頁的「BigQuery」小節的說明。

針對這個使用案例，我們想建立一個適合匯出給 Firestore 使用的資料集。以 `userId` 合併 CRM 和 GA4 資料，所以資料表中每個 `userId` 都會有一欄線上和離線的資料。轉換過程中可能需要反覆加入和刪除資料集內的欄位，所以 BigQuery 提供的 WebUI 是很好用的工作環境，可以快速遍巡資料集。

我通常會先產生彙整過的資料表，裡面只存放 GA4 的電子商務資料。範例 8-5 的查詢指令顯示，每天執行這個範例就能填出這樣的資料表。後續合併資料集時，可以直接呼叫這個小型範例來用。但在現實生活中，使用案例的資料往往非常大量，最好將查詢結果填入中繼表，這樣或許能節省成本。

範例 8-5　利用 SQL 指令，從 BigQuery 儲存的 GA4 示範資料集取得交易資料

```
SELECT
 event_date,
 user_pseudo_id AS cid,
 traffic_source.medium,
 ecommerce.transaction_id,
 SUM(ecommerce.total_item_quantity) AS quantity,
 SUM(ecommerce.purchase_revenue_in_usd) AS web_revenue
FROM
 `bigquery-public-data.ga4_obfuscated_sample_ecommerce.events_*`
WHERE
 _table_suffix BETWEEN '20201101' AND '20210131'
GROUP BY
 event_date,
 user_pseudo_id,
 medium,
 transaction_id
HAVING web_revenue > 0
```

讀者應該可以在自己的 BigQuery 後台執行這個查詢，因為這個範例是使用公開資料。
執行查詢指令後，應該會看到類似圖 8-4 的結果。

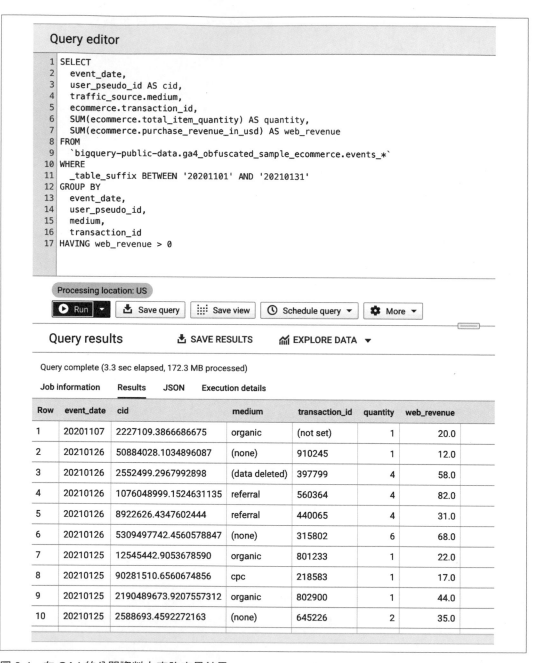

```
Query editor

1  SELECT
2    event_date,
3    user_pseudo_id AS cid,
4    traffic_source.medium,
5    ecommerce.transaction_id,
6    SUM(ecommerce.total_item_quantity) AS quantity,
7    SUM(ecommerce.purchase_revenue_in_usd) AS web_revenue
8  FROM
9    `bigquery-public-data.ga4_obfuscated_sample_ecommerce.events_*`
10 WHERE
11   _table_suffix BETWEEN '20201101' AND '20210131'
12 GROUP BY
13   event_date,
14   user_pseudo_id,
15   medium,
16   transaction_id
17 HAVING web_revenue > 0
```

Processing location: US

▶ Run ▾ | ⬇ Save query | ⠿ Save view | 🕐 Schedule query ▾ | ⚙ More ▾

Query results   ⬇ SAVE RESULTS   📊 EXPLORE DATA ▾

Query complete (3.3 sec elapsed, 172.3 MB processed)

Job information   **Results**   JSON   Execution details

Row	event_date	cid	medium	transaction_id	quantity	web_revenue
1	20201107	2227109.3866686675	organic	(not set)	1	20.0
2	20210126	50884028.1034896087	(none)	910245	1	12.0
3	20210126	2552499.2967992898	(data deleted)	397799	4	58.0
4	20210126	1076048999.1524631135	referral	560364	4	82.0
5	20210126	8922626.4347602444	referral	440065	4	31.0
6	20210126	5309497742.4560578847	(none)	315802	6	68.0
7	20210125	12545442.9053678590	organic	801233	1	22.0
8	20210125	90281510.6560674856	cpc	218583	1	17.0
9	20210125	2190489673.9207557312	organic	802900	1	44.0
10	20210125	2588693.4592272163	(none)	645226	2	35.0

圖 8-4　在 GA4 的公開資料上查詢交易結果

至此我們已經準備好兩個資料集，可以繼續進行下一步——合併資料集並且匯出資料給 Firestore 使用。

資料建模

現在我們來到先前第五章介紹過的資料專案第三階段，針對這個使用案例建立模型，簡單合併兩個資料集，以下範例雖然簡單，但有助於證明這種合併資料集的模型通常很強大；很容易將這個使用案例延伸到其他目標，因為 BigQuery 能使用 BigQuery ML 為資料加入一些機器學習指標，例如：透過模型預測得到的終身價值。

針對我們的目的，此處需要加入「職業」這項維度（來自 CRM 系統），並且將其銜接最新的 GA4 cid 值。合併資料集的運作方式，請參見範例 8-6。

範例 8-6　*SQL 指令，從 BigQuery 儲存的 GA4 示範資料集取得交易資料，然後與本書假設的 CRM 資料進行合併*

```
SELECT crm_id, user_pseudo_id as web_cid, name, job
FROM
 `learning-ga4.crm_imports_us.fake_crm_transactions`
 AS A
INNER JOIN (
 SELECT
  user_pseudo_id
 FROM
  `bigquery-public-data.ga4_obfuscated_sample_ecommerce.events_*`
 WHERE
  _table_suffix BETWEEN '20201101'
  AND '20210131'
 GROUP BY
  user_pseudo_id) AS B
ON
 A.cid = B.user_pseudo_id
ORDER BY name
```

執行上述查詢，應該會得到類似圖 8-5 的結果。

不過，合併之後的資料還不能使用，因為我們需要以某種方式將資料匯入 GA4，接下來我們要利用 Firestore 來完成這項操作。

圖 8-5　顯示 GA4 示範資料集和 CRM 資料合併之後的結果

資料活化

我們現在要看的這些步驟，是活用目前儲存在 BigQuery 的合併資料。

為了取得我們需要的 CRM 資料，進而豐富 GA4 資料串流的內容，然後發送給 GA4，我們需要在使用者瀏覽網站時攔截 GA4 呼叫。GTM SS 會透過 Firestore 變數來提供這項功能，因此，我們要先讓資料進入 Firestore，GTM 才能讀取資料。

先前匯出的 BigQuery 資料表含有 crm_id（請參見圖 8-5），這個 ID 會作為 Firestore 使用的鍵值。

範例 8-6 列出的查詢結果會儲存到本機上的檔案「./join-ga4-crm.sql」，Cloud Composer 再使用這個檔案作為輸入來啟動工作任務。隨後會利用 Cloud Composer 配置的 DAG，將產生出來的 BigQuery 資料表傳送給 Firestore，詳細程式碼請參見範例 8-7。

範例 8-7　在 *Cloud Composer* 配置 *DAG* 圖，產生 *BigQuery* 資料表，再透過 *Dataflow* 將資料表發送給 *Firestore*。在這個例子裡，我們假設產生 *BigQuery* 資料表的 *BigQuery SQL* 指令是放在名稱為「*./join-ga4-crm.sql.*」的檔案裡，這個資料表的其中一個資料欄包含 userId。

```python
import datetime
from airflow import DAG
from airflow.utils.dates import days_ago
from airflow.contrib.operators.bigquery_operator import BigQueryOperator
from airflow.contrib.operators.gcp_container_operator import GKEPodOperator

default_args = {
  'start_date': days_ago(1),
  'email_on_failure': False,
  'email_on_retry': False,
  'email': 'my@email.com',
  # 如果工作任務失敗，至少要等待五分鐘之後再重試
  'retries': 0,
  'execution_timeout': datetime.timedelta(minutes=240),
  'retry_delay': datetime.timedelta(minutes=1),
  'project_id': 'your-project'
}

PROJECTID='learning-ga4'
DATASETID='api_tests'
SOURCE_TABLEID='your-crm-data'
DESTINATION_TABLEID='your-firestore-data'
TEMP_BUCKET='gs://my-bucket/bq_to_ds/'
```

```
dag = DAG('bq-to-ds-data-name'),
    default_args=default_args,
    schedule_interval='30 07 * * *')

# 在實際營運環境中，sql 指令篩選範圍應該縮小到日期分區，例如：{{ ds_nodash }}
create_segment_table = BigQueryOperator(
  task_id='create_segment_table',
  use_legacy_sql=False,
  write_disposition="WRITE_TRUNCATE",
  create_disposition='CREATE_IF_NEEDED',
  allow_large_results=True,
  destination_dataset_table='{}.{}.{}'.format(PROJECTID,
                                          DATASETID, DESTINATION_TABLEID),
  sql='./join-ga4-crm.sql',
  params={
    'project_id': PROJECTID,
    'dataset_id': DATASETID,
    'table_id': SOURCE_TABLEID
  },
  dag=dag
)

submit_bq_to_ds_job = GKEPodOperator(
  task_id='submit_bq_to_ds_job',
  name='bq-to-ds',
  image='gcr.io/your-project/data-activation',
  arguments=['--project=%s' % PROJECTID,
        '--inputBigQueryDataset=%s' % DATASETID,
        '--inputBigQueryTable=%s' % DESTINATION_TABLEID,
        '--keyColumn=%s' % 'userId', # 必須是存在於 BigQuery 的 ID（有區分大小寫）
        '--outputDatastoreNamespace=%s' % DESTINATION_TABLEID,
        '--outputDatastoreKind=DataActivation',
        '--tempLocation=%s' % TEMP_BUCKET,
        '--gcpTempLocation=%s' % TEMP_BUCKET,
        '--runner=DataflowRunner',
        '--numWorkers=1'],
  dag=dag
)

create_segment_table >> submit_bq_to_ds_job
```

在實際營運環境中，排程會每天匯入資料，根據需求覆寫更新值或是產生新的欄位。
當使用者瀏覽網站時，即時資料串流就能使用這些資料，然後發送 GA4 命中資料。等
BigQuery 的 CRM 資料匯入 Firestore 之後，應該會看到含有 CRM 金鑰的資料，請參見
圖 8-6。

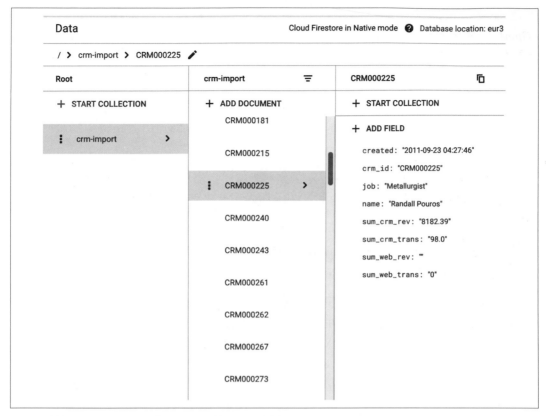

圖 8-6　從 BigQuery 匯入到 Firestore 的 CRM 資料

至此，我們已經將每日更新的 BigQuery 資料合併 CRM 資料，然後匯出給 Firestore。剩下的最後一步就是在具有已知 cid 的使用者造訪網站時，將這個資料跟 GA4 的網頁串流資料合併，接下來我們會使用 GTM SS 來完成這個步驟。

透過 GTM SS 的設定，將資料匯入 GA4

這一節我們要介紹如何設定 GTM SS 的實體，從 Firestore 取得資料，再將資料加進 GA4 串流。此處不會重複介紹 GTM SS 的設定流程，詳細做法請參見第 83 頁的「Google 代碼管理工具（伺服器端）」小節的說明；假設我們目前使用標準 App Engine 的實體，每月花費的雲端成本大約是 120 美元。請注意，這個範例雖然是使用 GA4，但同樣的做法也能延伸到其他相同的事件，將事件資料發送給其他數位行銷服務。

這個階段還可以選擇另一種做法，就是透過「資料匯入」服務（*https://oreil.ly/PGpmI*），將資料匯入 GA4；最初我確實也打算用這個方法，但撰寫本書之際，這個方法只能手動處理。因此，現階段選擇使用 API 或 BigQuery 連接器，會是更簡單的做法。

不過，因為無法採用「資料匯入」服務，再加上要考慮更即時性的應用程式，所以此處會將傳送資料的路線改成 BigQuery 到 Firestore 再到 GTM SS。由於路線本身具有即時性，也帶來更多潛在的應用。

促成這個工作流程的原因，是 Firestore 的新變數讓這項流程變得比以往還要容易：我們只需要將 GTM SS 的事件資料指向 Firestore 變數，然後將資料填入 GA4 伺服器端的追蹤代碼。

請回頭參考本章第 264 頁的「資料擷取」小節的說明，我們需要在 GA4 做一些設定，將使用者屬性 user_profession 加入 GA4 追蹤代碼，以欄位 user_id 作為文件名稱。

利用 GTM SS 將網頁設定為容器，發送 GA4 事件給自己的網址，也就是 *https://gtm.example.com*。設置在網頁的 GA4 追蹤代碼裡的所有欄位，都會加入 GA4 事件，包含 user_id。首先，我們需要取出 GTM 變數裡的 user_id 作為文件名稱，從 Firestore 取得該文件的資料，設定方法請參見圖 8-7。

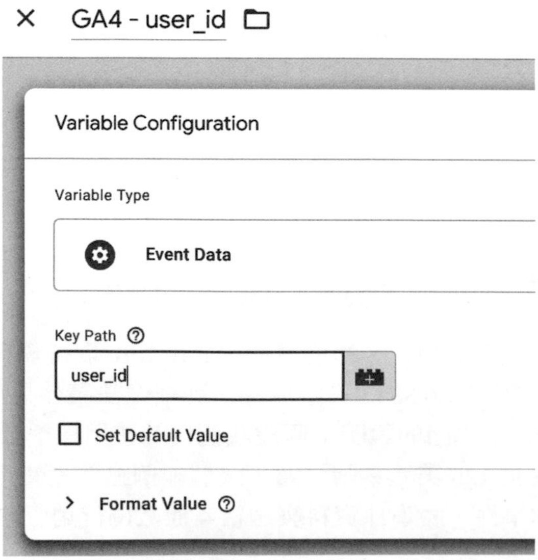

圖 8-7 設定自訂事件，取得 user_id 作為文件名稱，從 Firestore 取得該文件的資料

接下來是設定 Firestore 的查詢變數（Lookup），然後利用 user_id 變數（透過 {{GA4 - user_id}} 存取）作為 Firestore 的文件路徑；文件路徑的格式：{firestore-collection-name}/{firestore-document}，在這個例子裡，firestore-collection-name 是我們設定的 Firestore 集合名稱，firestore-document 則是我們上傳的 CRM ID（請參見圖 8-6）。此外，還會看到文件的 key 是「job」，因為這是 Firestore 文件中的欄位名稱，請參見圖 8-8 的設定範例。

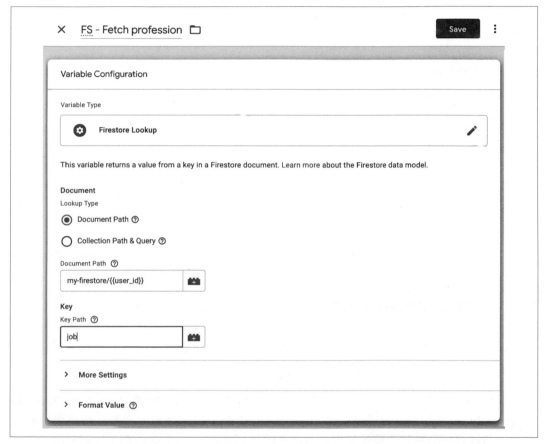

圖 8-8　在 GTM SS 設定 Firestore 查詢變數，然後呼叫 Firestore 集合（包含 CRM 資料），使用 user_id 作為引用 Firestore 的文件

只要重複這個流程，就能獲得 Firestore 內的其他資料值，例如：name 或 crm_web_rev，還能取得巢狀結構的紀錄資料。

最後是產生 GA4 追蹤代碼，填入 GA4 事件資料，再發送給我們建立的 GA4 帳號，請參見圖 8-9。這裡要設定成在發送 user_id 時（例如：建議型事件 login），觸發 GA4 事件。

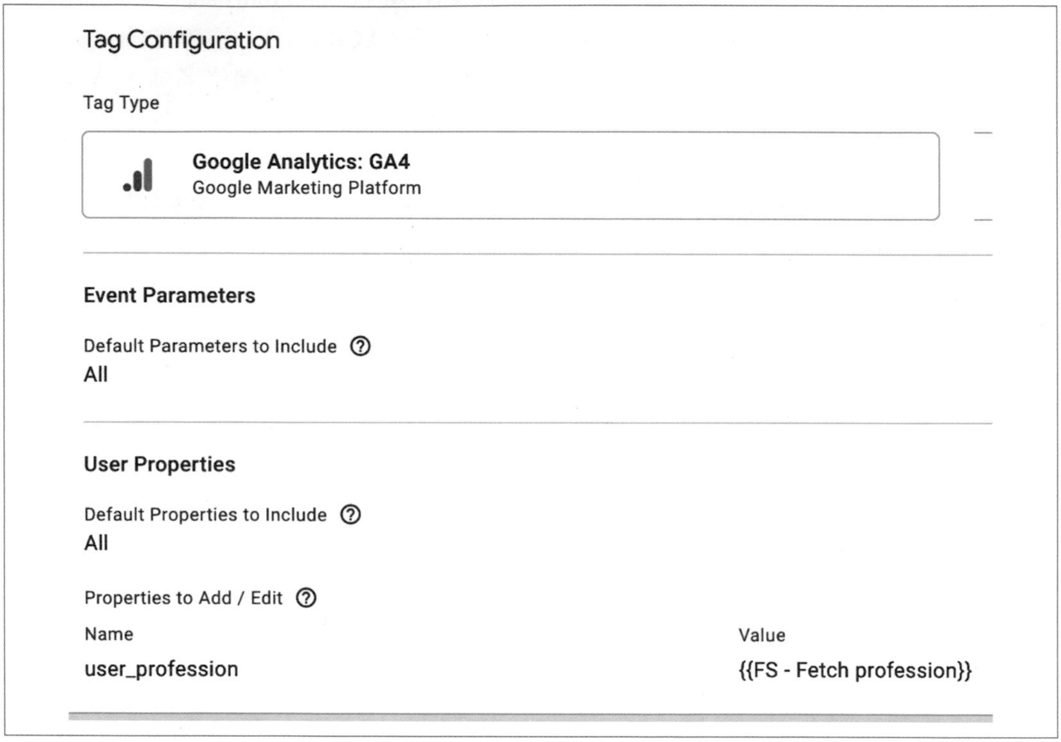

圖 8-9　在 GTM SS 設定 GA4 事件追蹤代碼，加入 Firestore 查詢值作為使用者屬性

圖 8-9 的 user_profession 參數應該跟先前圖 8-2 設定的自動欄位一致，因為這個事件參數會填入 GA4 的自訂維度，讓目標對象使用。

發布和測試工作都完成之後，當一名已知使用者登入的 CRM ID 和上傳到 BigQuery 和 Firestore 的 ID 相同時，就會看到 GA4 的自訂維度開始填入資料。我們可能會需要幾週的時間進行充分的測試，確定使用者 ID、時程和比對工作都沒有問題，並且對配置環境進行 QA。若一切進行順利，幾週後，我們就能開始使用那些跟我們共享職業的顧客資料，活用資料的方式和先前的使用案例「預測目標對象」類似。

從 GA4 匯出目標對象

在 GA4 資料中看到使用者職業之後，就能開始在所有報表中使用這些資料，例如：「探索」和即時報表，這些資料也能提供給目標對象使用。

我們希望以第七章產生的「預測目標對象」為基礎，建立本章的使用案例，這次會針對某些職業，產生更多目標對象的子集合。假設我們要針對的主要職業是醫生、教師和建築師，所以會從這些職業開始分析，不過，回到現實情況，我們要列出來分析的職業會更多。然後針對這些條件產生目標對象：「未來七天內可能會購買的醫生」、「未來七天內可能會購買的教師」以及「未來七天內可能會購買的建築師」，請參見圖 8-10 的範例。

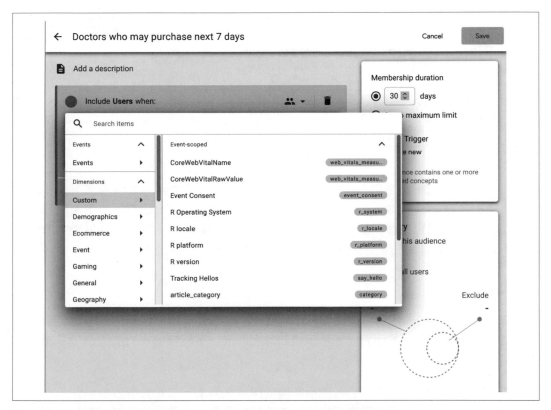

圖 8-10　在目標對象定義中新增自訂維度，並且結合現有的預測目標對象

將這些目標對象結合現有的預測目標對象，如圖 8-11 所示。

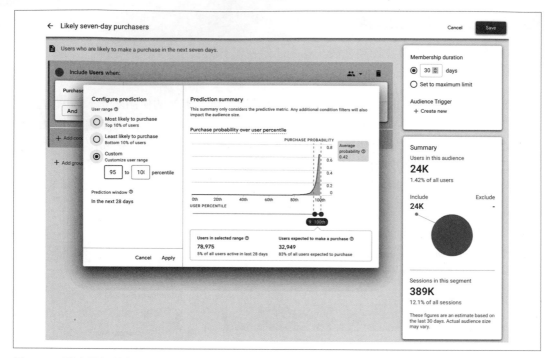

圖 8-11　設定目標對象，顯示未來七天內可能會購買的人數

設定好目標對象的子集合之後，就會隨著時間累積使用者資料，如同先前所介紹的，這些目標對象會匯出給 Google Ads 和其他 Google 行銷套件上的服務。接下來的當務之急，是將這些目標對象移交給 Google Ads 行銷團隊，團隊會針對目標對象產生廣告文案、不要對目標對象做行銷活動，或是為這些目標對象量身訂做廣告活動。

測試成效

此處會應用第 256 頁的「資料活化：測試成效」小節所提到的一般原則，也就是對目標對象進行 A/B 測試。一般而言，要展示資料專案的價值，最強而有力的方法就是讓逐漸提升的效益超越目前的基礎。

我應該還要再提一點，雖然聚焦在使用案例的商業案例上，是交付專案的最佳方式，不過，讀者只要實作過幾個使用案例後，應該會開始察覺到許多附加效益。光是採用這個使用案例提供的技術堆疊，就能為其他許多案例提供可靠的產品發表平台，而且因為使用案例需要的技術沉沒成本已經付出（例如：Cloud Composer、GTM SS、Firestore），所以更容易快速上線。

建立更多目標對象之後，我們就有機會在測試成效期間找出更大量的行動和見解，可以想見，這將為後續一整年產生多少使用案例。例如：為何醫生對我們所針對的目標市場，反應不如建築師？相較於醫生，教師的預測轉換率是否更可靠？等等。

重點回顧與小結

我會自然而然地調查以下這些步驟：

- 我們是否能加入 CRM 資料裡其他有助於業務和顧客分析的維度？

- 我們是否能在 BigQuery 階段，使用 BigQuery ML 加入一些預測或模擬，以更智慧的方式建立區隔？（例如：透過預測得到終身價值，而非只是未來七天的價值。）

- 我們是否能活用 Google Optimize 的目標對象來改變網站內容，進而提升轉換率？

- 我們是否能將 GA4 指標匯出到 CRM 資料庫，以便用於其他管道（例如：電子郵件）？顧客是否能在所有管道取得相同的優惠，獲得更全通路的體驗（電子郵件、Google Ads、網站上的橫幅廣告）？

以上這些延伸問題，多數都會牽涉到更新現有技術堆疊的配置（指我們在使用案例中部署的配置）。

我希望本章內容有助於彙整本書其餘部分所涉及的許多概念：如何為使用案例制定策略和證明可行性，從 GA4 和 CRM 系統中擷取資料，在 BigQuery 轉換資料和建立模型，然後透過 Firestore 和 GTM SS，在 Google 行銷套件上活用這些資料。

本章介紹的專案，類似我在職業生涯中執行過的幾個專案，不管是直接的付費價值還是數位轉型，我都看到這些專案實作為公司帶來巨大的好處和能量。如同我所提過的，各位讀者很難完全複製書中的使用案例，因為每個人手上負責的業務都不一樣，但我希望本書介紹的通用元件能激起讀者自身的創意，幫助大家套用在自身的情況上。

本章使用案例已經成功在 Google Ads 的活化管道上運行，下一章會介紹另一個活化管道──在即時環境中：利用來自 GA4 的資料，建立即時資訊主頁。

## 第九章

使用案例：即時預測

本章使用案例將移動到即時資料流的主題，介紹如何利用 GA4 提供的即時 API。使用第八章透過 Google Optimize 建立的目標對象，加入一些網站即時行動。

在本章的案例情境中，我們假設這家圖書出版商已經持續六個月利用前一章建立的預測區隔目標對象，發現有助於提升相關性，所以某些部分的轉換率很高。這家出版商的社群媒體行銷團隊在內部簡報中得知這一點，便詢問是否可以使用相同的區隔來改善每日活動，協助他們在自家品牌的社群媒體帳號上發布行銷活動貼文。於是，我們提議，如果社群媒體團隊能即時看到活動內容的效果，就能得知他們跟哪些目標對象產生共鳴，後續就能以相同性質的內容，迅速回應目標對象。由於團隊平常發佈的內容都是以時事為主題，若等到隔天才分析，多半為時已晚，來不及針對分析資料採取行動。

我們認為最有幫助的做法是預先得知什麼內容會造成流行——預測使用者的參與趨勢，幫助我們評估什麼內容會「熱門或不熱門」。因此，我們會建立一套流程，讓使用者在社群媒體上看到的活動內容也會在出現在網站上，針對使用者個人的職業打造其專屬的網站內容。社群團隊需要一套簡單的方法來更新內容，這個使用案例選擇透過 Google Optimize 來設定橫幅廣告（請參見第 213 頁的「Google Optimize」小節的說明），從網站最上方的橫幅廣告觸發。

建立商業案例

我們希望透過提高社群媒體內容的相關性,藉此增加網站流量;顯示橫幅廣告作為捷徑,連結到每一個社群媒體廣告活動的促銷頁面,藉此提高轉換率。預測內容目前的流行趨勢,幫助團隊了解橫幅廣告要優先安排什麼樣的內容。

社群媒體活動被視為「漏斗頂部」,在這個階段,多數使用者不會立即轉換,但有助於讓顧客記住發行商的品牌,日後考慮購買時,顧客就會想到這個品牌。社群媒體團隊的 KPI 大多是根據貼文曝光次數和使用者參與度,因此,團隊希望透過資訊主頁監控趨勢,以提升這些指標。

進入網站之後,橫幅廣告會提供導向相關到達頁面的捷徑,有助於直接提升轉換率,而且我們希望能因此大幅拉高。例如:假設現在全世界的頭條新聞是介紹一項特殊療程,可以幫助長期感染新冠肺炎的病人,此時若出現跟病毒學書籍有關的內容會更有意義,而且能吸引長期穩定的流量,比較不會受到季節性活動的影響。當團隊看到這樣的趨勢,就能優先考慮宣傳病毒學方面的書籍。一旦有醫療從業人員造訪網站(也就是我們已經的目標對象),橫幅廣告就會特別顯示這方面的書籍,因為他們極有可能正在尋找這類的內容。

需要投入的資源

雖然先前第 216 頁的「讓資訊主頁發揮作用」小節已經強調過,使用資訊主頁時,使用者必須有足夠的能力採取行動,因此會在資料流裡安插人類角色,他們的工作是反映資料現況,根據資訊做出決策。除非需要即時做出決策,否則沒有必要擁有即時資訊主頁。

我們會根據以下兩個問題來界定關鍵決策的範圍:

- 哪一個社群媒體的內容應該優先發布?

- 目標對象點擊網站上的橫幅廣告之後,應該呈現哪些內容給每一位目標對象?

擔任這個角色的人員必須具備操作 Google Optimize 的能力,因為這項工具是用來產生橫幅廣告,所以找擁有 HTML 前端技能的人員比較能派上用場。之所以選擇 Google Optimize 產生橫幅廣告,是因為易於使用而且廣告設置之後能迅速更改內容。

雖然其中最重要的一塊是讓適合的人選擔任這個角色，但我們還是要利用以下這些技術
來支持他們：

GA4

跟第八章做的設定一樣，包含先前已經針對每個職業建立的目標對象，由即時 API
提供事件名稱和目標對象名稱。

R Shiny

這個套件是扮演資訊主頁的角色，因為 R 語言也能處理預測模擬、呼叫 GA4 即時
API 以及互動式呈現資料層。由 GCP 平台託管，可以用於開發任何其他具有預測能
力的資訊主頁系統。

Google Optimize

這個平台是產生網站用的 HTML 橫幅廣告，因為跟 GA4 串接，所以能為每個匯入的
目標對象量身訂做橫幅廣告的內容，例如：針對已知使用者的職業。

確認我們需要的所有組成元件之後，下一節就要將這些元件組裝在一起。

資料架構

在這個解決方案的資料架構中，我們加入了一個平常不會出現的元件：人類。這突顯出
一個非常重要的關鍵，就是只有人類才能提供決策，現階段的自動化系統還無法複製這
項行為。請參見圖 9-1，圖中特別標示出幾個主要的決策分支點，用於決定哪些內容要
在圖書出版商的社群媒體上推廣，又有哪些內容要加入 Google Optimize。

將來如果發現人類擔任的角色有加入重複性的工作任務，或許日後開發的
專案就能提高自動化的程度，可能的發展路線是利用第 193 頁的「機器
學習 API」小節所提過的技術。

計畫到位之後，就要來看看如何將資料架構裡的各個環節串聯在一起。

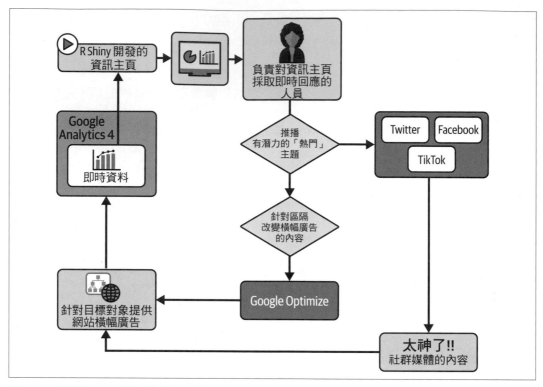

圖 9-1 利用從 GA4 擷取的即時資料來產生預測，再透過 Google Optimize 來協助排定社群媒體和網站橫幅廣告內容的優先順序

資料擷取

如同第三章所介紹的，首先要考慮資料如何進入系統。就本章使用案例來說，就是確定 GA4 即時資料串流有包含資訊主頁需要的所有資訊。

設定 GA4

我們想要取出的即時資料必須列在 GA4 即時 API 的維度和指標內（*https://oreil.ly/ w2rw6*）。相較於 GA4 一般 API 可以取得的維度數量，即時 API 的維度只是其中的子集合。在預設情況下，即時 API 可以取得網站最新 30 分鐘的事件資料，若是使用 GA360 付費授權版，則可取得最新 60 分鐘的資料。

本章使用案例的目的是尋找網站上有多少使用者落在我們建立的目標對象內，以及這些使用者散佈在網站上的哪些頁面，從中了解哪些內容最能讓我們建立的目標對象區隔引起共鳴。根據即時 API 支援的維度，我們發現 audienceName 和 unifiedScreenName 這兩個欄位可以識別出我們需要的資料。為了獲得預測結果，我們還需要時間序列趨勢，使用 minutesAgo 欄位來排序使用者活動以及推算預測趨勢。

不過，即時 API 還有其他查詢限制，就是會限定哪些維度和指標可以一起查詢，其中也包含了嘗試查詢 audienceName 和 unifiedScreenName（例如：頁面網址）這兩個欄位的組合；限定查詢組合的目的是想建立使用者相關指標和事件相關指標之間的關聯。event_name 和 event_count 是 GA4 的基本資料架構，隨時都可以查詢，為了儘可能簡化取得資料的程序，需要考慮記錄正在尋找的使用者互動事件，也可以查詢以使用者為範圍的自訂維度（非以事件為範圍），請參見第 63 頁的「使用者屬性」小節的說明。

此外，請注意：即時 API 雖然不允許我們將 audienceName 搭配 unifiedScreenName 一起查詢，也就是說不能直接查看醫生（目標對象）在不同裝置上閱讀醫學相關內容，但我們可以自訂附加頁面名稱特徵的目標對象，間接獲得資料。

這個使用案例的設定範例，請參見圖 9-2。當使用者的職業符合我們想監控的內容，也就是當使用者是醫生而且閱讀醫學方面的內容時，就會將資料填入我們建立的目標對象。

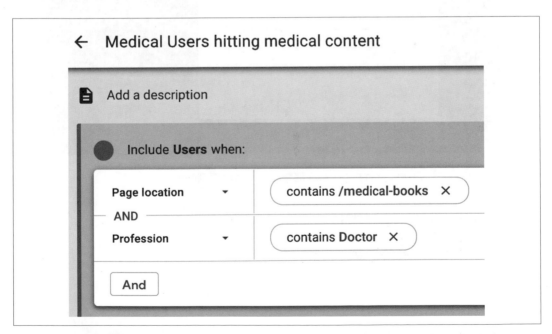

圖 9-2 建立目標對象：在即時 API 中查詢，比對出閱讀醫學類書籍而且職業是醫生的使用者

當使用者符合這個目標對象，不僅能觸發我們可以查詢的事件，這個事件也可以成為在即時 API 中查詢的內容。例如：我們可以設定一個事件，名稱為 doctors-seeing-medical-content，請參見圖 9-3。

最後一個選項是讓 GA4 使用者熟悉：即時資訊主頁會反映 GA4 設定的目標對象，提供最簡單的方法讓使用者新增或移除即時取得的資料。

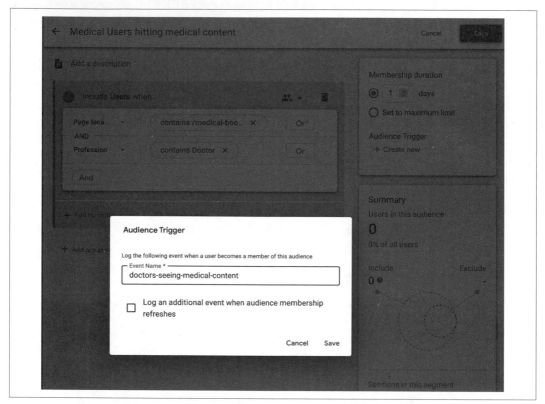

圖 9-3　當使用者符合目標對象的資格，就會觸發即時 API 中看到的事件

然後以 R Shiny 應用程式取得資料，作為資訊主頁的基礎，請參見範例 9-1。

範例 9-1　利用 R 函式庫的 googleAnalyticsR 套件，從即時 API 取得資料

```
library(googleAnalyticsR)
ga_auth()
ga_id <- 1234567 # 此處請更換成自己的 GA4 propertyId

# 即時取得目標對象的資料
```

```
ga_data(ga_id,
        metrics = "activeUsers",
        dimensions = c("minutesAgo", "audienceName"),
        realtime = TRUE)
#i 2022-06-17 12:47:40 > Realtime Report Request
#i 2022-06-17 12:47:41 > Downloaded [ 60 ] of total [ 60 ] rows
# A tibble: 60 × 3
#   minutesAgo audienceName                  activeUsers
#   <chr>      <chr>                         <dbl>
# 1 22         All Users                     335
# 2 13         All Users                     332
# 3 07         doctors-seeing-medical-content 29
# 4 09         doctors-seeing-medical-content 27
```

這個階段的工作完成後，我們應該能透過即時 API，即時查詢到我們想要的 GA4 事件資料。將擷取到的資料下載後，現在我們要開始處理這些資料。

資料儲存

既然我們已經直接使用 GA4 的 Data API，GA4 本身就能用於儲存大部分的資料。資訊主頁的資料要夠小，才能符合 Shiny 應用程式的記憶體大小，因此除了決定 Shiny 應用程式要託管在哪個服務器上，資料儲存的部分則不需要投入太多心力，下一節會介紹這個部分。

將 Shiny 應用程式託管在 Cloud Run 上

託管 Shiny 應用程式有許多選擇，但如果使用者人數很少（小於 10 人），我會偏好選用無形伺服器，這樣就不必管理伺服器。此處透過 GCP 平台提供的 Cloud Run 來執行託管服務，類似 Cloud Functions，差別在於前者可以在雲端平台上執行 Docker 容器。只要 R Shiny 應用程式可以放進 Docker 映像檔，就可以跟任何其他 HTTP 網站一樣，從 Cloud Run 提供服務。

以範例 9-2 的 Dockerfile 為例，這個範例程式碼是用來產生 Docker 映像檔，在 Cloud Run 上執行 Shiny 應用程式。

範例 9-2　範例程式 *Dockerfile*，用於安裝 *Shiny* 應用程式（支援 googleAnalyticsR 套件）

```
FROM rocker/shiny

# 安裝 R 套件相依性
RUN apt-get update && apt-get install -y \
    libcurl4-openssl-dev libssl-dev

## 從 CRAN 安裝其他套件
RUN install2.r --error googleAnalyticsR

# 將 Shiny 應用程式複製到 Shiny 伺服器的資料夾
COPY . /srv/shiny-server/

EXPOSE 8080

USER shiny

CMD ["/usr/bin/shiny-server"]
```

Dockerfile 要放在跟 Shiny 應用程式相同的資料夾（預設名稱是 app.R），裡面還有應用程式可能會需要的其他配置檔案，例如：用於認證的客戶端（client.json）：

```
|
|- app.R
|- Dockerfile
|- client.json
```

在 Cloud Run 服務上託管 Shiny 應用程式之前，必須先在 Google 專案底下產生 Docker 映像檔。讀者可以透過 Cloud Build 來產生這個映像檔，詳細做法請參見第 99 頁的「搭配 GitHub 設定 Cloud Build 的 CI/CD 流程」小節的說明，也可以參考 Google 提供的文件（*https://oreil.ly/n6WEG*），了解如何建立容器。

需要託管 Docker 映像檔的目的，是為了從 Cloud Run 呼叫這個映像檔；Docker 映像檔建構完成後，會儲存在由 GCP 平台提供的託管服務 Artifact Registry 上的指定位置（*https://oreil.ly/w6QWW*）。

讀者如果選擇建構 Docker 映像檔，就不需要再設定 *cloudbuild.yaml* 檔案，因為這是很常見的標準工作，所以只要 Dockerfile 存在，就知道該怎麼執行建構程序。在這個使用案例中，我們只需要指定 --tag 旗標，表示我們想將 Docker 映像檔推送到 Artifact Registry 上的哪個位置。在同一個資料夾下，透過 gcloud 命令列，提交 Cloud Build 工 作 任 務：gcloud builds submit --tag eudocker.pkg.dev/learning-ga4/shiny/googleanalyticsr --timeout=20m。

這項工作預計會花相當長的時間才能完成，所以需要加上 `--timeout` 旗標來延長逾時的時間。

Docker 映像檔建構完成，儲存到 Artifact Registry 之後，就可以將映像檔匯入 Cloud Run 並且在上面執行，請參見圖 9-4 設定畫面。

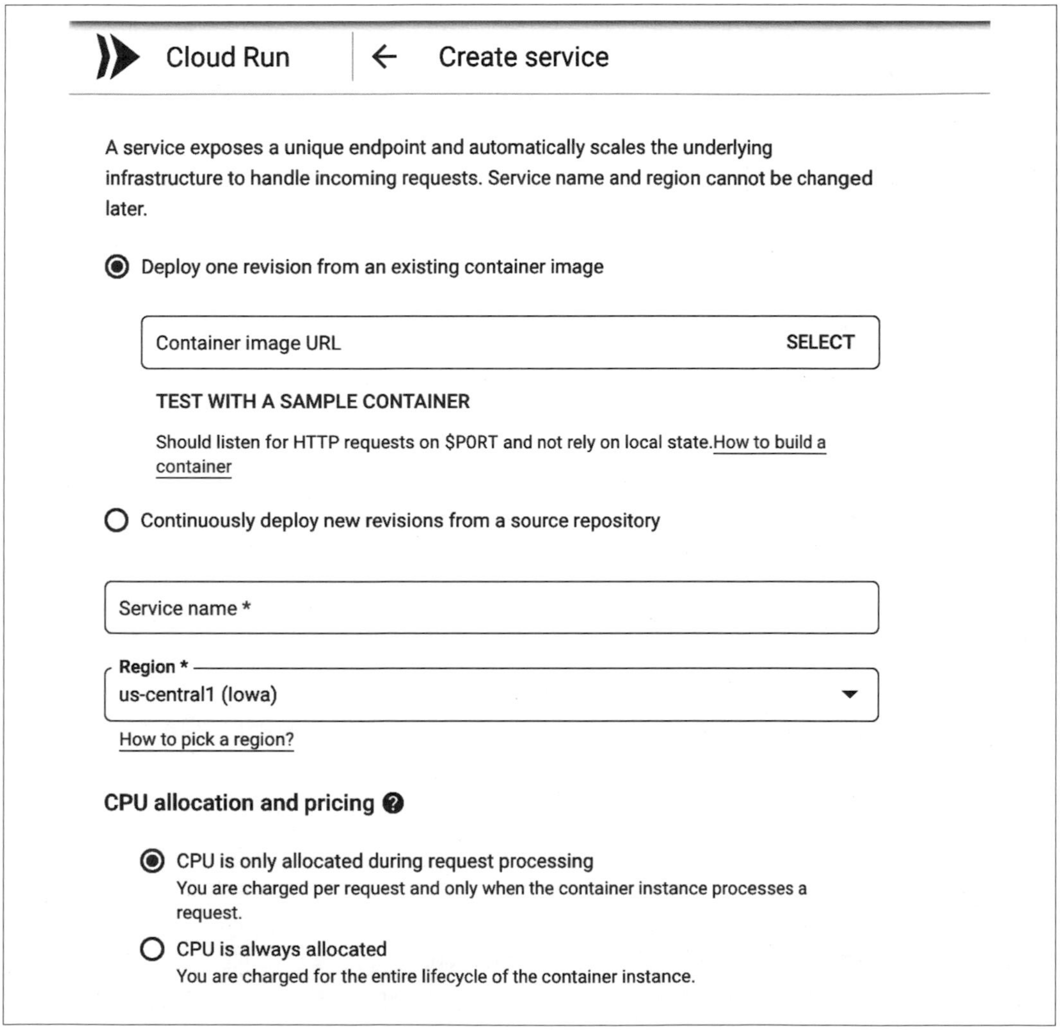

圖 9-4　容器映像檔網址是我們為本機 Docker build 指定的網址，例如：`eu-docker.pkg.dev/learning-ga4/shiny/googleanalyticsr`

這裡處理的資料量非常「小」，因為使用案例中的資訊主頁不需要大量的資料，總共約 1000 筆資料。資訊主頁幾乎不太需要數 GB 的資料量，因為只需要讓一個人看到資料，而一個人能消化的資料量就只有那麼多而已。因此，執行資訊主頁的實體不需要太大的儲存空間，通常只要用預設值就可以。

然而，資料分析工作的重點在於我們要顯示哪些資料以及如何將 GA4 的原始資料傳換成為有用的見解，就這個 Shiny 應用程式來說，見解就是來自資訊主頁的預測。接著我們要移動到資料建模階段，來看下一節出現的程式碼。

資料建模

前一節我們已經概述如何託管 Shiny 伺服器，而使用 Shiny 的首要理由是可以執行 R 程式碼，在瀏覽器顯示結果。所以現在我們要開始利用 R 語言撰寫的程式碼，從 GA4 即時資料中產生預測結果。

此處進行的預測會用到 Rob Hyndman 維護的 forecast 套件（*https://oreil.ly/f6AEB*），他還跟 George Athanasopoulos 合著了一本線上電子書《*Forecasting: Principles and Practice*》（*https://otexts.com/fpp2*），對預測工作來說是很棒的學習資源。讀者若想深入了解這個 R 語言套件如何建立預測，這本線上電子書有解釋其背後的運作原理；若想研究如何提升模型準確率，本書也是最好的參考來源。

針對使用案例的目的，我們需要利用 R 語言撰寫程式碼來完成以下這些工作：

1. 從 API 即時輸入 GA4 資料。

2. 將資料轉換成預測函式庫可以使用的格式，例如：排序過的時間序列物件。

3. 為預測模型設定季節性和其他配置選項。

4. 將時間序列資料傳送給預測函式，產生今後的預測資料以及預測區間。

5. 繪製預測結果。

假設我們已經執行範例 9-1，取得資料集 R data.frame，準備進行處理。產生預測結果的建議程式碼，請參見範例 9-3。請注意，這個程式腳本也是依循本書的主題——擷取資料、整理資料、資料建模，然後輸出資料活化的結果。

範例 9-3　利用函式庫（forecast 和 googleAnalyticsR）預測 GA4 即時資料

```r
library(googleAnalyticsR)
library(dplyr)
library(tidyr)
library(forecast)


# 取得目標對象的即時資料
get_ga_rt <- function(ga_id){

  now <- Sys.time()

  rt_df <- ga_data(ga_id,
                   metrics = "activeUsers",
                   dimensions = c("minutesAgo",
                                  "audienceName"),
                   realtime = TRUE,
                   limit = 10000)
  # 產生時間戳記（目前時間 - minutesAgo）
  rt_df$timestamp <- now -
    as.difftime(as.numeric(rt_df$minutesAgo),
                units = "mins")

  rt_df

}


# 整理資料，讓每個目標對象都有自己的資料欄
tidy_rt <- function(my_df){

  my_df |>
    pivot_wider(names_from = "audienceName",
                values_from = "activeUsers",
                values_fill = 0) |>
    arrange(minutesAgo)
}

# 預測每個目標對象的 activeUsers 指標
forecast_rt <- function(rt){

  # 移除不能用來預測的資料欄
  rt$minutesAgo <- NULL
  rt$timestamp <- NULL

  # 產生時間序列物件
  rt_xts <- ts(rt, frequency = 60)
```

```
# 執行迴圈讀取資料欄，列出接下來 15 分鐘的預測結果
forecasts <- lapply(rt_xts, function(x) forecast(x, h = 15))
setNames(forecasts, names(rt))
}


# 更改成 GA4 資源的 ID
ga_id <- 123456

# 使用上面的函式，列出每一個目標對象的預測結果
forecasts <- get_ga_rt(ga_id) |> tidy_rt() |> forecast_rt()

# 繪製與檢視預測結果
lapply(forecasts, autoplot)
```

在預設情況下，即時 API 只會取得過去 30 分鐘內的資料，如果是使用 GA360，則會取得 60 分鐘內的資料。為了讓預測模型處理更多的資料，我們會保留從 API 取得的歷史資料，然後加入後來取得的最新資料，一整天下來就能建立一份合理的歷史資料。範例 9-4 的程式碼說明如何在應用程式中，逐漸建立起預測用的資料。此處要再次強調，即使我們保留了數小時的歷史資料，使用案例也只會處理少量的資料，所以 Shiny 應用程式可以輕鬆處理（不過，我們或許應該設定上限，資料量才不會週週成長）。在這個案例中，假設我們最多只會儲存 48 小時的資料，這表示資料列的數量會有 2880 行 *（目標對象數量）。

範例 9-4　範例程式碼，用於擴增從 *API* 取得的即時資料，為預測模型建立歷史趨勢

```
library(googleAnalyticsR)
library(dplyr)
library(tidyr)

get_ga_rt <- function(ga_id){
  # 取得目標對象的即時資料
  now <- Sys.time()
  rt_df <- ga_data(ga_id,
                   metrics = "activeUsers",
                   dimensions = c("minutesAgo", "audienceName"),
                   realtime = TRUE,
                   limit = 10000)
  rt_df$timestamp <- now - as.difftime(as.numeric(rt_df$minutesAgo), units = "mins")

  rt_df

}
```

```
tidy_rt <- function(my_df){

  my_df %>%
    pivot_wider(names_from = "audienceName",
                values_from = "activeUsers",
                values_fill = 0) %>%
    arrange(minutesAgo) |>
    filter(minutesAgo != "00") |>
    mutate(timemin = format(timestamp, format = "%d%H%M")) |>
    select(-minutesAgo)
}

append_df <- function(old, new){

  # 如果沒有資料，就不必擴增歷史資料
  if(is.null(old)) return(new)
  if(is.null(new)) return(old)

  # 舊資料有但新資料沒有的資料列
  history <- anti_join(old, new, by = "timemin")

  if(nrow(history) == 0) return(new)

  # 附加擴增歷史資料，移除不再使用的 minutesAgo
  rbind(new, history) |>
    head(2880) # 最多只會保留 48 小時的資料（60*24*2）
}

# 取代為 ga_id
ga_id <- 123456

# 類似這樣的用法
first_api <- get_ga_rt(ga_id) |> tidy_rt()

# 等待時間超過一分鐘以上就重新取得資料
second_api <- get_ga_rt(ga_id) |> tidy_rt()

# 追加 first_api 裡有但 second_api 不存在的資料列
append_df(first_api, second_api)

# 依照排程重複執行
```

現在我們已經利用 R 程式腳本處理即時資料，產生一些預測和迴歸模型，但我們必須活用這套流程，才能讓不懂 R 語言的終端使用者也能根據這些即時資料做出反應和決策。為此，我們需要使用資料建立資訊主頁。

資料活化——即時資訊主頁

接著我們要介紹資料活化，也就是利用前一節介紹的 R 程式腳本和手上取得的即時資料，為出版社的同事建立即時資訊主頁，包含使用第 292 頁的「資料建模」小節中獨立運作的 R 程式腳本，以及第 289 頁的「資料儲存」小節中託管在 Shiny 伺服器上的 R 程式腳本。

現在我們要花點時間聊聊「即時」（real-time），思考這個詞究竟代表什麼意義。我們在先前的內容裡提過，即時資訊主頁必須搭配即時決策才能發揮成效，但這些決策要細到什麼程度？是需要在一秒鐘之內「即時」回應呢？還是每隔十分鐘「即時」回應一次便已足夠？

GA4 提供的即時 API 是以分鐘為細分單位，就實務上來說，每 60 秒抓取一次資料就已經夠即時了，除非各位讀者能想到什麼理由，才需要在不到一分鐘內對資料做出回應。老實說，我想不到。即時的程度會影響 API 的使用額度，相較於每 1 分鐘抓取一次資料，每 10 秒抓取一次是以快六倍的速度消耗使用額度，而且可能無法帶來任何好處。請記得到 API 的使用頁面（*https://oreil.ly/ueVEM*），檢查 API 的使用額度，確認應用程式消耗額度的情況。

總之，根據這個理由，我們會將「即時」資訊主頁的實際回應時間設定為每 60 秒回應一次，也就是說，我們會每一分鐘抓取一次資料來更新資訊主頁上的資訊。

為即時 Shiny 應用程式撰寫 R 程式碼

先前我們利用 R 程式碼開發的應用程式，也可以換成我們為其他資訊主頁系統或網頁應用程式撰寫的程式碼，例如：Python 語言，只是我發現 R 語言的執行速度最快。

為了輔助前一節以 R 函式模擬的資料，此處要介紹一個我最愛的 JavaScript 視覺化函式庫 Highcharts（*https://www.highcharts.com*），這個函式庫的作用是製作互動式視覺化的內容，可以顯示在任何瀏覽器裡，而且還支援一個很棒的 R 函式庫 highcharter（由 Joshua Kunst 撰寫，*https://oreil.ly/JASv*），Shiny 應用程式內也有用到這個函式庫。這個函式庫取得 R 物件之後，會以 JavaScript 函式，將物件轉換成互動式的圖表內容。加入一點互動性一定會有利於資料呈現方式，為終端使用者增加一些分析資料的空間。這裡會拿我們之前繪製出來的陽春版圖表，讓圖表的呈現方式更活潑一點。範例 9-5 的程式碼是將範例 9-3 產生的預測物件，轉換成 Highcharts 版本。

範例 9-5　這個範例程式碼是將原始和預測資料，轉換成 highcharts 圖表

```r
library(highcharter)

highcharter_plot <- function(raw,
                             forecast,
                             column = "All Users"){
  ## 用於預測價值的物件
  fc <- forecast[[column]]

  ## 原始資料
  raw_data <- ts(raw[,column], frequency = 60)

  raw_x_date <- as.numeric(raw$timestamp) * 1000

  ## 產生正確的時間戳記（x 軸）
  forecast_times <- as.numeric(
    seq(max(rt$timestamp),
        by=60,
        length.out = length(fc$mean))
    ) * 1000

  forecast_values <- as.numeric(fc$mean)

  # 產生 highcharts 圖表物件
  highchart() |>
    hc_chart(zoomType = "x") |>
    hc_xAxis(type = "datetime") |>
    hc_yAxis(title = column) |>
    hc_title(
      text = paste("Real-time forecast for", column)
    ) |>
    hc_add_series(
      type = "line",
      name = "data",
      data = list_parse2(data.frame(date = raw_x_date,
                                    value = raw_data))) |>
    hc_add_series(
      type = "arearange",
      name = "80%",
      fillOpacity = 0.3,
      data = list_parse2(
        data.frame(date = forecast_times,
                   upper = as.numeric(fc$upper[,1]),
                   lower = as.numeric(fc$lower[,1])))) |>
    hc_add_series(
      type = "arearange",
      name = "95%",
```

```
        fillOpacity = 0.3,
        data = list_parse2(
          data.frame(date = forecast_times,
                     upper = as.numeric(fc$upper[,2]),
                     lower = as.numeric(fc$lower[,2])))) |>
    hc_add_series(
      type = "line",
      name = "forecast",
      data = list_parse2(
        data.frame(date = forecast_times,
                   value = forecast_values)))
}
```

範例程式碼的輸出結果，請參見圖 9-5。

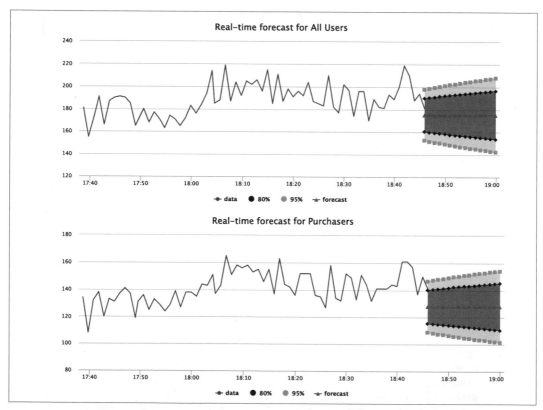

圖 9-5　程式腳本的輸出結果，將 R 預測物件轉換成 highcharts 圖表

利用服務帳號進行 GA4 認證

在應用程式中啟用 GA4 資料的存取權，最簡單而且安全的方法就是產生 GCP 服務金鑰，提供檢視 GA4 資料的存取權給這個金鑰，然後利用應用程式上傳這個服務金鑰。不過，如果讀者使用服務金鑰存取任何雲端資源時，會需要花費金錢的話（例如：BigQuery），則不建議採用這種認證方式，萬一金鑰外洩，可能會損失數千美元。

由 Google Cloud 控制台產生服務金鑰（*https://oreil.ly/6N8Ur*），請參見圖 9-6。請勿為將任何雲端角色指定給這個金鑰，這個服務帳號的名稱是「fetch-ga」，產生的電子郵件格式：{name}@{project-id}.iam.gser viceaccount.com，例如：*fetch-ga@learning-ga4.iam.gserviceaccount.com*。

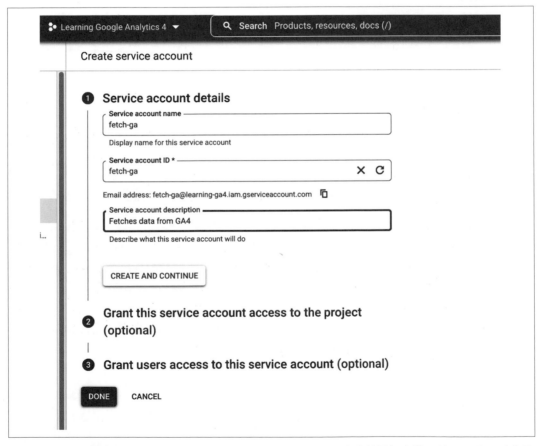

圖 9-6　產生服務金鑰，提供給應用程式使用；不要將任何角色指定給這個金鑰，就可以安全地存取 GA4 資料，萬一金鑰外洩，也不會在雲端費用上造成損失

將這個隨 JSON 檔案提供的服務電子郵件，加入 GA4 使用者管理控制台，處理方式跟加入我們自己、還有其他任何想要存取 GA4 資料的使用者電子郵件完全一樣。然而，在進行這一步之前，我們必須透過跟服務帳號有關聯的 JSON 金鑰，讓應用程式自行完成認證程序。這個 JSON 金鑰檔案同樣是由 GCP 控制台產生（請參見圖 9-7），讀者可以下載到自己的電腦裡。請妥善保管，存放在應用程式可以使用的地方。

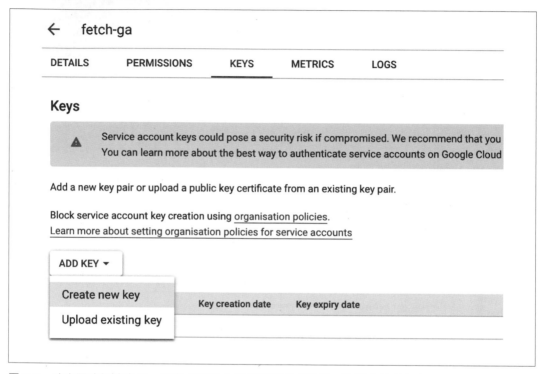

圖 9-7　建立服務帳號之後，下載 JSON 金鑰給應用程式使用；這個金鑰具有存取資料的權限，請妥善保管

剩下的工作就是在 GA4 管理頁面中加入這個使用者的電子郵件，請參見圖 9-8。將這個帳號的存取權限設定為檢視者角色，對應用程式來說完全夠用。

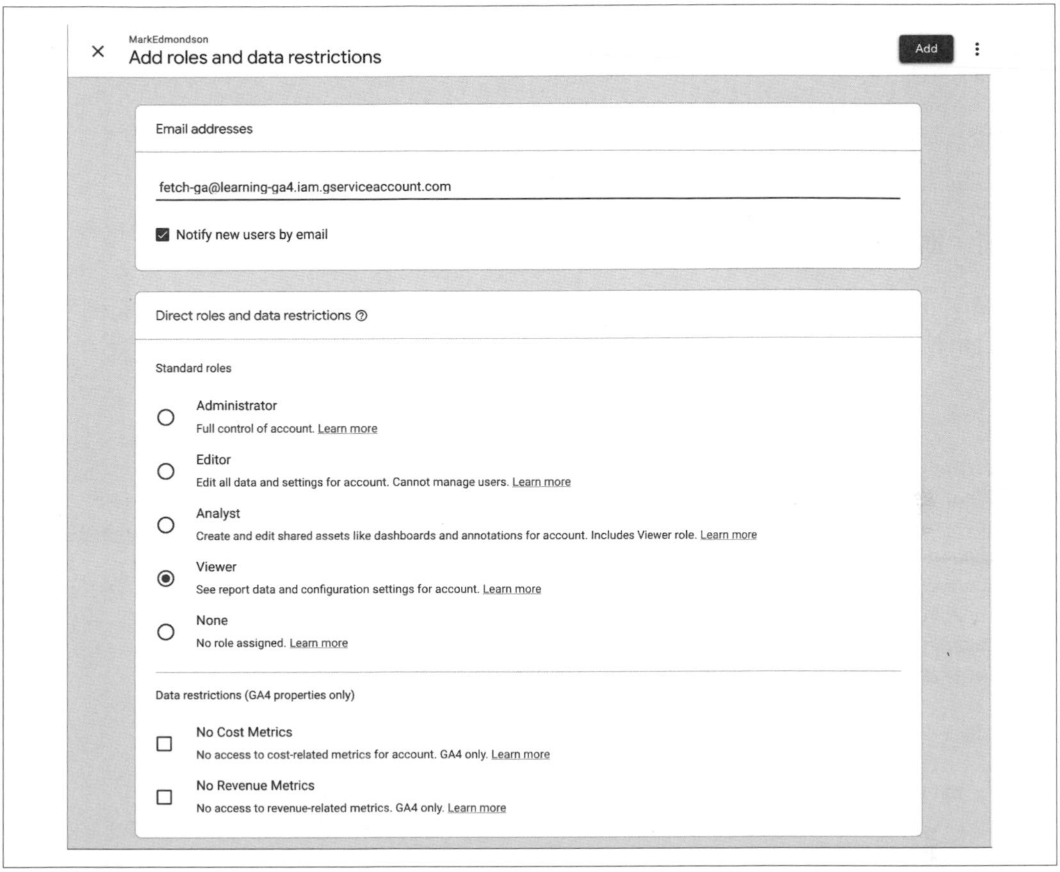

圖 9-8　在 GA4 介面中加入服務電子郵件作為使用者，隨後程式腳本就有權限存取 GA4 資料

不管我們抓取資料時是用什麼程式語言來撰寫用 GA4 API，都適用這個程序。尤其適合 googleAnalyticsR 套件，只要將 ga_auth() 函式指向檔案，就能利用檔案中的金鑰進行認證，如範例 9-6 所示。

範例 9-6　googleAnalyticsR 套件利用 JSON 服務金鑰進行 GA4 認證

```
library(googleAnalyticsR)

# 透過 JSON 檔案中的設定進行認證來存取 GA4 帳號
ga_auth(json_file = "learning-ga4.json")
#> i Authenticating using fetch-ga@learning-ga4.iam.gserviceaccount.com
```

```
# 列出帳號來測試認證程序
ga_account_list("ga4")
#># A tibble: 2 × 4
#>  account_name   accountId  property_name  propertyId
#>  <chr>          <chr>      <chr>          <chr>
#> 1 MarkEdmondson 47480439   GA4 Mark Blog  206670707
```

Shiny 應用程式整合一切

各位讀者可以將本章介紹的所有 R 函式整合在一起，根據自己的目的調整範例 9-7 的 Shiny 應用程式。

範例 9-7　將本章所有 R 函式整合在 Shiny 應用程式

```r
library(shiny)            # 以 R 語言撰寫網頁應用程式
library(googleAnalyticsR) # 取得 GA4 資料
library(tidyr)            # 整頓資料
library(forecast)         # 資料建模
library(dplyr)            # 彙整資料
library(shinythemes)      # 網頁應用程式的樣式
library(DT)               # 互動式 HTML 表格
library(highcharter)      # 繪製互動式圖表

# 應用程式的 HTML 介面
ui <- fluidPage(theme = shinytheme("sandstone"),
    titlePanel(title=div(img(src="green-hand-small.png", width = 30),
               "Real-Time GA4"), windowTitle = "Real-Time GA4"),
    sidebarLayout(
      sidebarPanel(
        p("This app pulls in GA4 data via the Real-Time API using
        googleAnalyticsR::ga_data(),
        creates a forecast using forecast::forecast()
        and displays it in an interactive plot
        via highcharter::highcharts()"),
        textOutput("last_check")
      ),
      mainPanel(
        tabsetPanel(
          tabPanel("Realtime hits forecast",
                   highchartOutput("forecast_allusers"),
                   highchartOutput("forecast_purchasers"),

          ),
          tabPanel("Table",
                   dataTableOutput("table")
          )
```

```
            )
          )
        )
      )
```

範例 9-8 的程式腳本收錄本章所有函式。

範例 9-8　*Shiny* 應用程式使用所有函式以 *R* 語言撰寫網頁應用程式

```
library(shiny)            # R web apps
library(googleAnalyticsR) # 取得 GA4 資料
library(tidyr)            # 整頓資料
library(forecast)         # 資料建模
library(dplyr)            # 彙整資料
library(shinythemes)      # 網頁應用程式的樣式
library(DT)               # 互動式 HTML 表格
library(highcharter)      # 繪製互動式圖表

get_ga_rt <- function(ga_id){
  # 取得目標對象的即時資料
  now <- Sys.time()
  rt_df <- ga_data(ga_id,
                   metrics = "activeUsers",
                   dimensions = c("minutesAgo", "audienceName"),
                   realtime = TRUE,
                   limit = 10000)
  rt_df$timestamp <- now - as.difftime(as.numeric(rt_df$minutesAgo),
                                       units = "mins")

  rt_df

}

tidy_rt <- function(my_df){

  my_df |>
    pivot_wider(names_from = "audienceName",
                values_from = "activeUsers",
                values_fill = 0) |>
    arrange(desc(minutesAgo)) |>
    mutate(timemin = format(timestamp, format = "%d%H%M")) |>
    filter(minutesAgo != "00") |>
    select(-minutesAgo)

}

append_df <- function(old, new){
```

```r
  if(is.null(old) || nrow(old) == 0) return(new)
  if(is.null(new) || nrow(new) == 0) return(old)

  # 舊資料有但新資料沒有的資料列
  history <- anti_join(old, new, by = "timemin")

  if(nrow(history) == 0) return(new)

  # 擴增歷史資料
  rbind(history, new) |>
    head(2880) # only keep top 48hrs (60*24*2)
}

forecast_rt <- function(rt){

  rt$timestamp <- NULL
  rt$timemin <- NULL

  # ## 每個時間戳記的點擊數
  rt_xts <- ts(rt, frequency = 60)

  do_forecast <- function(x, h = 30){
    tryCatch(
      forecast::forecast(x, h = h),
      error = function(e){
        warning("Could not forecast series - ", e$message)
      }
    )

  }

  forecasts <- lapply(rt_xts, do_forecast)

}

highcharter_plot <- function(rt, forecast, column = "All Users"){
  ## 用於預測價值的物件
  fc <- forecast[[column]]

  ## 原始資料
  raw_data <- ts(rt[,column], frequency = 60)

  raw_x_date <- as.numeric(rt$timestamp) * 1000

  ## 每分鐘
  forecast_times <- as.numeric(
```

```
        seq(max(rt$timestamp), by=60, length.out = length(fc$mean))) * 1000

    forecast_values <- as.numeric(fc$mean)

    highchart() |>
      hc_chart(zoomType = "x") |>
      hc_xAxis(type = "datetime") |>
      hc_yAxis(title = column) |>
      hc_title(
        text = paste("Real-time forecast for", column)
      ) |>
      hc_add_series(
        type = "line",
        name = "data",
        data = list_parse2(data.frame(date = raw_x_date,
                                      value = raw_data))) |>
      hc_add_series(
        type = "arearange",
        name = "80%",
        fillOpacity = 0.3,
        data = list_parse2(
          data.frame(date = forecast_times,
                     upper = as.numeric(fc$upper[,1]),
                     lower = as.numeric(fc$lower[,1])))) |>
      hc_add_series(
        type = "arearange",
        name = "95%",
        fillOpacity = 0.3,
        data = list_parse2(
          data.frame(date = forecast_times,
                     upper = as.numeric(fc$upper[,2]),
                     lower = as.numeric(fc$lower[,2])))) |>
      hc_add_series(
        type = "line",
        name = "forecast",
        data = list_parse2(
          data.frame(date = forecast_times,
                     value = forecast_values)))
}
```

此處會以伺服器函式作為 Shiny 應用程式的後端系統，依照範例 9-7 的定義填入應用程
式要輸出的內容；範例 9-8 是定義後端系統要呼叫的函式，範例 9-9 的程式碼則是執行
R 語言撰寫的回應式程式碼。

範例 9-9　應用程式的後端系統呼叫伺服器函式，為前端介面填入資料

```r
# 定義伺服器邏輯，用於繪製直方圖
server <- function(input, output, session) {

    # 更改成 GA4 資源的 ID
    ga_id <- 1234567

    historic_df <- reactiveVal(data.frame())

    get_ga_audience <- function(){
      # 利用 JSON 檔案進行認證
      ga_auth(json_file = "learning-ga4.json")

      # 抓取和整頓資料
      get_ga_rt(ga_id) %>% tidy_rt()
    }

    # 為了強制呼叫即時 API，這個值一定要不一樣
    check_ga <- function(){
      Sys.time()
    }

    # 每隔 31 秒檢查變化
    realtime_data <- reactivePoll(31000,
                                  session,
                                  checkFunc = check_ga,
                                  valueFunc = get_ga_audience)

    # 建立歷史紀錄資料
    historic_data <- reactive({
      req(realtime_data())

      # 新增歷史紀錄的資料
      new_historic <- append_df(historic_df(),
                                realtime_data())

      # 將新的值寫入到 reactiveVal
      historic_df(new_historic)

      new_historic

    })

    # 產生預測資料用的物件
    forecast_data <- reactive({
        req(historic_data())
        rt <- historic_data()
```

```
      message("forecast_data()")

      #
      forecast_rt(rt)
  })

  # 輸出上一次呼叫 API 的時間戳記
  output$last_check <- renderText({
    req(historic_data())

    last_update <- tail(historic_data()$timestamp, 1)

    paste("Last update: ", last_update)

    })

  # 原始資料表
  output$table <- renderDataTable({
    req(historic_data())
    historic_data()
  })

  # 為每個目標對象產生預測資料
  ## 所有使用者
  output$forecast_allusers <- renderHighchart({
    req(forecast_data())

    highcharter_plot(historic_data(),
                     forecast_data(),
                     "All Users")

  })

  ## 購買者
  output$forecast_purchasers <- renderHighchart({
    req(forecast_data())

    highcharter_plot(historic_data(),
                     forecast_data(),
                     "Purchasers")

  })

  ## 為更多目標對象繪製圖表？

}
```

```
# 執行應用程式
shinyApp(ui, server = server)
```

若一切進行順利，各位讀者應該會看到和圖 9-9 類似的應用程式，而且每 60 秒會更新一次最新資料。

一旦在本機執行成功後，就可以照範例 9-2 討論的方法，利用所有已經安裝好的 R 套件和 Shiny 應用程式產生的 Dockerfile，以及認證用的 JSON 金鑰來部署應用程式。

各位讀者需要根據自己的目的修改路線，包括挑選想要追蹤的目標對象（例如：本章一開始提到的閱讀醫學書籍的目標對象），以及為應用程式外觀挑選更適合組織的主題。

資訊主頁成功運作之後，從每天使用資訊主頁的終端使用者那獲得回饋，是非常重要的事。當然，這些使用者一定會就需要改善的部分提出回饋，而得到的回饋的我們應該讓他們愉快地參與資料分析，並且將此視為一項持續進行的工作任務。

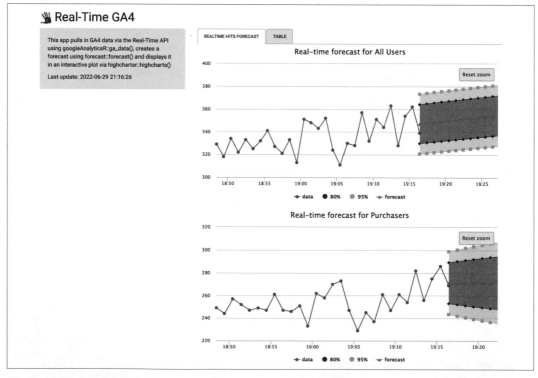

圖 9-9　利用 GA4 即時資料執行 Shiny 應用程式和預測（利用 highcharter 套件提供的 Highcharts 視覺化函式庫，www.highcharts.com）

重點回顧與小結

本章討論了幾個主題：如何針對即時資訊主頁建立商業案例、需要投入哪些資源來界定資訊主頁的能力範圍、如何設定 GA4 目標對象並且用於即時 API、如何將託管在 Cloud Run 的 Shiny 應用程式作為資訊主頁的網頁應用程式解決方案、如何以正確的方式進行認證、如何利用 R 語言的 forecast 套件來建立預測模型，以及如何將前面這些元素整合在一起，從 GA4 的即時 API 抓取資料，然後透過 Highcharts 視覺化函式庫，呈現預測結果。

跟先前已經提出的所有使用案例一樣，我無法預知書中介紹的應用程式是否能完全符合各位讀者的需求，因此，本書盡量納入許多我認為能派上用場的不同情境和技術，讓讀者搭配使用。當我們累積越來越多的經驗之後，就能完全掌握更多的使用案例，理想情況是每一個案例都能學會一個新的元素。長久下來，還可以建立自己的技術目錄，應用在未來遇到的新情況。本書介紹了一些我在職業生涯中看過的使用案例，希望這些案例能幫助各位讀者快速起步，雖然你們手上的專案一定會有所不同，但最重要的一點是學到本書介紹的結構化框架，提高學習效率。Google Cloud 和 GA4 在這方面特別好用，因為這些產品總是會釋出各種創新功能，讓我們套用在框架上，所以持續關注最新發布的產品內容，能幫助我們掌握一切的可能性。

書中說明的各項技術，是我個人從許多來源匯集而成，最後一章會介紹這些多年來幫助我的資源，告訴各位讀者如何利用這些資源來獲得需要的技能。

## 第十章

下一步

本章希望各位讀者利用本書提供的這些資源，堆砌出你們想從書中發現的靈感。本章還會納入一些進修課程方面的資源，若讀者發現自己完全無法理解書中內容，這些資源或許可以派上用場。

如同我先前已經強調過的，本書內容不可能包山包海地為每種商業需求納入特定的解決方案，但我希望各位讀者能利用手上現有的工具，發展出自己需要的解決方案。我將過去經歷中出現的使用案例寫在書裡，雖然已經涵蓋許多不同的情況，但讀者遇到的商業需求和經驗會有所不同。雖然處理過許多使用案例，但我每次都還是會導入一個新元素、以前沒有嘗試過的程式碼或服務，或者是新的方法。因此，各位讀者在處理自己的GA4 專案時，或許可以拾起本書，從中發現以前不知道的其他元素，納入現在的專案裡。

讀者若尚未實作過書中任何一個解決方案，我會鼓勵你們至少先實作其中一個，有助於各位讀者親自體驗看看可能會出現的問題。書中內容和範例都很理想，除了一來一回亂動而產生的拼寫錯誤、忘記加上的連結，或是我產生這些內容時製造的錯誤。

最後一章我會分享自己如何蒐集知識，然後撰寫成本書。書中內容主要來自網路社群，這些數位線上社群裡的好心鄉民透過部落格、Twitter 或其他管道親自聊聊他們自己的發現。

動機：我如何學習書中內容

教育主要來自於動機，找出自身的動機是對成功的未來十分重要的一步。就如何促進自身動機，我並不適合寫這方面的內容（如果讀者正在看本書，我猜你們至少某種程度上已經有好的開始！），但我想告訴讀者我的動機是什麼，希望藉此引起讀者的共鳴。

我熱愛創造新事物，不斷尋找創新的解決方案。每個我經手的專案，我都會嘗試加入新要素，即使會遭逢失敗，而且必須經過反覆測試，依舊是寶貴的學習經驗。不管如何，我每次都是雙贏，因為我會發想出下次使用什麼方法比較好，或是使用比上次更好的解決方案。

我還發現自己每隔幾年，就會將目前關注的焦點轉移到更高層次，這會給我與時俱進的感覺。我的意思是，透過這樣的做法，在目前所知的範圍內擴大應用的範圍，例如：當我開始在網站上應用搜尋引擎最佳化（SEO），就會對如何衡量 SEO 投入的績效很有興趣，於是我找出進入網站分析的方式，進而延伸到擴大網站分析解決方案的規模，於是我又找到通往雲端的方式。在目前所知的範圍內應用所學，讓我持續保有強烈的動機。

另一個讓我維持動力的方法，就是在日復一日的工作中，心裡要有一個理想的解決方案。設定這種理想情況的條件是，完美地實作出所有功能，而且假設資源、技術或政治等問題都不會發生（我懂，這有時很難想像！）

只要心中懷著這樣的理想，持續以最新、最尖端的思維更新這份理想，你永遠都會努力朝向目標。本書提出的一些想法也能幫助讀者實現其中的一些理想。當你努力朝向目標，應該就能享受這段旅程，因為，或許你永遠無法達成目標，但你會在旅途中做出好東西。

我設定的理想情況如下：

- 將執行長定義的一般商業目標反映在主要 KPI 上，於 GA4 和整個企業中衡量。針對所有利益關係人都理解並且認同的 KPI，支援其需要的網站指標。

- 提出全公司都通用的命名慣例和架構，每個人稱呼這些指標時都會用相同的名稱，而且能將指標與 KPI 連結在一起。

- 在 GTM 資料層為全部標籤保存所有必要的網站指標，敏捷的行銷 IT 團隊會隨時準備好在必要時更新這些指標。

- 網站發布的 QA 和測試報告需要納入是否通過數位分析資料的品質。

- Cookie 隱私權政策和使用者資料治理的做法須明確而且合乎道德面，以維繫網站使用者的尊重和信任，將這些目標視為網站發展的關鍵。使用者能重新檢視他們送出什麼資料給你和你的第三方合作夥伴，而且可以輕易決定要撤銷或自願提供資料。

- 一旦使用者認為該網站確實值得信任，就能以強大的使用者 ID 登入網站；這個使用者 ID 是由網站集中產生，用於顧客所有商業交易（跨付費通路、電話、離線等）。

- 針對那些不願意加入追蹤的使用者，允許採用匿名統計追蹤。

- 所有數位行銷人員都具備自主設定的能力，能以自己特有的方法分析資料。

- 有能力根據任何來源發送過來的 GA4 事件，觸發工作流，透過各種活化管道來活用資料。

- 只有網站觸發的 GA4 追蹤代碼，可以將所有事件資料傳送給 GTM 的伺服器端實作層。

- GCP 平台上所有內部資料系統都使用 BigQuery 作為資料倉儲的基礎，而且視需要使用其他服務，例如：Cloud Run、Cloud Functions、Cloud Build 等等。

- 利用 Firestore 的查詢功能結合後端系統，充實 GA4 事件串流。

- 透過 Google Marketing Platform 這個平台，活用後端資料，用以豐富 GA4 的目標對象。

- BigQuery 擁有乾淨俐落的資料集，同時整合了 GA4 和內部系統的資料；結合 Looker 平台提供的 BI（商業智慧）工具，在企業內部發布特有的分析結果。

- 對分析系統設定分層存取權：只有負責分析的開發人員有權使用 GA4 的網頁後台，透過 GA4 串接 BigQuery，匯出資料到 Looker 平台和 / 或 Data Studio，然後將傳送過來的資料製作成報表。

- 經由 Pub/Sub 觸發使用者活動的內部事件，可以選擇性發送到 GA4，用以加強分析，以及將資料活用於使用案例。

- 為期兩年的開發計畫，列出計畫中使用案例的優先順序，所有使用案例均已清楚規劃相依性和資源。

各位讀者的想法或許有所不同！但我只要實現一項系統，滿足所有這些要求之後，就一定會尋找下一個挑戰。

學習資源

本書內容是我多年來向許多人學習的成果，特別感謝多位才華洋溢的同事，像是我在數位行銷公司 IIH Nordic（位於哥本哈根）的幾位同事，可以和很棒的團隊共事，同時又為出色的人工作，無形之中帶給我莫大的協助。不過，每天讓我投入大量時間消化的內容則是來自線上社群裡的其他成員。以下這份清單是我精選出其中對我最有幫助的部分。各位讀者如果以前沒聽過其中一些資源，我很鼓勵大家閱讀看看：

Google 開發文件

第一項資源顯然大家都知道，但令人驚訝的是，許多人其實都不會去看 Google 產出的這份文件（*https://oreil.ly/27q8O*）。閱讀文件過程中，讀者若發現任何錯誤或不清楚的地方，都可以利用文件頁面上的按鈕提供意見，協助文件內容日益獲得改善。建議讀者至少將整個文件內容看過一遍，因為這份文件能釐清多數常見的問題，而且回答查詢問題時，發送的連結內容一定會具有權威性。

Google 開發專家：*Simo Ahava*

我以前曾和 Simo Ahava 共事過，那時他還沒成為 GTM 和數位策略的代名詞，我很榮幸能認識他私下的為人，就和他在公開場合一樣熱心助人、令人信賴和友善。他的成功可說是實至名歸，讀者若想充分掌握 GTM，以及他目前擴展的興趣（數位隱私與基礎 JavaScript），請在他公司的網站 Simmer 上註冊，購買線上課程。

- Simo 個人部落格（*https://oreil.ly/FeKCh*）：內容以 GTM 和 GA 為主
- Simmer（*https://oreil.ly/0Zqjt*）：Simo 成立的網站，提供線上學習課程
- @SimoAhava（*https://oreil.ly/wyYsd*）：Simo 的 Twitter 帳號

數位分析領域專家：*Krista Seiden*

Krista 曾在 Google 任職，負責推廣 GA，所以她其實就是塑造 GA 本身的一員。Krista 現職為獨立顧問，產出許多內容以協助使用者過渡到 GA4；她還擁有許多資源，能幫助讀者快速融入 GA4，特別是在比較 GA4 與通用 Analytics。

- KS Digital（*https://ksdigital.co*）：Krista 成立的顧問公司
- Krista 個人部落格（*https://oreil.ly/kULC0*）
- @kristaseiden（*https://oreil.ly/aLFGP*）：Krista 的 Twitter 帳號

數位分析專家：*Charles Farina*

Charles 經常追尋 GA 釋出的最新內容，定期在 Slack 頻道 #measure、Twitter 帳號或自己的部落格上貢獻所知，現職為美國最大的 GMP 顧問公司 Adswerve 的創新部門主管。

- Charles Farina 個人部落格（*https://oreil.ly/VO8Uc*）
- @CharlesFarina（*https://oreil.ly/WRXc4*）：Charles 的 Twitter 帳號

社群網站：*Measure Slack*

各位讀者若想與 16,000 名以上的數位行銷人員建立關係，請註冊成為 Slack 社群 #measure 的一份子。這個線上社群已成為全球最大的數位行銷社群，擁有 GA、資料科學、資料庫等專屬頻道。限定透過應用程式參與（*https://www.measure.chat*），所以各頻道的溝通品質非常好，訊號雜訊比很高。

網站「*Analytics Mania*」的創辦人・*Julius Fedorovicius*

Julius 算是近期才加入數位分析社群的新人，不過，短時間內就提供了大量厲害的資訊，他在自己的網站 Analytics Mania 上提供教學影片（*https://oreil.ly/tHWXF*），教大家如何開始使用 GA4。

數位分析專家・*Ken Williams*

Ken 一直很積極在部落格上撰寫文章（*https://ken-williams.com*），討論從通用 Analytics 轉換到 GA4 的關鍵問題；此外，他也撰寫技術實作文章，指導和解釋幾個觀念，例如：如何建立轉換模型。

獨立行銷顧問：*Krisjan Oldekamp*

在數位分析出版領域裡，Krisjan 也算是近期才崛起的新人，他針對 Google Cloud 和 GA 兩者的交叉應用，提供了一些出色的教學內容，這部分也是本書關注的重點。在 Krisjan 經營的網站 Stacktonic 上（*https://stacktonic.com*），有大量跟雲端整合有關的文章，我很希望自己也能寫出那些文章。

資料科學專家：*Matt Clarke*

長久以來，Matt Clarke 寫的文章一直是我珍藏的祕寶，他寫了大量的教學文章，教大家如何利用數位行銷資料（包含 GA），實作資料科學。他還開發了一個 Python 套件，用於下載 GA4 資料，類似我以 R 語言為基礎所製作的套件。

- Matt 個人部落格 Practical Data Science（*https://oreil.ly/RpQJ4*）

- gapandas4 套件（*https://oreil.ly/JE73r*）：GA4 匯入函式庫到 Pandas 資料結構

數位分析師：*Johan van de Werken*

針對 GA 的 BigQuery Export 功能，Johan 是第一個撰寫這個主題文章的人，進而促使他在 Simo 成立的網站 Simmer 上提供這個主題的課程。Johan 成立的網站 GA4BigQuery（*https://www.ga4bigquery.com*）擁有很棒的資源，每當我忘記一些語法時，還是會去他的網站確認；Johan 的網站上也提供了一些 SQL 範例，幫助大家快速上手和啟動專案。

GA 資深顧問：*David Vallejo*

如何在一段 GTM 和 GA4 程式碼裡，處理和自訂實際呼叫的 JavaScript，David 很快就成為這方面的權威，他在使用 GA4 Measurement Protocol 協定方面也有豐富的經驗。讀者如果正在找怎麼自訂和設定進階追蹤，我會推薦大家先去 David 的部落格確認，看看他是否已經完成你需要的這些功能。

- David Vallejo 個人網站（*https://oreil.ly/f6AcC*）

- GA4 Measurement Protocol Cheat Sheet（參數速查表，*https://oreil.ly/obEG2*）

Churn Prediction for Game Developers Using Google Analytics 4 (GA4) and BigQuery ML（遊戲開發人員如何利用 *GA4* 和 *BigQuery ML* 來預測玩家流失率）

這個出色的 YouTube 教學頻道（*https://oreil.ly/jK8Tv*）是由 Google 的員工‧Polong Lin 和 Minhaz Kazi 所成立，頻道內容是教大家如何結合 GA4 資料和 BigQuery ML，著重於減少遊戲 App 的玩家流失率。

《R 資料科學》（*R for Data Science*）

讀者如果想開始學習 R 語言，推薦各位先看看《R 資料科學》（Hadley Wickham 和 Garrett Grolemund 合著，O'Reilly 出版，*https://r4ds.had.co.nz*）。

《*Forecasting: Principles and Practice*》

著手進行預測工作時，我找到這本非常好用的線上電子書。本書作者是以 R 語言開發預測套件的 Rob J. Hyndman 和 George Athanasopoulos。《*Forecasting: Principles and Practice*》（*https://otexts.com/fpp2*）書中包含的範例雖然是以 R 語言撰寫，但拿來當一般文字閱讀也很有幫助。

面向 R 語言和資料科學的社群

網路社群一直持續發布各種有用的統計技巧,網站 RWeekly.org（*https://rweekly.org*）的電子報是很好的入門起點。而 *Towards Data Science*（*https://towardsdatascience.com*）是以資料科學為主軸的部落格,包含各種跟統計主題有關的文章。

上述這些學習資源應該夠各位讀者忙上好一陣子,但就算手上握有全世界所有的資源,各位可能還是會遇到需要尋求協助的情況,下一節會介紹這個部分。

尋求協助

即使完全依照範例去做,我預期各位讀者依舊會面臨突然出現的問題,需要自己先行判斷。這是最困難的障礙,因為要問出正確的問題幾乎跟找到正確答案一樣困難,而且經驗越少,就越難判定錯誤究竟出在哪裡。問出正確的問題和知道正確答案,兩者都屬於一種技能,希望以下這些指引能協助各位讀者完成任務:

- 請閱讀錯誤訊息,如果看不懂訊息代表的意義,請嘗試在線上搜尋這些訊息。（各位讀者或許會覺得這種建議聽起來很隨便,但是透過線上搜尋錯誤訊息,因而獲得解決的問題數量十分驚人。）

- 嘗試將測試範圍嚴格侷限於引起問題的那一行程式碼或是服務,註解隨機執行的程式碼區塊也是一種有效的策略。

- Stack Overflow（*https://stackoverflow.com*）屬於問答型網站,一直以來已經為我省下不少時間。

- 各位讀者若陷入不知所措的情況,可以在目前處理的工作中多加一些紀錄。將你想要的變數內容印出來,比對看看是不是符合你的期望。

- 及早在開發流程中設立測試制度。擁有隨時能拿來進行比對的測試資料,確實能加快開發進度,而且值得投入時間在這方面,能避免日後感到挫敗。

- 確實了解目前進行工作的流程,檢查並且確保其中每個環節都符合我們假設的條件,例如:瀏覽器發送出來的 HTTP 請求、由 GTM 設定的 GA4 追蹤代碼處理的資料、GA4 偵錯模式產生的報表資料等。

- 斷斷續續發生的錯誤最難追蹤,因為這些錯誤做的某件事可能跟請求的環境或特殊情況有關。

等各位從自己的專案中累積一些經驗，從這些資源中學到一些東西之後，可能會想取得證照，讓自己和其他人了解你的能力已經達到某個標準。

證照

證照本身發出的訊號是幫助自己和雇主了解，你在這個專業領域裡已獲得認可，擁有足夠的能力和工作經驗。各位讀者如果正在求職，我認為值得花點時間取得幾個證照，出示給未來的雇主看。在擁有證照的情況下，如果還能實際展示自己的能力會更錦上添花，例如：展現自己能將學到的知識應用在開放原始碼專案。

許多數位行銷證照紛紛推出，但本書僅挑出幾個確實有用，而且也能協助他人的證照：

- GA4 培訓計畫（*https://oreil.ly/OkKbh*）：這個 GA4 官方認證的測驗有 50 個問題，可以說是第一個衡量基準，讀者透過測驗能知道自己對 GA4 究竟了解到什麼程度。通過這個測驗所需的全部資料都可以在本書找到！

- Simmer for Google Tag Manager（*https://www.teamsimmer.com*）：Google 開發專家．Simo Ahava 提供的證照課程。

- Krista Seiden 提供的 GA4 課程（*http://academy.ksdigital.co*）。

- 線上學習平台 Coursera 上有許多 GCP 課程，Google 提供的證照「Professional Data Engineer」（*https://oreil.ly/BikZr*）也有利於學習所有相關的資料服務。

- 線上學習平台 Coursera 提供的 R 語言程式設計課程（*https://oreil.ly/9fA3I*），在我學習 R 語言的旅途中，一路引領我前進。

這些課程都非常有用，因為課程涵蓋的內容都是我日常工作會用到的技術和業界工具。我很鼓勵各位讀者挑出自己想要專精的工具，然後確實掌握工具的用法。這樣的做法，持續帶給我最強烈的工作滿足感。

總結

最後我要祝福各位讀者在 GA4 整合過程中，都能創造出驚人的成果。對我來說，這趟旅程一直都十分有趣，我也非常幸運地享受到一些公眾的成功。如果能將我自身的幸運和經驗，透過本書內容傳遞給各位讀者，讓你們能因此受益，那就是我寫這本書的價值。若問我最後是否有什麼想法可以留給讀者，我想說我會將大部分的成功歸功於當初決定開始在網路社群上發布內容，包含撰寫部落格文章和參與開放原始碼專案，回饋支持我的社群參與者。網路社群讓我了解到，當我們面臨需要處理的議題和問題時，永遠不會孤立無援；分享解決方案時，來自他人的回饋和貢獻帶給我十倍的回報。希望本書能讓各位讀者激起靈感的火花，我很期待你們的回饋與故事，讀者若想與我聯繫，請透過我的各個公開管道。

索引

R

關於作者

Mark Edmondson 從事數位分析的工作，已經有 15 年以上的時間。他建立的部落格倍受矚目，參與的開放原始碼工作，推進數位分析能達到的界限，對業界的貢獻十分知名。他是數個 R 語言套件的作者，當初開發這些處理 Google API 套件的目的是為了幫助自己完成工作，後來也發布出來給大家使用，包含 googleAnalyticsR 和 googleCloudRunner。Mark 在倫敦國王學院攻讀，取得碩士學位後，便在各個領域從事數位行銷工作，和世界各地的品牌合作，直到開始發展目前的興趣，他轉而利用雲端、機器學習和資料科學，將資料轉換成資訊與見解。他也是一名國際講者，演說內容包含機器學習、雲端計算和資料導向程式設計等主題的觀念。Mark 很榮幸自己能成為 Google 開發專家計畫的一份子，擅長使用 Google Analytics 和 Google Cloud。他和太太、兩個孩子現居丹麥的哥本哈根，身邊圍繞著貓咪和吉他。讀者若想與他聯繫，請透過此處的電子郵件信箱：*ga4-book@markedmondson.me*

出版記事

本書封面上的動物是**白足鼬狐猴**（white-footed sportive lemur/Lepilemur leucopus），也稱為乾灌木鼬狐猴。

這些中等體型的狐猴是馬達加斯加南部特有的物種，主要棲息地是長滿針刺葉型多肉植物的龍樹森林，或是沿著河岸分布的熱帶雨林走廊。龍樹森林以氣候聞名，是世界上最乾燥也最無法預測的氣候之一。這些地區雖然真的有下雨，但土壤中的水分流失很快，所以也很容易出現多年乾旱。

白足鼬狐猴擁有長長的四肢和尾巴，幫助牠們在樹木間攀爬與跳躍，身上的毛皮以棕色和灰色為主，能與棲息地的環境融為一體，背部、上肢、肩膀和大腿呈現深棕色，尾巴是深灰偏棕色，腹部區域則是灰白色與米白色夾雜在一起，最明顯的特徵之一是一雙橘色的大眼，外加一圈黑色的輪廓，正因如此，許多人會說白足鼬狐猴看起來就像畫了一條粗厚的眼線。

作為夜行性生物，白足鼬狐猴會在夜間覓食，白天則是睡覺或防禦領地。主食是葉子類的低營養食物，這跟牠們居住的棲息地有關，在資源不足的環境下，有時也會吃花朵和水果作為補充。這種乏善可陳的飲食，表示牠們平常活動需要的能量較低，在覓食區域間移動時僅耗費非常低的能量。

預計在 2000 年到 2080 年間，白足鼬狐猴的數量會減少 80%。造成牠們無法生存的主要威脅是失去棲息地，這是因為開發畜牧場，還有生產木炭、木材和木板而砍伐樹木的同時，都會焚燒大量的林地。

白足鼬狐猴的棲息地特別適合牠們生存，而且目前無法在人工飼育方式下存活，隨著森林面積逐漸縮小，這大幅降低了牠們的生存機會。基於這些因素，白足鼬狐猴現在已被認定為瀕臨絕種的物種。許多出現在歐萊禮書籍封面的動物都已經瀕臨絕種，但牠們都是這個世界上重要的一份子。

本書封面插畫是以來自 *Mammals* 圖庫的素描為基礎，由 Karen Montgomery 繪製而成。

Google Analytics 學習手冊

作　　者：Mark Edmondson
譯　　者：黃詩涵
企劃編輯：蔡彤孟
文字編輯：江雅鈴
設計裝幀：陶相騰
發 行 人：廖文良

發 行 所：碁峰資訊股份有限公司
地　　址：台北市南港區三重路 66 號 7 樓之 6
電　　話：(02)2788-2408
傳　　真：(02)8192-4433
網　　站：www.gotop.com.tw
書　　號：A725
版　　次：2023 年 10 月初版
建議售價：NT$680

國家圖書館出版品預行編目資料

Google Analytics 學習手冊 / Mark Edmondson 原著；黃詩涵譯.
-- 初版. -- 臺北市：碁峰資訊, 2023.10
　　面；　　公分
譯自：Learning Google Analytics
ISBN 978-626-324-616-4(平裝)
1.CST：網路使用行為　2.CST：資料探勘　3.CST：網路行銷
312.014　　　　　　　　　　　　　　　　　　112014329

讀者服務

● 感謝您購買碁峰圖書，如果您對
本書的內容或表達上有不清楚
的地方或其他建議，請至碁峰網
站：「聯絡我們」\「圖書問題」留
下您所購買之書籍及問題。(請
註明購買書籍之書號及書名，以
及問題頁數，以便能儘快為您處
理)

http://www.gotop.com.tw

● 售後服務僅限書籍本身內容，若
是軟、硬體問題，請您直接與軟
體廠商聯絡。

● 若於購買書籍後發現有破損、缺
頁、裝訂錯誤之問題，請直接將
書寄回更換，並註明您的姓名、
連絡電話及地址，將有專人與您
連絡補寄商品。